JN446707

CALCULUS

제2판

미적분학의 이해

수학교재편찬위원회 지음

KYOWOO

머리말

미적분학은 자연과학 분야는 물론, 공학 분야의 전공학습에 필요한 아주 유용한 교과목이지만, 다수의 학생들은 수학에 대한 관심과 흥미부족으로 기초개념에 대한 이해는 물론, 문제해결 능력은 부진한 실정이다. 따라서 이 책에서는 절제된 이론의 전개와 문제풀이 연습으로, 고등학교 과정에서 수학을 제대로 배우지 못하였거나, 소홀하게 취급하여 기초수학에 대한 이해가 부족한 학생도 쉽게 이해하고 활용할 수 있도록 학습내용을 편성하고자 하였다.

이 책에서는 집합과 초월함수를 포함한 여러 가지 함수, 수열과 함수의 극한 및 연속, 미분법과 그 응용, 부정적분, 정적분과 그 응용, 무한급수의 수렴과 멱급수 전개, 다변수함수에 대한 극한과 연속, 편미분법 및 이중적분 등을 중심으로 다루었다.

이 책의 특징은 다음과 같다.

① 일반계 고등학교 수학과 교과내용에 기초하여 대학에서 전공분야 학습에 필요한 내용으로 구성하였으며, 수학에 대한 흥미와 관심을 갖도록 하여 학생들의 수학에 대한 기피현상과 학력 차를 최소화하고자 하였다.

② 수준별 학습지도가 가능하도록 예제, 연습문제 및 종합문제로 구분하여 다양한 문제를 수록하였다.

③ 각 절의 연습문제와 각 장의 종합문제에 대해서는 정답은 물론, 필요한 경우 힌트를 함께 수록하여 학생 스스로 문제풀이를 통한 학습이 가능하도록 하였다.

④ 스스로 배우는 코너를 두어, 학생 스스로 수학에 흥미를 가질 수 있도록 배려하였다.

⑤ 부록에는 수학 학습에 필요한 수표들과 교재에서 소개한 수학공식을 중심으로 수록하여 미적분학 학습에 도움을 주고자 하였다.

특히, 이번 개정판에서는 2009 개정 교육과정에 따라 중등학교 수학과 교육과정에서 변경된 수학 용어를 정비하고, 일부 정리에 대한 증명방법도 바꾸었다. 또한, 계산이 복잡하거나 어려운 예제나 문제는 풀이가 비교적 간단하고 유용한 문제로 교체하거나 추가하였다. 아울러, 증명이 어려운 일부 정리에 대해서는 그 증명을 생략하거나 간략히 소개하고, 교재의 재구성을 통해 교과내용을 이해하기 쉽도록 편성하였다.

마지막으로, 이 책이 독자들에게 많은 도움이 되길 바라며, 출판을 맡아주신 교우출판사 오판근 사장님을 비롯한 임직원 여러분과 원고의 수정과 보완을 위해 수고를 아끼지 않은 부경대학교 대학원 박사과정에 재학중인 한주완, 장민우께도 감사를 드린다.

2018년 2월

저자 씀

차례

Contents

제 1 장

집합과 함수

▶▶ 이 장에서는 수학의 기초가 되는 집합과 함수에 대한 기초개념을 확립하고, 다양하게 활용되는 지수로그 함수, 삼각함수, 쌍곡선함수와 그 역함수에 대한 기본성질들에 대해 알아본다.

1.1 집합

집합론은 1895년에 칸토어(Georg Cantor, 1845~1918)에 의하여 주창되었다. 이 책에서는 복잡한 공리적 방법으로 집합의 개념을 접근하기보다는 '객관적 기준에 의해 포함관계를 판정할 수 있는 대상의 모임'을 집합(set)이라 하고, 집합에 속하는 각 대상을 그 집합의 원소(element)라 정의한다.

만약, A가 집합이고 a가 A의 원소이면 $a \in A$, a가 A의 원소가 아니면 $a \notin A$로 나타낸다. 그리고 두 집합 A, B에 대하여, A의 모든 원소가 B의 원소가 되면, 즉

$$x \in A \Rightarrow x \in B$$

일 때, A를 B의 부분집합(subset), B는 A의 초집합(superset)이라 하고, $A \subset B$ 또는 $B \supset A$로 나타낸다. 특히, $A \subset B$이고 $A \neq B$이면, A를 B의 진부분집합(proper subset)이라 한다. 또한, 두 집합 A, B에 대하여 A의 원소와 B의 원소가 같으면, "A와 B는 같다"고 하고, $A = B$로 나타낸다. 즉, $A = B$는

$$x \in A \Leftrightarrow x \in B$$

임을 뜻한다.

집합을 나타내는 방법으로는 그 집합에 속하는 원소를 나열하여 나타내는 원소나열법과 그 집합에 속하는 원소의 성질을 나타내는 조건제시법이 있다. 자주 사용되는 수의 집합은 다음과 같이 나타내기로 한다.

$\mathbb{N}=\{1, 2, 3, \dots\}$: 자연수 전체의 집합

$\mathbb{Z}=\{0, 1, -1, 2, -2, \dots\}$: 정수 전체의 집합

$\mathbb{Q}=\left\{\frac{q}{p} \,\middle|\, p, q\in\mathbb{Z}\text{이고 } p\neq 0\right\}$: 유리수 전체의 집합

$\mathbb{R}=\{x \mid x\text{는 실수}\}$: 실수 전체의 집합

$\mathbb{R}^{+}=\{x\in\mathbb{R} \mid x>0\}$: 양의 실수 전체의 집합

$(a,\ b)=\{x\in\mathbb{R} \mid a<x<b\}$: 열린구간(또는 개구간)

$[a,\ b]=\{x\in\mathbb{R} \mid a\leq x\leq b\}$: 닫힌구간(또는 폐구간)

예제 1.1.1

집합 $\{a, b\}$, $\{b, a\}$, $\{x \mid (x-a)(x-b)=0\}$는 모두 같은 집합이다.

원소를 전혀 갖지 않는 집합을 생각할 수 있는데, 이 집합을 공집합(empty set)이라 하고 $\varnothing$로 나타낸다. 당연히 공집합은 모든 집합의 부분집합이다. 또한, $\varnothing$와 원소의 개수가 유한인 집합을 유한집합(finite set), 원소의 개수가 무한인 집합을 무한집합(infinite set)이라 한다.

그리고 집합을 원소로 갖는 집합을 집합족(family of sets)이라 하고, 집합 A의 모든 부분집합을 원소로 갖는 집합을 A의 멱집합(power set)이라 하며, $\mathscr{P}(A)$ 또는 2^A으로 나타낸다. 즉

$$\mathscr{P}(A)=\{B \mid B\subset A\}$$

예제 1.1.2

$\mathscr{P}(\{a\}) = \{\varnothing, \{a\}\}$이고, $\mathscr{P}(\{a, b\}) = \{\varnothing, \{a\}, \{b\}, \{a, b\}\}$이다.

정리 1.1.1 (부분집합의 개수)

집합 A의 원소의 개수가 n이면, $\mathscr{P}(A)$의 원소의 개수는 2^n이다.

증명 $m(\le n)$개의 원소를 갖는 부분집합의 개수가 ${}_nC_m$이므로, A의 모든 부분집합의 개수는

$$ {}_nC_0 + {}_nC_1 + \cdots + {}_nC_n = (1+1)^n = 2^n $$

주어진 집합들로부터 새로운 집합을 만드는 결합규칙을 집합연산(set operation)이라 한다. 이와 같은 집합연산에는 $\cup$, $\cap$, $\times$, $-$ 등이 있으며, 이들은 다음과 같이 정의된다.

$$ A \cup B = \{x \mid x \in A \text{ 또는 } x \in B\} $$
$$ A \cap B = \{x \mid x \in A \text{ 그리고 } x \in B\} $$
$$ A \times B = \{(x, y) \mid x \in A, y \in B\} $$
$$ A - B = \{x \mid x \in A, x \notin B\} $$

여기서, $A \cup B$는 A와 B의 합집합(union), $A \cap B$는 교집합(intersection), $A \times B$는 카테시안곱(cartesian product), $A - B$는 A의 B에 관한 차집합(difference set)이라 한다. 또한, $A \times B$의 원소 (x, y)를 순서쌍(ordered pair)이라 하고, $A \cap B = \varnothing$이면 A와 B는 서로소(mutually disjoint)라고 정의한다.

그리고 관심을 갖는 모든 집합들을 한 고정된 집합의 부분집합으로 간주하면 여러 면에서 편리하다. 예로, 평면이나 실수 전체의 집합 등이 그것이다. 이와 같은 영

역을 전체집합(universal set)이라 하고, 종종 U로 나타낸다. 이때

$$A^c = \{x \in U \mid x \notin A\}$$

를 A의 여집합(complement)이라 한다.

정리 1.1.2 (집합의 연산법칙)

(1) $A \cup B = B \cup A$, $A \cap B = B \cap A$ (교환법칙)

(2) $A \cup (B \cup C) = (A \cup B) \cup C$, $A \cap (B \cap C) = (A \cap B) \cap C$ (결합법칙)

(3) $A \cap (B \cup C) = (A \cap B) \cup (A \cap C)$, $A \cup (B \cap C) = (A \cup B) \cap (A \cup C)$ (배분법칙)

증명 (1)과 (2)는 자명하므로, (3)에 대해서만 증명하기로 한다.

$x \in A \cap (B \cup C) \Leftrightarrow x \in A$ 이고 $x \in B \cup C$

$\Leftrightarrow [x \in A$ 이고 $x \in B]$ 또는 $[x \in A$ 이고 $x \in C]$

$\Leftrightarrow x \in (A \cap B) \cup (A \cap C)$

이므로, 다음을 만족한다.

$$A \cap (B \cup C) = (A \cap B) \cup (A \cap C)$$

같은 방법으로, $A \cup (B \cap C) = (A \cup B) \cap (A \cup C)$ 도 증명할 수 있다.

다음의 두 정리는 집합의 연산에서 자주 이용되는 중요한 내용들이다. 그 증명은 생략한다.

정리 1.1.3 (드 모르간의 법칙(De Morgan's law))

(1) $(A \cap B)^c = A^c \cup B^c$ (2) $(A \cup B)^c = A^c \cap B^c$

정리 1.1.4 (흡수법칙)

(1) $(A \cap B) \cup A = A$ (2) $A \cap (A \cup B) = A$

일반적으로, 집합 I의 각 원소 $i \in I$에 대해 집합 A_i가 하나씩 대응될 때, 모든 A_i들로 이루어진 집합을 I에 의하여 첨수된 첨수족(indexed family)이라 하고 이를

$$\{A_i \mid i \in I\} \text{ 또는 } \{A_i\}_{i \in I}$$

와 같이 나타낸다. 첨수족들의 합집합과 교집합은

$$\bigcup_{i \in I} A_i = \{x \mid \exists\, i \in I : x \in A_i\}$$

$$\bigcap_{i \in I} A_i = \{x \mid {}^\forall i \in I,\ x \in A_i\}$$

로 정의하고, 아래와 같이 일반화된 드 모르간의 법칙과 배분법칙이 성립함을 쉽게 증명할 수 있다.

(1) $\left(\bigcup_{i \in I} A_i\right)^c = \bigcap_{i \in I} A_i^c$, $\left(\bigcap_{i \in I} A_i\right)^c = \bigcup_{i \in I} A_i^c$

(2) $A \cap \left(\bigcup_{i \in I} B_i\right) = \bigcup_{i \in I} (A \cap B_i)$, $A \cup \left(\bigcap_{i \in I} B_i\right) = \bigcap_{i \in I} (A \cup B_i)$

1.1 연습문제

1. 다음을 증명하여라.

(1) $A \cup B = \varnothing \Leftrightarrow A = B = \varnothing$ (2) $A \cap B = U \Leftrightarrow A = B = U$

(3) $A - B = B^c - A^c = A \cap B^c$

2. 다음을 증명하여라.

(1) $(A \cup B) - (A \cap B) = (A - B) \cup (B - A)$

(2) $A \times (B \cap C) = (A \times B) \cap (A \times C)$

(3) $A \times (B \cup C) = (A \times B) \cup (A \times C)$

(4) $A \times (B - C) = (A \times B) - (A \times C)$

3. $A \triangle B = (A - B) \cup (B - A)$로 정의할 때, 다음을 증명하여라.

(1) $A \triangle (B \triangle C) = (A \triangle B) \triangle C$

(2) $A \cap (B \triangle C) = (A \cap B) \triangle (A \cap C)$

(3) $A \cup C = B \cup C \Rightarrow A \triangle B \subseteq C$

(4) $A \triangle A = \varnothing$, $A \triangle \varnothing = A$

(5) $A \triangle B = \varnothing \Leftrightarrow A = B$

(6) $(A \cup C) \triangle (B \cup C) = (A \triangle B) - C$

4. 집합들의 첨수족 $\{A_i\}_{i \in I}$와 $\{B_j\}_{j \in J}$에 대하여, 다음을 증명하여라.

(1) $\left(\bigcap_{i \in I} A_i\right) \times \left(\bigcap_{j \in J} B_j\right) = \bigcap_{(i,\, j) \in I \times J} (A_i \times B_j)$

(2) $\left(\bigcup_{i \in I} A_i\right) \times \left(\bigcup_{j \in J} B_j\right) = \bigcup_{(i,\, j) \in I \times J} (A_i \times B_j)$

1.2 함수

이 절에서는 함수의 정의와 합성함수, 역함수, 우함수 및 기함수 등에 대해 자세히 알아본다.

두 집합 X와 Y에 대해, $f: X \to Y$가 함수(function)라 함은 X의 각 원소 x에 대하여 $y = f(x)$를 만족하는 Y의 원소 y가 단 하나 존재하는 대응관계를 뜻한다. 즉, 다음이 성립한다.

$$f(x) = y_1 \text{이고 } f(x) = y_2 \text{이면, } y_1 = y_2 \text{이다.}$$

이때, X를 f의 정의역(domain), Y를 공역 또는 공변역(codomain)이라 한다. 특히, f의 모든 함숫값들의 집합

$$f(X) = \{f(x) \mid x \in X\}$$

를 f의 치역(range)이라 한다. 또한, 함수 $f: X \to Y$에 대하여 A와 B가 각각 X와 Y의 부분집합일 때, f에 의한 집합 A의 상(image)은

$$f(A) = \{f(x) \in Y \mid x \in A\}$$

로 정의하며, f에 의한 집합 B의 역상(inverse image)은 다음과 같이 정의한다.

$$f^{-1}(B) = \{x \in X \mid f(x) \in B\}$$

또한, 두 함수 $f, g: X \to Y$에서 임의의 $x \in X$에 대하여 $f(x) = g(x)$를 만족할 때, f와 g는 같은 함수(same function)라 하고 $f = g$로 나타낸다.

참고

앞으로는 함수의 정의역이 주어져 있지 않는 경우에는, 주어진 함수가 정의되는 모든 실수의 집합을 정의역으로 약속한다.

정의 1.2.1

함수 $f: X \to Y$에 대하여

(1) $x_1 \neq x_2 \in X$일 때, $f(x_1) \neq f(x_2)$를 만족하는 f를 일대일함수(one-to-one function) 또는 단사함수(injective function) 라고 한다.

(2) $f(X) = Y$를 만족하면, f를 전사함수(surjective function) 또는 Y 위로의 함수(onto function)라고 한다.

(3) f가 단사이면서 전사이면, f를 일대일대응(ono-to-one correspondence) 또는 전단사함수(bijective function)라 한다.

이제, 항등함수와 합성함수에 대하여 알아보기로 한다.

임의의 $x \in X$에 대하여, $f(x) = x$를 만족하는 함수 $f : X \to X$를 항등함수(identity function)라 하고, I_X로 나타낸다. 그리고 두 함수 $f : X \to Y$와 $g : Y \to Z$에서, $x \in X$에 대하여

$$g \circ f : X \to Z, \quad (g \circ f)(x) = g(f(x))$$

를 f와 g의 합성함수(composite function)라 한다.

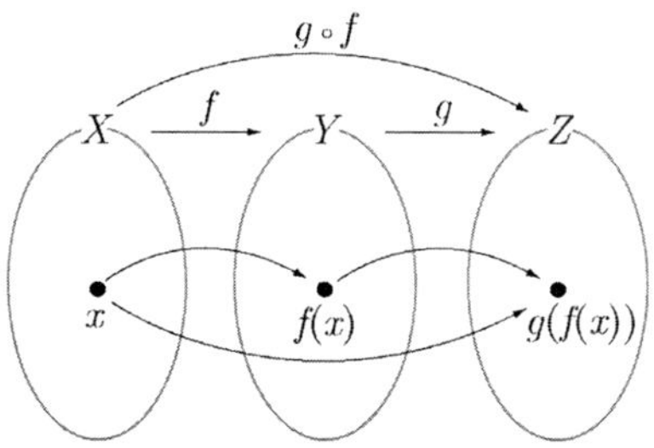

[그림 1.1]

예제 1.2.1

두 함수 $f : \mathbb{R} \to \mathbb{R}$, $f(x) = x^2$와 $g : \mathbb{R} \to \mathbb{R}$, $g(x) = x+1$에 대하여

$$(g \circ f)(x) = g(f(x)) = g(x^2) = x^2 + 1$$

$$(f \circ g)(x) = f(g(x)) = f(x+1) = (x+1)^2$$

참고

예제 1.2.1에서 보는바와 같이, 일반적으로 $g \circ f \neq f \circ g$이다.

정의 1.2.2

함수 $f : X \to Y$, $g : Y \to X$에 대하여 $g \circ f = I_X$이고 $f \circ g = I_Y$일 때, g를 f의 역함수(inverse function)라 하고, f^{-1}로 나타낸다.

모든 함수가 역함수를 가지는 것은 아니다. 다음의 정리는 역함수의 존재성을 보장하는 정리이다.

정리 1.2.1 (역함수의 존재성)

함수 $f : X \to Y$가 역함수를 가질 필요충분조건은 f가 일대일대응일 때이다.

증명 함수 $f : X \to Y$가 역함수 f^{-1}를 가진다고 하자. 즉,

$$f^{-1} \circ f = I_X,\ f \circ f^{-1} = I_Y$$

가 성립한다. 만약, $f(x_1) = f(x_2)$이면

$$\begin{aligned} x_1 &= (f^{-1} \circ f)(x_1) = f^{-1}(f(x_1)) \\ &= f^{-1}(f(x_2)) = (f^{-1} \circ f)(x_2) = x_2 \end{aligned}$$

이므로, f는 일대일함수이다. 한편, 임의의 원소 $y \in Y$에 대하여

$$y = I_Y(y) = (f \circ f^{-1})(y) = f(f^{-1}(y))$$

이고 $f^{-1}(y) \in X$이므로, $f : X \to Y$는 전사함수이다.

역으로, $f : X \to Y$가 일대일대응이라 하자. 먼저, f가 전사함수이므로, 임의의 $y \in Y$에 대하여 $y = f(x)$를 만족하는 $x \in X$가 존재한다. 더욱이 f가 일대일함수이므로, $y = f(x)$를 만족하는 x는 유일하게 존재한다. 이때, 새로운 함수 $g : Y \to X$를

$$g(y) = x$$

로 정의하면

$$(f \circ g)(y) = f(g(y)) = f(x) = y = I_Y(y)$$

이고, 마찬가지로 $(g \circ f)(x) = I_X(x)$이므로 $g = f^{-1}$이다.

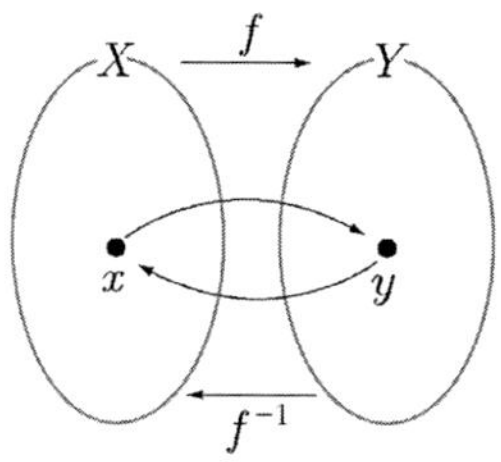

[그림 1.2]

참고

정리 1.2.1에 의하여, $f : X \to Y$가 일대일대응이면, 역함수 $f^{-1} : Y \to X$가 존재하여 $x = f^{-1}(y)$를 만족한다. 따라서 $y = f(x)$이다. 여기서, x와 y를 서로 바꾸면 $x = f(y)$가 된다. 즉, $y = f^{-1}(x)$가 된다. 이로부터, f와 그 역함수 f^{-1}는 $y = x$에 대하여 대칭임을 알 수 있다.

다음 그림 1.3에서와 같이, 함수 $y = f(x)$ 위의 점 $P(a, b)$에 대하여

$$b = f(a) \Leftrightarrow a = f^{-1}(b)$$

이므로, $Q(b, a)$는 역함수 $y = f^{-1}(x)$ 위의 점이고 $P(a, b)$와 $Q(b, a)$는 직선 $y = x$에 대하여 대칭이다.

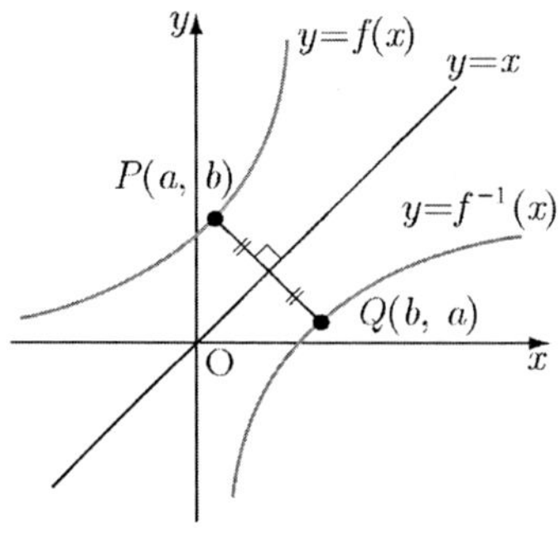

[그림 1.3]

예제 1.2.2

함수 $y=3x-2$의 역함수를 구하여라.

풀이 $3x=y+2$이므로, 양변을 3으로 나누면 $x=\frac{y+2}{3}$이다. 여기서, x와 y를 서로 바꾸면, 역함수 $y=\frac{x+2}{3}$를 얻는다.

■

예제 1.2.3

정의역이 $\{x\in\mathbb{R} \mid x\geq 0\}$인 함수 $y=x^2$의 역함수를 구하여라.

풀이 $y=x^2$에서 x와 y를 서로 바꾸면 $x=y^2$이다. 따라서 $y=\pm\sqrt{x}$이다. 그런데 $y\geq 0$이므로, 구하려는 역함수는 $y=\sqrt{x}$이다.

■

함수 $f: X\to Y$가 모든 $x\in X$에 대하여, $f(-x)=f(x)$를 만족하면 우함수 또는 짝함수(even function)라 하고, $f(-x)=-f(x)$를 만족하면 기함수 또는 홀함수(odd function)라고 정의한다.

참고 우함수 그래프는 y축에 대하여 대칭이고, 기함수의 그래프는 원점에 대해 대칭이다.

모든 함수는 다음과 같이 우함수와 기함수의 합으로 나타낼 수 있다.

$$f(x)=\frac{f(x)+f(-x)}{2}+\frac{f(x)-f(-x)}{2}$$

여기서, $\frac{f(x)+f(-x)}{2}$는 우함수이고 $\frac{f(x)-f(-x)}{2}$는 기함수이다.

1.2 연습문제

1. 다음 함수 $f:\mathbb{R}\to\mathbb{R}$ 을 각각 일대일함수, 전사함수 또는 일대일대응으로 구별하여라.

(1) $f(x)=x^3-x$　　　(2) $f(x)=-5x+3$

2. 함수 $f(x)=x^2+1$, $g(x)=x^3$ 에 대하여, $g\circ f$와 $f\circ g$를 구하여라.

3. 다음 함수의 역함수를 구하여라.

(1) $f(x)=x^3+1$　　　(2) $f(x)=2x-7$　　　(3) $f(x)=\dfrac{x-2}{x-3}\ (x\neq 3)$

4. $f(x)=\dfrac{x}{1+x}$ 일 때, $f(x)+f(-x)=2f(-x^2)$ 임을 보여라.

5. 두 일대일대응 $f:X\to Y$, $g:Y\to Z$에 대하여, 다음을 증명하여라.

(1) $g\circ f:X\to Z$는 일대일대응이다.

(2) $(g\circ f)^{-1}=f^{-1}\circ g^{-1}$이다.

6. 세 함수 $f(x)=x-1$, $g(x)=x^2$, $h(x)=5x$에 대해, $h\circ(g\circ f)=(h\circ g)\circ f$ 임을 확인하여라.

1.3 초월함수

이 절에서는 초월함수인 지수함수, 로그함수, 삼각함수 및 쌍곡선함수를 소개하며 그 역함수에 대하여 알아본다.

1.3.1 지수 · 로그함수

함수 $f:\mathbb{R}\to\mathbb{R}^+$에 대하여

$$f(x)=a^x \quad (a>0,\ a\neq 1)$$

로 정의되는 함수를 지수함수(exponential function)라 한다. 다음은 a의 범위에 따른 지수함수의 그래프이다.

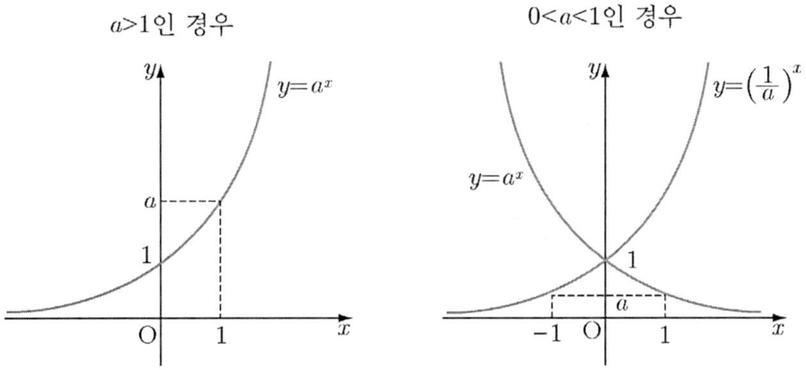

[그림 1.4]

지수함수 $y=a^x$의 역함수를 로그함수(logarithmic function)라 하며, 다음과 같이 나타낸다.

$$y=\log_a x \iff x=a^y \quad (a>0,\ a\neq 1)$$

이때, x는 진수(anti-logarithm), a는 밑(base)이라고 한다.

참고

로그함수 $y = \log_a x$에서 $a = 10$인 상용로그(common logarithm)의 경우는 $y = \log x$, $a = e$인 자연로그(natural logarithm)의 경우는 간단히 $y = \ln x$로 나타낸다. 여기서, e는 오일러 수로 불리는 무리수 $e = 2.7182818284590\cdots$로 2.1절에서 상세히 설명할 것이다.

다음의 로그함수 $y = \log_a x$ $(a > 0,\ a \neq 1)$ 그래프에서, 정의역은 $\mathbb{R}^+$이고 치역은 $\mathbb{R}$임을 알 수 있다.

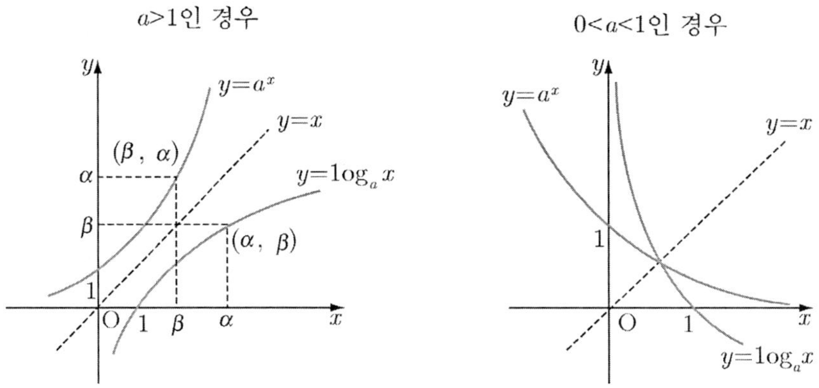

[그림 1.5]

1.3.2 삼각함수와 역삼각함수

삼각함수는 삼각비를 일반화하여 함수로 나타낸 것이다. 삼각비는 두 별 사이의 거리를 정확하게 구하고자했던 고대 그리스의 천문학자들에 의하여 시작되었다. 각의 단위는 육십분법, 즉 직각의 1/90을 1°(도), 1°의 1/60을 1′(분), 1′의 1/60을 1″(초)로 나타낸다. 그렇지만, 원에서의 호의 길이와 중심각의 크기와의 관계를 이용한 각의 단위인 라디안을 사용하면 보다 편리하다.

그림 1.6에서와 같이, 반지름이 r인 원에서 호의 길이가 r인 원둘레 위의 두 점 A, B를 택하면, $\angle AOB$는 반지름의 크기에 관계없이 일정하다. 이때, $\angle AOB$의

크기를 1라디안(radian) 또는 1호도라 하고, 이를 단위로 각을 재는 방법을 호도법(circular measure)이라 한다. 즉, $180° = \pi$라디안이므로 다음이 성립한다.

$$1\text{라디안} = \frac{180°}{\pi} \approx 57°17'45'', \ 1° = \frac{\pi}{180}\text{라디안}$$

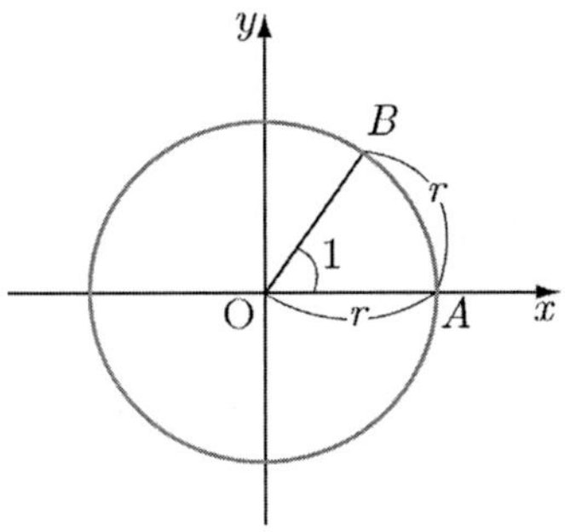

[그림 1.6]

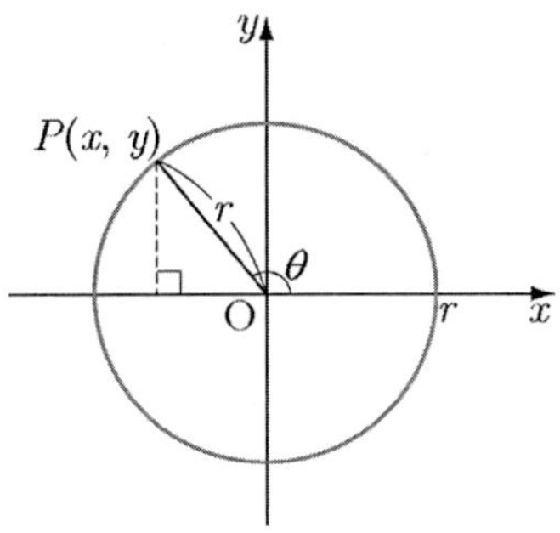

[그림 1.7]

이제, 삼각비를 일반각으로 확장하여 삼각함수를 정의하자.

그림 1.7과 같이, 좌표평면 위에서 원점을 중심으로 반지름 r인 원을 그리자. 그림에서와 같이 O에서 x축의 양의 방향을 시작 선으로 크기가 θ라디안인 각을 만들어 그 동경과 원과의 교점을 P라 하자. 주어진 θ에 대하여 점 P가 결정되므로, P의 좌표가 유일하게 결정된다. 이때, 점 P의 좌표를 (x, y)라 할 때, 일반각 θ에 대한 삼각함수(trigonometric function)는 다음과 같이 정의한다.

$$\sin\theta = \frac{y}{r}, \quad \cos\theta = \frac{x}{r}, \quad \tan\theta = \frac{y}{x}$$

$$\csc\theta = \frac{r}{y}, \quad \sec\theta = \frac{r}{x}, \quad \cot\theta = \frac{x}{y}$$

두 각의 합 또는 차의 삼각함수를 각각의 각에 대한 삼각함수로 다음 정리와 같이 나타낼 수 있다. 이 정리는 미분과 적분에서 중요한 역할을 한다.

정리 1.3.1 (삼각함수의 덧셈정리)

(1) $\sin(\alpha+\beta) = \sin\alpha\cos\beta + \cos\alpha\sin\beta$

(2) $\sin(\alpha-\beta)=\sin\alpha\cos\beta-\cos\alpha\sin\beta$

(3) $\cos(\alpha+\beta)=\cos\alpha\cos\beta-\sin\alpha\sin\beta$

(4) $\cos(\alpha-\beta)=\cos\alpha\cos\beta+\sin\alpha\sin\beta$

(5) $\tan(\alpha+\beta)=\dfrac{\tan\alpha+\tan\beta}{1-\tan\alpha\tan\beta}$ (6) $\tan(\alpha-\beta)=\dfrac{\tan\alpha-\tan\beta}{1+\tan\alpha\tan\beta}$

증명 다음의 그림 1.8에서와 같이, 네 개의 각 α, β, $\alpha-\beta$, 0을 나타내는 동경과 단위원의 교점을 각각 P, Q, R, S라 하면, 네 점의 좌표는

$$P(\cos\alpha, \sin\alpha),\ Q(\cos\beta, \sin\beta),\ R(\cos(\alpha-\beta), \sin(\alpha-\beta)),\ S(1, 0)$$

이고, $\triangle POQ$와 $\triangle ROS$는 합동이다.

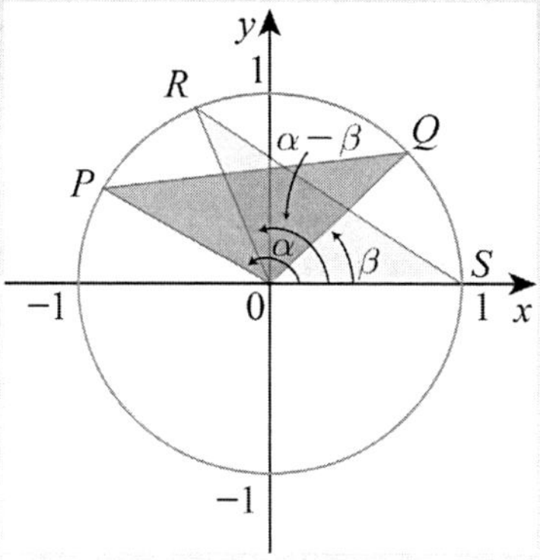

[그림 1.8]

따라서 $\overline{PQ}=\overline{RS}$ 이므로, $\overline{PQ}^2$과 $\overline{RS}^2$을 계산하면 다음과 같다,

$$\begin{aligned}\overline{PQ}^2&=(\cos\beta-\cos\alpha)^2+(\sin\beta-\sin\alpha)^2\\&=2-2(\cos\alpha\cos\beta+\sin\alpha\sin\beta)\\\overline{RS}^2&=(1-\cos(\alpha-\beta))^2+(0-\sin(\alpha-\beta))^2\\&=2-2\cos(\alpha-\beta)\end{aligned}$$

이들을 정리하면

$$\cos(\alpha-\beta)=\cos\alpha\cos\beta+\sin\alpha\sin\beta \quad \cdots\cdots \quad ①$$

를 얻는다. 또한, 식 ①에서 β 대신에 $-\beta$를 대입하면 다음을 만족한다.

$$\cos(\alpha+\beta)=\cos\alpha\cos\beta-\sin\alpha\sin\beta \quad \cdots\cdots \quad ②$$

그리고 식 ②에서 α 대신에 $\frac{\pi}{2}-\alpha$를 대입하면

$$\cos\left(\frac{\pi}{2}-\alpha+\beta\right)=\cos\left(\frac{\pi}{2}-\alpha\right)\cos\beta-\sin\left(\frac{\pi}{2}-\alpha\right)\sin\beta$$

이므로, 이 식을 정리하면

$$\sin(\alpha-\beta)=\sin\alpha\cos\beta-\cos\alpha\sin\beta \quad \cdots\cdots \quad ③$$

이고, β 대신에 $-\beta$를 대입하면 다음을 얻는다.

$$\sin(\alpha+\beta)=\sin\alpha\cos\beta+\cos\alpha\sin\beta \quad \cdots\cdots \quad ④$$

또한, 식 ②와 ④로부터

$$\tan(\alpha+\beta)=\frac{\sin(\alpha+\beta)}{\cos(\alpha+\beta)}=\frac{\sin\alpha\cos\beta+\cos\alpha\sin\beta}{\cos\alpha\cos\beta-\sin\alpha\sin\beta}$$

이므로, 분자와 분모를 $\cos\alpha\cos\beta(\neq 0)$로 나누면

$$\tan(\alpha+\beta)=\frac{\tan\alpha+\tan\beta}{1-\tan\alpha\tan\beta}$$

를 얻는다. 그리고 이 식에서 β 대신에 $-\beta$를 대입하면 다음이 성립한다.

$$\tan(\alpha-\beta)=\frac{\tan\alpha-\tan\beta}{1+\tan\alpha\tan\beta}$$

정리 1.3.1로부터, 다음의 배각공식과 반각공식을 얻을 수 있다.

정리 1.3.2 (삼각함수의 배각공식)

(1) $\sin 2\alpha=2\sin\alpha\cos\alpha$

(2) $\cos 2\alpha=\cos^2\alpha-\sin^2\alpha=1-2\sin^2\alpha=2\cos^2\alpha-1$

(3) $\tan 2\alpha=\dfrac{2\tan\alpha}{1-\tan^2\alpha}$

정리 1.3.3 (삼각함수의 반각공식)

(1) $\sin^2\dfrac{\alpha}{2}=\dfrac{1-\cos\alpha}{2}$ (2) $\cos^2\dfrac{\alpha}{2}=\dfrac{1+\cos\alpha}{2}$ (3) $\tan^2\dfrac{\alpha}{2}=\dfrac{1-\cos\alpha}{1+\cos\alpha}$

이제, 삼각함수의 역함수에 대하여 알아보자.

삼각함수는 모두 주기함수이므로, 일대일대응이 아니다. 따라서 삼각함수의 역함수는 존재하지 않지만, 정의역과 공역을 제한함으로써 역함수가 존재하도록 할 수 있다.

$y=\sin x$는 그림 1.9에서와 같이, 정의역을 $\left[-\frac{\pi}{2}, \frac{\pi}{2}\right]$로, 공역을 $[-1, 1]$로 제한하면 일대일대응이므로, 사인함수는 $[-1, 1]$에서 정의되는 역함수를 갖는다.

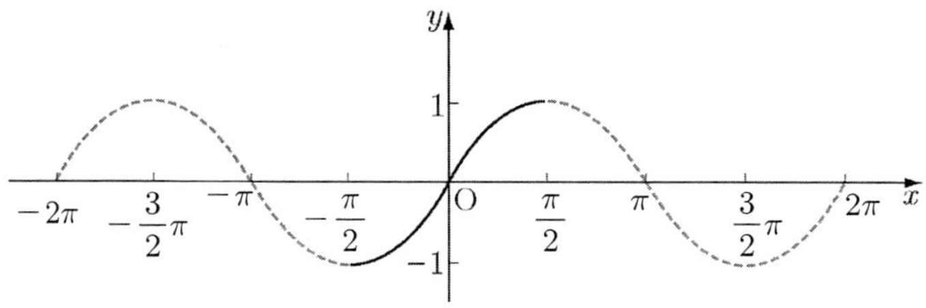

[그림 1.9]

이 역함수를

$$y=\sin^{-1}x \text{ 또는 } y=\arcsin x \quad \left(-1 \le x \le 1,\ -\frac{\pi}{2} \le y \le \frac{\pi}{2}\right)$$

로 나타낸다. 이때, $y=\sin^{-1}x$의 치역 $\left[-\frac{\pi}{2}, \frac{\pi}{2}\right]$를 주치(principle value)라 한다.

마찬가지로, $y=\cos x$는 정의역을 $[0, \pi]$, 공변역을 $[-1, 1]$로 제한하면, 일대일대응이다. 따라서 코사인함수는 $[-1, 1]$에서 정의되는 역함수를 갖는다. 이 역함수를

$$y=\cos^{-1}x \text{ 또는 } y=\arccos x \quad (-1 \le x \le 1,\ 0 \le y \le \pi)$$

로 나타낸다. 여기서, $y=\cos^{-1}x$의 주치는 $[0, \pi]$이다.

나머지 삼각함수에서도, 정의역과 공역을 제한하여 역함수를 정의할 수 있다.

$$y=\tan^{-1}x \quad \left(-\infty < x < \infty,\ -\frac{\pi}{2} < y < \frac{\pi}{2}\right)$$

$$y=\csc^{-1}x \quad \left(|x| \ge 1,\ -\pi < y \le -\frac{\pi}{2},\ 0 < y \le \frac{\pi}{2}\right)$$

$$y=\sec^{-1}x \quad \left(|x| \ge 1,\ -\pi \le y < -\frac{\pi}{2},\ 0 \le y < \frac{\pi}{2}\right)$$

$$y=\cot^{-1}x \quad (-\infty < x < \infty,\ 0 < y < \pi)$$

이들 역함수의 그래프는 그림 1.10과 같다.

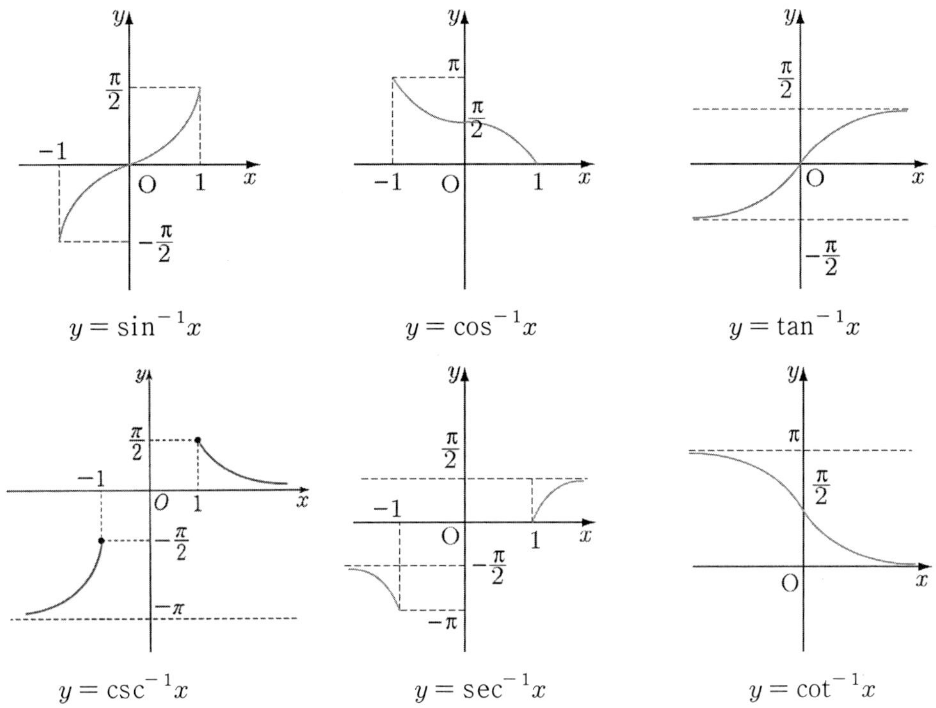

[그림 1.10]

1.3.3 쌍곡선함수와 역쌍곡선함수

쌍곡선함수(hyperbolic function)는 지수함수 e^x과 e^{-x}의 결합으로 다음과 같이 정의된다.

$$\sinh x = \frac{e^x - e^{-x}}{2}, \qquad \cosh x = \frac{e^x + e^{-x}}{2}$$

$$\tanh x = \frac{\sinh x}{\cosh x}, \qquad \coth x = \frac{1}{\tanh x}$$

$$\operatorname{sech} x = \frac{1}{\cosh x}, \qquad \operatorname{csch} x = \frac{1}{\sinh x}$$

이들 각 쌍곡선함수의 그래프는 다음과 같다.

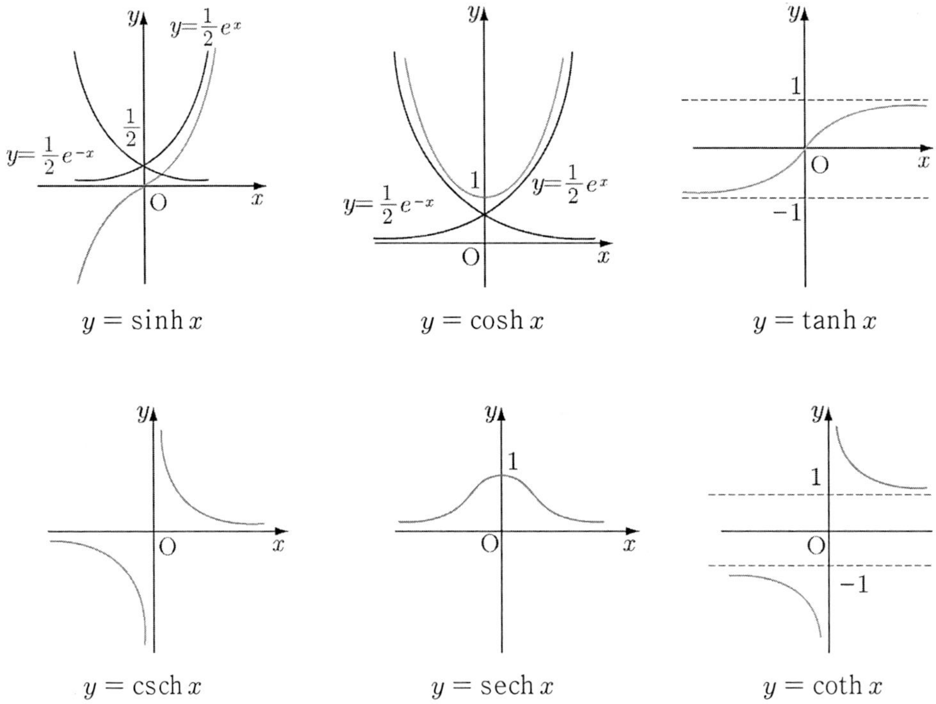

[그림 1.11]

쌍곡선함수는 다음과 같이 삼각함수와 매우 유사한 성질들을 가진다.

$$\begin{aligned}\cosh^2 x - \sinh^2 x &= \left(\frac{e^x + e^{-x}}{2}\right)^2 - \left(\frac{e^x - e^{-x}}{2}\right)^2 \\ &= \frac{e^{2x} + 2 + e^{-2x}}{4} - \frac{e^{2x} - 2 + e^{-2x}}{4} = 1\end{aligned}$$

이므로, $\cosh^2 - \sinh^2 x = 1$이다. 이 식의 양변을 $\cosh^2 x$과 $\sinh^2 x$으로 각각 나누면, 다음을 얻는다.

$$1 - \tanh^2 x = \operatorname{sech}^2 x, \quad \coth^2 x - 1 = \operatorname{csch}^2 x$$

또한, $\sinh x$와 $\cosh x$의 정의로부터

$$\cosh x + \sinh x = e^x, \quad \cosh x - \sinh x = e^{-x}$$

가 성립하므로

$$\sinh(x+y) = \frac{e^{x+y} - e^{-(x+y)}}{2} = \frac{e^x e^y - e^{-x} e^{-y}}{2}$$
$$= \sinh x \cosh y + \cosh x \sinh y$$

이다. 그리고 위 식에서 y대신에 $-y$를 대입하면

$$\sinh(x-y) = \sinh x \cosh y - \cosh x \sin hy$$

를 얻는다. 같은 방법으로, 다음이 성립한다.

$$\cosh(x \pm y) = \cosh x \cosh y \pm \sinh x \sinh y$$

$$\tanh(x \pm y) = \frac{\tanh x \pm \tanh y}{1 \pm \tanh x \tanh y}$$

다음 정리는 쌍곡선함수의 역함수를 로그함수로 나타낸 것이다.

정리 1.3.4 (역쌍곡선함수)

(1) $\sinh^{-1} x = \ln(x + \sqrt{x^2+1}) \quad (-\infty < x < \infty)$

(2) $\cosh^{-1} x = \ln(x + \sqrt{x^2-1}) \quad (x \ge 1)$

(3) $\tanh^{-1} x = \frac{1}{2} \ln\left(\frac{1+x}{1-x}\right) \quad (|x| < 1)$

(4) $\operatorname{csch}^{-1} x = \ln\left(\frac{1}{x} + \frac{\sqrt{1+x^2}}{|x|}\right) \quad (x \ne 0)$

(5) $\operatorname{sech}^{-1} x = \ln\left(\frac{1+\sqrt{1-x^2}}{x}\right) \quad (0 < x \le 1)$

(6) $\coth^{-1} x = \frac{1}{2} \ln\left(\frac{x+1}{x-1}\right) \quad (|x| > 1)$

증명 (1) $y = \sinh^{-1} x$라 두면

$$x = \sinh y = \frac{e^y - e^{-y}}{2}$$

에서 $(e^y)^2 - 2xe^y - 1 = 0$가 성립한다. 따라서 근의 공식에 의하여

$$e^y = x \pm \sqrt{x^2+1}$$

이고 $e^y > 0$이므로

$$e^y = x + \sqrt{x^2+1}$$

이다. 이 식에 자연로그를 취하면

$$y = \sinh^{-1}x = \ln(x + \sqrt{x^2+1}) \ (-\infty < x < \infty)$$

(2) $y = \cosh^{-1}x$라 두면

$$x = \cosh y = \frac{e^y + e^{-y}}{2}$$

이므로, $(e^y)^2 - 2xe^y + 1 = 0$가 성립한다. 따라서 근의 공식에 의하여

$$e^y = x \pm \sqrt{x^2-1}$$

이고 $e^y \geq 1$이므로

$$e^y = x + \sqrt{x^2-1}$$

이다. 이 식에 자연로그 취하면

$$y = \cosh^{-1}x = \ln(x + \sqrt{x^2-1}) \ \ (x \geq 1)$$

나머지 역쌍곡선함수도 같은 방법으로 구할 수 있다.

1.3 연습문제

1. 다음 함수 $f : \mathbb{R} \to \mathbb{R}$ 를 각각 일대일함수, 전사함수 또는 일대일대응으로 구별하여라.

(1) $f(x) = e^x$ (2) $f(x) = \tan x$ (3) $f(x) = \sinh x$

2. 모든 $x \in \mathbb{R}^+$에 대해 $f(x) = \log x$이고, 모든 $x \in \mathbb{R}$에 대하여 $g(x) = 10^x$로 각각 정의된 함수 $f : \mathbb{R}^+ \to \mathbb{R}$, $g : \mathbb{R} \to \mathbb{R}$에 대하여, 두 합성함수 $g \circ f : \mathbb{R}^+ \to \mathbb{R}^+$와 $f \circ g : \mathbb{R} \to \mathbb{R}$을 구하여라.

3. 정리 1.3.2를 증명하여라.

4. 정리 1.3.3을 증명하여라.

5. $\tanh^{-1}x = \dfrac{1}{2}\ln\left(\dfrac{1+x}{1-x}\right)$ $(|x|<1)$을 증명하여라.

6. 다음 역삼각함수의 값을 구하여라.

(1) $\sin^{-1}\left(-\dfrac{1}{2}\right)$　　(2) $\tan^{-1}(\sqrt{3})$　　(3) $\csc^{-1}(\sqrt{2})$

7. 다음 식을 간단히 하여라.

(1) $\sin^{-1}1 - \sin^{-1}(-1)$　　(2) $\cos^{-1}\dfrac{4}{5} + \cos^{-1}\dfrac{3}{5}$

(3) $\tan^{-1}\dfrac{1}{2} + \tan^{-1}\left(-\dfrac{1}{3}\right)$

8. $a>0$일 때, 다음을 증명하여라.

(1) $\csc^{-1}a = \sin^{-1}\dfrac{1}{a}$　　(2) $\cot^{-1}a = \tan^{-1}\dfrac{1}{a}$　　(3) $\sin^{-1}a = \tan^{-1}\dfrac{a}{\sqrt{1-a^2}}$

1장 종합문제

1. 다음을 증명하여라.

(1) $A \cap (B - C) = (A \cap B) - C$ (2) $A - (B \cup C) = (A - B) \cap (A - C)$

2. 다음을 증명하여라.

(1) $A \times B = \varnothing \Leftrightarrow A = \varnothing$ 또는 $B = \varnothing$ (2) $A \subset B \Rightarrow \mathscr{P}(A) \subset \mathscr{P}(B)$

3. 집합들의 첨수족 $\{A_i\}_{i \in I}$ 와 $\{B_j\}_{j \in j}$ 에 대하여 다음을 증명하여라.

(1) $\left(\bigcup_{i \in I} A_i\right) - \left(\bigcup_{j \in J} B_j\right) = \bigcup_{i \in I}\left(\bigcap_{j \in J} (A_i - B_j)\right)$

(2) $\left(\bigcap_{i \in I} A_i\right) - \left(\bigcap_{j \in J} B_j\right) = \bigcap_{i \in I}\left(\bigcup_{j \in J} (A_i - B_j)\right)$

4. 다음 함수의 역함수를 구하여라.

(1) $f(x) = 2x^3 + 5$ (2) $f(x) = 2x - 4$ (3) $f(x) = \sqrt{1 - x}$ $(x \le 1)$

5. 다음 역함수의 값을 구하여라.

(1) $\cot^{-1}(-1)$ (2) $\cos^{-1}(0)$ (3) $\sec^{-1}(1)$

6. 다음 관계식을 증명하여라.

(1) $\cosh x + \sinh x = e^x$ (2) $\cosh x - \sinh x = e^{-x}$

7. 다음을 증명하여라.

(1) $\operatorname{csch}^{-1}x = \ln\left(\dfrac{1}{x}+\dfrac{\sqrt{x^2+1}}{|x|}\right)$ $(x \neq 0)$

(2) $\operatorname{sech}^{-1}x = \ln\left(\dfrac{1+\sqrt{1-x^2}}{x}\right)$ $(0 < x \leq 1)$

(3) $\coth^{-1}x = \dfrac{1}{2}\ln\left(\dfrac{x+1}{x-1}\right)$ $(|x| > 1)$

8. 다음을 증명하여라.

(1) $\sin^{-1}x + \cos^{-1}x = \dfrac{\pi}{2}$

(2) $\tan^{-1}x + \cot^{-1}x = \dfrac{\pi}{2}$

(3) $\sin^{-1}(-x) = -\sin^{-1}x$

(4) $\cos^{-1}(-x) = \pi - \cos^{-1}x$

■ Russell의 역설과 집합론의 공리체계

1902년 6월 16일, 영국의 정치가이면서 문학가인 수학자 Bertrand Russell (1872-1970)은 당시 기호논리학을 연구하고 있던 Gottlob Frege(1848-1925)에게 집합론에 관한 논리적 모순을 제기하였다. Frege가 Russell로부터 편지를 받았을 때는 집합론의 개념을 광범위하게 사용하여 집필한 『산술의 기초』 제2권이 출판업자의 손으로 이미 넘어갔을 때였다. Russell은 1893년에 출판된 Frege의 제1권을 칭찬하는 편지에서 그가 1년 전부터 관찰해온 그의 역설을 설명하였던 것이다.

만약 R을 자기 자신을 원소로 하지 않는 모든 집합들의 집합, 즉

$$R=\{X \mid X \not\in X,\ X \text{ 는 집합}\}$$

이라 하자. 이는 Russell의 첫 영문자 R을 따서 표기한 것으로, Russell 집합(Russell set)이라 한다. 그러면 R는 자기 자신의 원소인가? 아닌가? 만약 R이 자기 자신의 원소이면, R의 정의에 의하여 R은 자기 자신의 원소가 아니다. 또한, R이 자신의 원소가 아니면, 다시 R의 정의에 의하여 R은 자신의 원소이어야 한다. 이를 수학적 형식언어로 표현하면

$$R \in R \Leftrightarrow R \not\in R$$

이라는 상반된 모순을 보여준다. 결국 이 모순은 집합 R이 존재하지 않음을 보여주며, Georg Cantor(1845-1918)가 생각한 모든 집합들의 집합은 더 이상 존재하지 않음을 주장한다. 부언하면, Russell이 제기한 문제는 일체의 집합을 자기 자신을 원소로 하는 것과 원소로 하지 않은 것의 두 종류로 구분하고 있다. 그렇게 나눌 때, 후자의 종류를 또 하나의 집합으로 간주하면 둘 중 어느 부류에 넣어야 할 것인가?라는 문제로 바꾸어 말할 수 있겠다. 이것은 순수한 논리학적인 언어로 표현된 역설로 오늘날의 논리학 및 수학기초론의 전개에 결정적인 영향을 끼쳤다.

Russell의 역설이 알려진 이후에 집합의 기호를 사용하지 않고, 일상에서 Russell의 역설을 좀 더 이해하기 쉽게 표현하는 여러 비유들이 나타났다. 그 중에서 가장 널리 알려진 것이 1919년 Russell 자신이 만든 것으로 그의 저서 『수리철학 입문』에 나오는 이발사에 관한 역설이다.

어느 마을에 한 이발사가 있다. 이 이발사는 자기 스스로 면도하지 않는 사람만 면도를 해준다고 한다.

이 이야기의 역설적 특징은 "이발사는 스스로 면도를 하는가?"라는 물음에 답하려고 할 때 나타난다. 만일 이발사가 스스로 면도를 한다면 자신의 주장과 일치하지 않기 때문에 자기가 면도해 줄 수 없고, 반대로 자신이 스스로 면도하지 않는다고 하면 그는 자신의 주장에 따라 자신을 면도해 주어야 한다. 즉, 우리는 어느 경우에도 모순됨을 알 수 있다.

그렇다면, "Russell의 역설을 피할 수 있는 방법은 무엇인가?" 1900년대 초에 이르러 많은 수학자들은 역설들을 극복하는 길은 공리론적인 기초 위에 집합론을 세우는 일이라고 생각하였다. '점'과 '직선'을 무정의 개념으로 받아들이는 것처럼 '집합'과 '원소'도 무정의 개념으로 약속한다. 다음은 Russell의 역설을 피하기 위하여 von Neumann(1903-1957)이 제시한 방법이다.

- 방법 1 모든 집합들의 전체집합 $\mathscr{I}$를 '류(class)'라는 새로운 무정의 개념으로 약속하는 것이다. 따라서 류는 더 이상 집합이 아니다. 류 $\mathscr{I}$내에 있는 원소들은 집합이므로, $\mathscr{I}$는 자기 자신의 원소가 되지 않는다. 따라서 Russell의 역설은 어떠한 논리적 모순이 생기지 않는다.

  다른 방법으로, 다음과 같은 특정 성질을 갖는 대상 안에서 생각한다. 다음은 Zermelo-Fränkel의 분출공리이다.
- 방법 2 어떤 특정한 성질을 갖는 집합 U에 대하여

$$R = \{A \in U \mid A \notin A\}$$

  라 하자. $R \in R$라 가정하면, R의 정의에 의하여 $R \in U$이고 $R \notin R$이어야 하므로, $R \notin U$이다. 왜냐하면, $R \in U$라고 하면 다시 R의 정의에 의하여, $R \in R$라는 모순이 생기기 때문이다.

제2장

극한과 연속

▶▷▶ 이 장에서는 미분적분학의 근간을 이루는 주요 개념인 극한개념의 직관적인 이해를 바탕으로, 논리적이고 엄밀한 형식적인 정의를 소개하고, 수열과 함수의 극한을 구할 수 있도록 한다. 또한, 함수의 연속개념을 이해하고 연속함수에 대한 기본성질들을 살펴본다.

2.1 수열의 극한

자연수의 집합 $\mathbb{N}$을 정의역으로 하는 함수 f를 수열(sequence)이라 한다. 편의상, $f(n)$을 a_n으로 쓰고 수열 f를 $\{a_n \mid n \in \mathbb{N}\}$ 또는 간단히 $\{a_n\}$으로 표시한다. 여기서는 실수열 $f: \mathbb{N} \to \mathbb{R}$만을 다루기로 한다.

정의 2.1.1

임의의 $\epsilon > 0$에 대해서

$$n \geq N(\epsilon) \Rightarrow |a_n - a| < \epsilon$$

을 만족하는 $N(\epsilon) \in \mathbb{N}$이 존재하면, 수열 $\{a_n\}$은 a에 수렴한다(converge)고 하고

$$\lim_{n \to \infty} a_n = a \quad \text{또는} \quad a_n \to a \ (n \to \infty)$$

로 나타낸다. 그리고 a를 수열 $\{a_n\}$의 극한(limit)이라 한다. 반면에, 수열이 극한을 가지지 않을 때 발산한다(diverge)고 한다.

참고

(1) 이 책에서 a의 근방(neighborhood)이란 적당한 $\epsilon > 0$임에 대하여, a의 ϵ-근방 $(a-\epsilon,\ a+\epsilon)$을 포함하는 실수의 한 부분집합을 의미한다.

(2) 수렴하는 수열의 극한 a의 ϵ-근방에는 $\epsilon > 0$의 선택에 관계없이 무수히 많은 수열의 항이 존재한다. 그리고 극한의 정의에서 존재하는 $N(\epsilon)$은 $\epsilon > 0$의 값에 의존하여 결정된다.

예제 2.1.1

$\lim_{n\to\infty} \frac{1}{n} = 0$임을 보이고, $\epsilon = 0.1,\ 0.01$에 대응하는 $N(\epsilon) \in \mathbb{N}$의 값을 정하여라.

풀이 임의의 $\epsilon > 0$에 대하여

$$N(\epsilon) = \left[\frac{1}{\epsilon} + 1\right]$$

로 택하자. 여기서, $[x]$는 x를 넘지 않는 최대의 정수를 의미하며 Gauss함수라 한다. 그러면 모든 $n \geq N(\epsilon)$에 대하여 $N(\epsilon) > \frac{1}{\epsilon}$이 되므로

$$\left|\frac{1}{n} - 0\right| = \frac{1}{n} \leq \frac{1}{N(\epsilon)} < \epsilon$$

이다. 그러므로 $\lim_{n\to\infty} \frac{1}{n} = 0$이다. 만약, $\epsilon = 0.1$이면 $N(0.1) = \left[\frac{1}{0.1} + 1\right] = 11$이고, $\epsilon = 0.01$이면 $N(0.01) = \left[\frac{1}{0.01} + 1\right] = 101$이다.

보조정리 2.1.1

임의의 $\epsilon > 0$에 대하여, $0 \leq a < \epsilon$이면 $a = 0$이다.

증명 만약 $a > 0$이면, 적당한 $\epsilon_0 = \frac{1}{2}a > 0$에 대해 $0 \leq a < \epsilon_0$가 성립하지 않는다. 따라서 $a = 0$이어야 한다.

정리 2.1.2 (극한의 일의성)

수렴하는 수열의 극한은 유일하다.

증명 수렴하는 수열 $\{a_n\}$에 대해 $\lim_{n\to\infty} a_n = a$이고 $\lim_{n\to\infty} a_n = a'$라 가정하면, 임의의 $\epsilon > 0$에 대하여 $N(\epsilon) \in \mathbb{N}$이 존재하여 모든 $n \geq N(\epsilon)$에 대해

$$|a_n - a| < \frac{\epsilon}{2} \text{ 이고 } |a_n - a'| < \frac{\epsilon}{2}$$

을 만족한다. 따라서

$$\begin{aligned} 0 \leq |a - a'| &= |(a - a_{N(\epsilon)}) + (a_{N(\epsilon)} - a')| \\ &\leq |a_{N(\epsilon)} - a| + |a_{N(\epsilon)} - a'| < \frac{\epsilon}{2} + \frac{\epsilon}{2} = \epsilon \end{aligned}$$

이므로, 보조정리 2.1.1에 의하여 $a = a'$이다.

정리 2.1.3

두 수열 $\{a_n\}$과 $\{x_n\}$에 대해, 적당한 상수 $C > 0$가 존재하여 모든 $n \in \mathbb{N}$에 대하여

$$|x_n - x| \leq C\,|a_n|$$

이고 $\lim_{n\to\infty} a_n = 0$이면, $\lim_{n\to\infty} x_n = x$ 이다.

증명 $\lim_{n\to\infty} a_n = 0$이므로, 임의의 $\epsilon > 0$에 대하여 $n \geq N\left(\frac{\epsilon}{C}\right)$이면

$$|a_n - 0| = |a_n| < \frac{\epsilon}{C}$$

을 만족하는 $N\left(\frac{\epsilon}{C}\right) \in \mathbb{N}$이 존재한다. 따라서

$$|x_n - x| \leq C\,|a_n| < \epsilon$$

이므로, $\lim_{n\to\infty} x_n = x$이다.

예제 2.1.2

$\lim_{n\to\infty}\frac{1}{1+na}=0\ (a>0)$ 임을 보여라.

풀이 모든 $n\in\mathbb{N}$에 대하여

$$\left|\frac{1}{1+na}-0\right|\le\left(\frac{1}{a}\right)\frac{1}{n}$$

이고, 예제 2.1.1에 의하여 $\lim_{n\to\infty}\frac{1}{n}=0$이므로, 정리 2.1.3에 의해

$$\lim_{n\to\infty}\frac{1}{1+na}=0$$

■

정의 2.1.2

집합 $S(\neq\varnothing)\subset\mathbb{R}$에 대하여

(1) 임의의 $x\in S$에 대하여, $c\in\mathbb{R}$가 존재하여 $c\ge x$일 때 집합 S는 위로 유계(bounded above)라 하고, c를 S의 한 상계(upper bound)라 한다. 또한, 상계들 중에서 최소가 되는 것을 S의 상한(supremum) 또는 최소상계(least upper bound)라 하고 $\sup S$로 나타낸다.

(2) (1)의 쌍대개념으로, S의 모든 원소보다 작거나 같은 실수 d가 존재하면, S는 아래로 유계(bounded below)라 하고 d를 S의 한 하계(lower bound)라 한다. 또한, 하계들 중에서 최대인 것을 S의 하한(infimum) 또는 최대하계(greatest lower bound)라 하고 $\inf S$로 나타낸다.

(3) 집합 S가 상계와 하계를 모두 가질 때, S는 유계(bounded)라고 한다. 이 경우 모든 $x\in S$에 대하여 $|x|\le M$을 만족하는 적당한 $M>0$이 존재한다.

■

특히, 수열 $f:\mathbb{N}\to\mathbb{R}$의 치역 $f(\mathbb{N})=\{a_1, a_2, \dots, a_n, \dots\}$이 위로(또는 아래로) 유계이면, 수열 f를 위로(또는 아래로) 유계라 하며, $\sup f(\mathbb{N})$(또는 $\infty f(\mathbb{N})$)을 수열 f의 상한과 하한으로 정의한다.

참고

$f(n)=(-1)^n$ 이면, 그 치역은 $f(\mathbb{N})=\{1,-1\}$ 임에 유의하여라.

예제 2.1.3

$S=\left\{\frac{1}{n} \,\middle|\, n\in\mathbb{N}\right\}$ 일 때, $\inf S=0$ 이고 $\sup S=1$ 이다. 따라서 집합 S는 유계이다.

정리 2.1.4

수렴하는 모든 수열은 유계이다.

증명 $\lim_{n\to\infty} a_n = a$ 라 하면, $\epsilon=1>0$ 에 대해 $N(1)\in\mathbb{N}$ 이 존재하여 모든 $n\ge N(1)$ 에 대하여

$$|a_n-a|<1$$

을 만족한다. 따라서 모든 $n\ge N(1)$ 에 대하여

$$|a_n|=|(a_n-a)+a|\le|a_n-a|+|a|<1+|a|$$

이므로, $M=\sup\{|a_1|, |a_2|, \ldots, |a_{N(1)-1}|, 1+|a|\}$ 로 잡으면 모든 $n\in\mathbb{N}$ 에 대하여

$$|a_n|\le M$$

이 성립하므로, 수열 $\{a_n\}$ 의 치역은 유계이다.

참고

정리 2.1.4의 역은 성립하지 않는다. 예로, $a_n=(-1)^n$ 이라 두면, $\{a_n\}$ 은 유계이지만 수렴하지 않는다.

다음 수열의 극한정리는 극한의 정의를 이용하여 구체적으로 증명할 수 있지만, 여기서는 극한의 직관적인 의미로써 간략히 증명한다.

정리 2.1.5 (수열의 극한정리)

$\lim_{n\to\infty} a_n = a$, $\lim_{n\to\infty} b_n = b$ 일 때, 다음이 성립한다.

(1) $\lim_{n\to\infty}(a_n + b_n) = a + b$ (2) $\lim_{n\to\infty} a_n b_n = ab$

(3) $\lim_{n\to\infty} \dfrac{a_n}{b_n} = \dfrac{a}{b} \quad (b \neq 0)$

증명 (1) $|(a_n + b_n) - (a+b)| = |(a_n - a) + (b_n - b)|$

$\leq |a_n - a| + |b_n - b| \to 0 \quad (n\to\infty)$

(2) $|a_n b_n - ab| = |a_n(b_n - b) + b(a_n - a)|$

$\leq |a_n||b_n - b| + |b||a_n - a|$

$\leq M \cdot |b_n - b| + |b| \cdot |a_n - a| \to 0 \quad (n\to\infty)$

여기서, M은 수렴하는 수열 $\{a_n\}$의 상한이다.

(3) (2)에 의하여 $\lim_{n\to\infty} \dfrac{1}{b_n} = \dfrac{1}{b}$ 임을 증명하면 충분하다.

$$\left|\frac{1}{b_n} - \frac{1}{b}\right| = \frac{|b_n - b|}{|b_n||b|} \leq \frac{M}{|b|}|b_n - b| \to 0 \quad (n\to\infty)$$

여기서, M은 모든 $n\in\mathbb{N}$에 대하여 $\dfrac{1}{|b_n|} \leq M$이 되는 수이다. 한편, $\lim_{n\to\infty} b_n = b$ 이므로 $\epsilon = \dfrac{|b|}{2} > 0$에 대해서, 적당한 $N = N\left(\dfrac{|b|}{2}\right) \in \mathbb{N}$가 존재하여 모든 $n \geq N$에 대하여

$$||b_n| - |b|| \leq |b_n - b| < \frac{|b|}{2}$$

를 만족한다. 이때, $|b_n| > \dfrac{|b|}{2}$ 이므로

$$M = \max\left\{\frac{1}{|b_1|}, \frac{1}{|b_2|}, \dots, \frac{1}{|b_{N-1}|}, \frac{2}{|b|}\right\}$$

로 택하면 된다.

정의 2.1.3

$a_1 \le a_2 \le \cdots \le a_n \le \cdots$ 인 수열 $\{a_n\}$은 증가수열(increasing sequence), $a_1 \ge a_2 \ge \cdots \ge a_n \ge \cdots$ 인 수열 $\{a_n\}$은 감소수열(decreasing sequence)이라 한다. 또한, 증가수열 또는 감소수열을 단조수열(monotone sequence)이라 한다.

단조수열에 대해서 다음 정리가 성립한다.

정리 2.1.6 (단조수열의 수렴)

위로(또는 아래로) 유계인 단조증가(또는 감소)수열 $f(n)=\{a_n\}$은 수렴하고, 그 극한은 $\{a_n\}$의 상한(또는 하한)이다. 즉

(1) [위로 유계이고 단조증가] $a_n \to \sup\{a_1, a_2, \ldots\}$ $(n \to \infty)$

(2) [아래로 유계이고 단조감소] $a_n \to \inf\{a_1, a_2, \ldots\}$ $(n \to \infty)$

증명 (1) 수열 f가 위로 유계이므로, $\sup\{a_1, a_2, \ldots\}=a$가 존재한다. 임의의 $\epsilon>0$에 대하여 $a-\epsilon$는 수열 f의 상계가 될 수 없으므로

$$a-\epsilon < a_{n_0} \le a$$

가 되는 $n_0 \in \mathbb{N}$가 존재한다. 한편, 수열 $\{a_n\}$이 단조증가이므로 모든 $n \ge n_0$에 대해

$$a-\epsilon < a_{n_0} \le a_n \le \cdots \le a < a+\epsilon$$

이므로, 모든 $n \ge n_0$에 대하여 $|a_n - a| < \epsilon$이 된다. 즉, $\lim_{n\to\infty} a_n = a$이다.

(2)의 증명도 (1)과 유사한 방법으로 증명할 수 있다.

예제 2.1.4

모든 $n \in \mathbb{N}$에 대하여, $a_n = r^n$ $(0<r<1)$이면 $\lim_{n\to\infty} a_n = 0$이다.

풀이 $\{a_n\}$은 아래로 유계 $(a_n>0)$이고 단조감소수열이므로, 정리 2.1.6(2)에 의하여

$$a_n \to a = \inf\{a_1, a_2, \ldots\} \quad (n\to\infty)$$

이다. $a_{n+1} = ra_n$ 에서 $\lim_{n\to\infty} a_{n+1} = r\lim_{n\to\infty} a_n$ 이므로, $a = r \cdot a$이다. 한편, $r \neq 1$이므로 $a = 0$이다. 그러므로 $\lim_{n\to\infty} a^n = 0$이다.

예제 2.1.5

수열 $\{a_n\} = \left\{\left(1+\frac{1}{n}\right)^n\right\}$ 은 수렴한다.

풀이 수열 $\{a_n\}$의 일반항 a_n은 다음을 만족한다.

$$\begin{aligned}
a_n &= \left(1+\frac{1}{n}\right)^n = \sum_{r=0}^{n} {}_nC_r 1^{n-r}\left(\frac{1}{n}\right)^r \\
&= 1 + {}_nC_1\frac{1}{n} + {}_nC_2\left(\frac{1}{n}\right)^2 + \cdots + {}_nC_n\left(\frac{1}{n}\right)^n \\
&= 1 + \frac{n}{1!}\left(\frac{1}{n}\right) + \frac{n(n-1)}{2!}\left(\frac{1}{n}\right)^2 + \cdots + \frac{n(n-1)\cdots 2\cdot 1}{n!}\left(\frac{1}{n}\right)^n \\
&= 1 + \frac{1}{1!} + \frac{1}{2!}\left(1-\frac{1}{n}\right) + \cdots + \frac{1}{n!}\left(1-\frac{1}{n}\right)\left(1-\frac{2}{n}\right)\cdots\left(1-\frac{n-1}{n}\right) \\
&< 1 + \frac{1}{1!} + \frac{1}{2!} + \cdots + \frac{1}{n!}
\end{aligned}$$

한편, $n! > 2^{n-1}$ $(n > 2)$에서

$$a_n < 1 + 1 + \frac{1}{2} + \cdots + \frac{1}{2^{n-1}} = 3 - \frac{1}{2^{n-1}} < 3$$

이므로, $\{a_n\}$은 위로 유계이다. 같은 방법으로

$$\begin{aligned}
a_{n+1} = \left(1+\frac{1}{n+1}\right)^{n+1} &= 1 + \frac{1}{1!} + \frac{1}{2!}\left(1-\frac{1}{n+1}\right) + \cdots \\
&+ \frac{1}{n!}\left(1-\frac{1}{n+1}\right)\left(1-\frac{2}{n+1}\right)\cdots\left(1-\frac{n-1}{n+1}\right) \\
&+ \frac{1}{(n+1)!}\left(1-\frac{1}{n+1}\right)\left(1-\frac{2}{n+1}\right)\cdots\left(1-\frac{n}{n+1}\right)
\end{aligned}$$

에서 $a_n < a_{n+1}$이다. 즉, $\{a_n\}$는 단조증가수열이다. 따라서 정리 2.1.6 (1)에 의하여 $\{a_n\}$은 수렴한다.

참고

예제 2.1.5의 수열 $\left\{\left(1+\frac{1}{n}\right)^n\right\}$의 실제 극한은 $e=2.7182818284590\cdots$이다. 즉

$$\lim_{n\to\infty}\left(1+\frac{1}{n}\right)^n=e$$

우리가 잘 알고 있는 원주율 π의 발견과 더불어 무리수 e의 발견은 미적분학에서 매우 중요한 역할을 한다. 이는 1739년 오일러(Leonhard Euler ; 1707~1783)에 의하여 처음으로 표기되어 오일러 수(Euler number)라고 부른다.

2.1 연습문제

1. 다음 집합의 상한과 하한을 구하여라.

(1) $S_1=\left\{1-\frac{(-1)^n}{n}\,\middle|\, n\in\mathbb{N}\right\}$　　(2) $S_2=\left\{\frac{1}{n^2}+\frac{1}{m^2}\,\middle|\, n,\, m\in\mathbb{N}\right\}$

2. 두 수열 $\{a_n\}$과 $\{b_n\}$에서, 모든 n에 대해 $a_n<b_n$이면 $\lim\limits_{n\to\infty}a_n<\lim\limits_{n\to\infty}b_n$인가?

3. $\lim\limits_{n\to\infty}\frac{1}{n^\alpha}=0\ (\alpha>0)$을 증명하여라.

4. $a_n\to a$일 때, $b_n=\frac{1}{n}(a_1+a_2+\cdots+a_n)$이라 두면 $b_n\to a$임을 보여라.

5. 다음 수열의 수렴과 발산을 조사하고, 수렴하는 수열은 그 극한을 구하여라.

(1) $\left\{\frac{n}{n+1}\,\middle|\, n\in\mathbb{N}\right\}$　　(2) $\left\{\frac{n+1}{3n-2}\,\middle|\, n\in\mathbb{N}\right\}$

2.2 함수의 극한

함수의 극한에 대한 직관적이고 비형식적인 정의로부터 이 절을 시작하자.

정의 2.2.1

한 점 a의 근방에서 정의된 함수 $f(x)$에 대하여 x가 a에 한없이 가까워질 때 $f(x)$가 일정한 값 L에 한없이 가까워지면

$$x \to a \text{ 일 때 } f(x) \to L \quad \text{또는} \quad \lim_{x \to a} f(x) = L$$

로 나타내고, L을 $x = a$에서의 $f(x)$의 극한(limit)이라 한다.

■

참고

(1) 기호 $x \to a$는 x가 a에 한없이 가깝지만, $x \neq a$임을 뜻하며, $f(x)$가 $x = a$에서 정의되지 않더라도 극한은 생각할 수 있다.

(2) x가 a에 가까워질 때 x가 a보다 큰 쪽(오른쪽)에서 a에 점차로 가까워질 때 $x \to a^+$, 작은 쪽(왼쪽)에서 a에 가까워질 때 $x \to a^-$로 나타낸다. 극한 L이 존재할 경우에는

$$\lim_{x \to a^+} f(x) = \lim_{x \to a^-} f(x) = L$$

임을 알 수 있다.

예제 2.2.1

다음과 같이 정의된 함수의 $x = 1$에서의 극한을 구하여라.

(1) $f(x) = \dfrac{x^2 - 1}{x - 1}$ (2) $g(x) = \begin{cases} \dfrac{x^2 - 1}{x - 1} & (x \neq 1) \\ 1 & (x = 1) \end{cases}$ (3) $h(x) = x + 1$

풀이 세 함수의 극한은 모두 2이다.

■

참고

정의역내의 한 점에서 극한을 가지지 못하는 함수도 있다. 예를 들면

$$f(x) = \begin{cases} 0 & (x < 0) \\ 1 & (x \geq 0) \end{cases}$$

과 같은 단위 계단함수(unit step function)는 $x \to 0$일 때 극한이 존재하지 않는다. 왜냐하면, 음의 방향을 따라 x가 한없이 0에 가까워지면 $f(x) \to 0$이고, 양의 방향을 따라 가까워지면 $f(x) \to 1$이므로, $x \to 0$일 때, $f(x)$가 일정한 수에 수렴하지 않기 때문이다.

이제, 보다 명확한 형식적인 극한의 정의에 대하여 알아보자.

정의 2.2.2

함수 f가 $x = a$를 제외한 점 a의 근방(a를 품는 작은 열린구간)에서 정의되었을 때, 임의의 $\epsilon > 0$에 대하여

$$0 < |x - a| < \delta \Rightarrow |f(x) - L| < \epsilon$$

을 만족하는 $\delta > 0$가 존재하면 $x \to a$일 때 $f(x)$는 극한(limit) L에 수렴한다(converge)고 하고

$$\lim_{x \to a} f(x) = L$$

로 나타낸다(그림 2.1 참조).

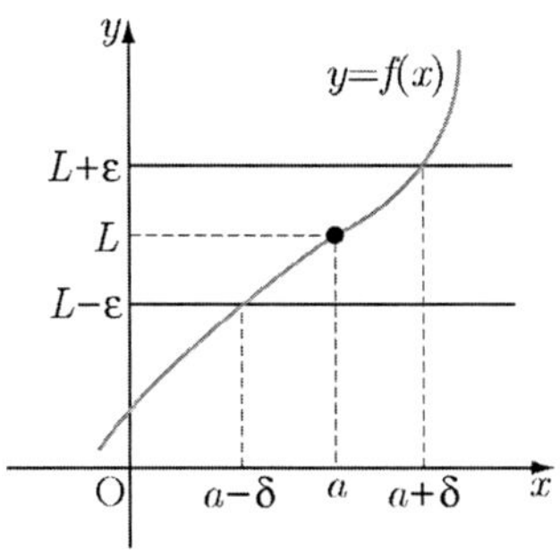

[그림 2.1]

임의의 $\epsilon > 0$에 대하여, 극한의 정의를 만족하는 $\delta > 0$를 구하는 방법을 다음의 예제들을 통해 알아보자.

예제 2.2.2

$\lim_{x \to 5} \sqrt{x-1} = 2$에서 $\epsilon = 1$에 대한 $\delta > 0$를 구하여라.

풀이
- 1단계 : $|\sqrt{x-1} - 2| < 1 \Leftrightarrow -1 < \sqrt{x-1} - 2 < 1$

$$\Leftrightarrow 1 < \sqrt{x-1} < 3$$

$$\Leftrightarrow 2 < x < 10$$

이므로, 부등식 $|\sqrt{x-1} - 2| < 1$은 구간 $(2, 10)$ 내에 있는 모든 점에서 성립하므로 $x \neq 5$가 아닌 구간 $(2, 10)$ 내의 모든 점에서도 역시 성립한다.

- 2단계 : 구간 $(5-\delta,\ 5+\delta)$가 구간 $(2, 10)$에 속하도록 δ를 정한다. 여기서, 5부터 구간 $(2, 10)$의 끝 점에 가장 가까운 거리는 3이므로, $\delta = 3$으로 택하면 충분하다. 즉

$$0 < |x-5| < 3 \Rightarrow |\sqrt{x-1} - 2| < 1$$

■

예제 2.2.3

함수 $f(x) = \begin{cases} x^2 & (x \neq 2) \\ 1 & (x = 2) \end{cases}$에 대하여, $\lim_{x \to 2} f(x) = 4$임을 보여라.

풀이 $x \neq 2$에 대하여 $\epsilon < 4$이면

$$|x^2 - 4| < \epsilon \Leftrightarrow -\epsilon < x^2 - 4 < \epsilon$$

$$\Leftrightarrow 4 - \epsilon < x^2 < 4 + \epsilon$$

$$\Leftrightarrow \sqrt{4-\epsilon} < |x| < \sqrt{4+\epsilon}$$

이므로

$$(2-\delta,\ 2+\delta) \subset (\sqrt{4-\epsilon},\ \sqrt{4+\epsilon})$$

을 만족하는 $\delta>0$을 구하여야 한다. 만약, $\delta=\min\{2-\sqrt{4-\epsilon},\ \sqrt{4+\epsilon}-2\}$로 택하면 $0<|x-2|<\delta$일 때, 즉 $2-\delta<x<2+\delta$이면

$$\sqrt{4-\epsilon}=2-(2-\sqrt{4-\epsilon})\le 2-\delta<x<2+\delta$$
$$\le 2+(\sqrt{4+\epsilon}-2)=\sqrt{4+\epsilon}$$

이므로

$$|f(x)-4|=|x^2-4|<\epsilon$$

■

참고

$\lim_{x\to a} f(x)\neq L$은 각 $\delta>0$에 대하여, 적당한 x가 존재하여

$$0<|x-a|<\delta \text{ 이고 } |f(x)-L|\ge\epsilon$$

을 만족하는 $\epsilon>0$이 존재한다는 뜻이다. 특히, 각 $n\in\mathbb{N}$에 대하여 $\delta=\dfrac{1}{n}$을 취하면 적당한 x_n이 존재하여

$$0<|x_n-a|<\frac{1}{n} \text{ 이고 } |f(x_n)-L|\ge\epsilon$$

을 만족하는 $\epsilon>0$가 존재한다.

함수의 극한에 대한 다음 정리는 아주 유용하다.

정리 2.2.1

$\lim_{x\to a} f(x)=L$일 필요충분조건은 $\lim_{n\to\infty} x_n=a$를 만족하는 임의의 수열 $\{x_n\}$에 대하여 $\lim_{n\to\infty} f(x_n)=L$이다.

증명 $\lim_{x\to a} f(x)=L$이라 하고, $x_n\neq a$이고 $\lim_{n\to\infty} x_n=a$라 하자. 주어진 $\epsilon>0$에 대해서, 가정에 의해

$$0<|x-a|<\delta \Rightarrow |f(x)-L|<\epsilon$$

을 만족하는 $\delta>0$가 존재한다. 한편, $\lim_{n\to\infty} x_n = a$ 이므로 $\delta>0$에 대하여

$$n \geq N(\delta) \Rightarrow |x_n - a| < \delta$$

를 만족하는 자연수 $N(\delta)\in\mathbb{N}$가 존재하고, 그러한 $x_n\,(n\geq N(\delta))$에 대해

$$|f(x_n) - L| < \epsilon$$

이므로, $\lim_{n\to\infty} f(x_n) = L$ 이다.

역으로, 만약 $\lim_{x\to a} f(x) \neq L$ 이라고 가정하자. 앞의 참고로부터 모든 $n\in\mathbb{N}$에 대하여 $0<|x_n - a| < \frac{1}{n}$ 이고 $|f(x_n) - L| \geq \epsilon_0$ 을 만족하는 $\epsilon_0 > 0$와 x_n이 존재한다. 이것은 주어진 가정에 모순이므로, $\lim_{x\to a} f(x) = L$ 이어야 한다.

정리 2.2.1과 수열에 대한 극한정리(정리 2.1.5)에 의하여, 함수의 극한에 대한 다음의 대수적 성질을 쉽게 증명할 수 있다.

정리 2.2.2 (함수의 극한정리)

$\lim_{x\to a} f(x) = \alpha$ 이고 $\lim_{x\to a} g(x) = \beta$ 일 때, 다음이 성립한다.

(1) $\lim_{x\to a}(f(x)+g(x)) = \alpha+\beta$

(2) $\lim_{x\to a}(f(x)\cdot g(x)) = \alpha\cdot\beta$

(3) $\lim_{x\to a} kf(x) = k\cdot\alpha$ (k는 상수)

(4) $\lim_{x\to a}\frac{f(x)}{g(x)} = \frac{\alpha}{\beta}$ $(\beta\neq 0)$

정리 2.2.3 (조임정리)

$x=a$ 의 근방에서 항상 $f(x)\leq g(x)\leq h(x)$이고

$$\lim_{x\to a} f(x) = \lim_{x\to a} h(x) = L$$

이면, $\lim_{x\to a} g(x) = L$ 이다.

증명 $\lim_{x \to a} f(x) = \lim_{x \to a} h(x) = L$ 이므로, 임의의 $\epsilon > 0$에 대하여 $\delta_1 > 0$과 $\delta_2 > 0$가 존재하여

$$0 < |x-a| < \delta_1 \Rightarrow |f(x) - L| < \epsilon$$

$$0 < |x-a| < \delta_2 \Rightarrow |h(x) - L| < \epsilon$$

을 만족한다. 이때, $\delta = \min\{\delta_1, \delta_2\}$라 두면 $0 < |x-a| < \delta$일 때

$$L - \epsilon < f(x) \le g(x) \le h(x) < L + \epsilon$$

을 만족하는 모든 x에 대하여

$$|g(x) - L| < \epsilon$$

이므로, $\lim_{x \to a} g(x) = L$ 이다.

예제 2.2.4

$\lim_{x \to 0} x^2 \sin \frac{1}{x}$ 을 구하여라.

풀이 $\left| x^2 \sin \frac{1}{x} \right| = |x^2| \left| \sin \frac{1}{x} \right| \le x^2$ 이므로

$$-x^2 \le x^2 \sin \frac{1}{x} \le x^2$$

이고, 한편

$$\lim_{x \to 0} x^2 = \lim_{x \to 0} (-x^2) = 0$$

이므로, 정리 2.2.3에 의해서

$$\lim_{x \to 0} x^2 \sin \frac{1}{x} = 0$$

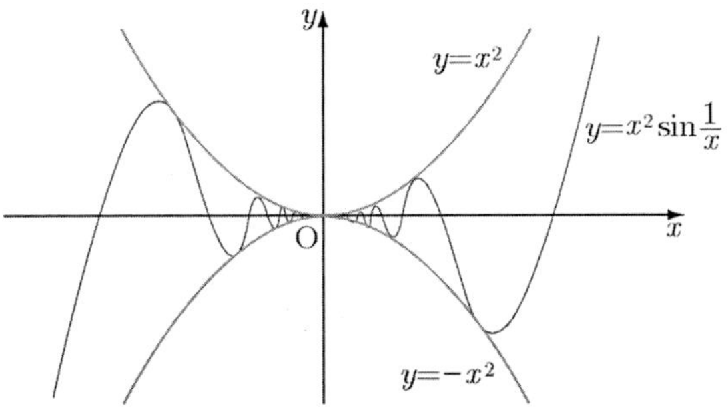

[그림 2.2]

참고

예제 2.2.4와 같은 방법으로 $\lim_{x\to 0} x\sin\frac{1}{x}=0$임을 보일 수 있다.

변수 x가 임의의 양수보다 커질 때, x는 양의 무한대(positive infinity)로 가까이 간다고 하고 기호로는 $x\to+\infty$로 나타낸다. 또한, x가 음이고 그 절댓값이 양의 무한대로 가까이 가면, x는 음의 무한대(negative infinity)로 가까이 간다고 하고 기호로는 $x\to-\infty$로 나타낸다. ∞는 변수가 변하는 상태를 나타내는 기호일 뿐, 수로 도입된 것은 아니다.

극한 개념의 확장으로, 다음과 같이 무한극한값을 정의한다.

정의 2.2.3

임의의 $N>0$에 대하여, 적당한 수 $\delta>0$가 존재하여

$$0<|x-a|<\delta \text{ (또는 } a<x<a+\delta\text{)일 때, } f(x)>N$$

을 만족하면

$$\lim_{x\to a} f(x)=+\infty \text{ (또는 } \lim_{x\to a^+} f(x)=+\infty\text{)}$$

로 나타낸다. 또한, 임의의 $M<0$에 대하여 적당한 $\delta>0$가 존재하여

$$0 < |x-a| < \delta \text{ (또는 } a-\delta < x < a\text{)일 때, } f(x) < M$$

을 만족하면

$$\lim_{x\to a} f(x) = -\infty \quad \text{(또는 } \lim_{x\to a^-} f(x) = -\infty\text{)}$$

로 나타낸다. 그리고 임의의 $\epsilon > 0$에 대하여, 적당한 수 q가 존재하여

$$q < x \text{일 때, } |f(x) - L| < \epsilon$$

을 만족하면 $\lim_{x\to+\infty} f(x) = L$로 나타낸다.

같은 방법으로, 다음을 정의할 수 있다.

$$\lim_{x\to-\infty} f(x) = L$$

예제 2.2.5

$\lim_{x\to 2^+} \dfrac{1}{x-2} = +\infty$ 임을 보여라.

풀이 임의의 $N > 0$ 에 대하여, $\delta = \dfrac{1}{N}$ 로 택하면

$$0 < x-2 < \delta \Rightarrow \frac{1}{x-2} > N$$

이므로, 예제가 증명된다.

2.2 연습문제

1. $\lim_{x\to a} x^2 = a^2$임을 증명하여라.

2. $f(x)=\begin{cases} x^2+1 & (x>0) \\ -x^2-1 & (x<0)\end{cases}$일 때, $\lim_{x\to 0} f(x)$를 구하여라.

3. $f(x)=\begin{cases} x^2+2 & (x\neq 2) \\ 0 & (x=2)\end{cases}$일 때, $\lim_{x\to 2} f(x)=6$임을 증명하여라.

4. $\lim_{x\to 0} x^{\frac{3}{2}} = 0\ (x>0)$임을 보여라. (조임정리 이용)

5. $\lim_{x\to 0}\dfrac{\sqrt{1+2x}-\sqrt{1+3x}}{x+2x^2}\ (x>0)$를 구하여라.

6. 다음의 함수 sgn에 대하여, $\lim_{x\to 0}\operatorname{sgn}(x)$가 존재하지 않음을 보여라.

$$\operatorname{sgn}(x)=\begin{cases} +1 & (x>0) \\ 0 & (x=0) \\ -1 & (x<0)\end{cases}$$

7. 극한의 형식적인 정의를 이용하여, 다음 경우에 결정되는 δ를 구하여라.

(1) $\lim_{x\to 4} 2x = 8$; $\epsilon = 0.1$

(2) $\lim_{x\to -1} (7x+5) = -2$; $\epsilon = 0.01$

8. $\lim_{x\to 1}\dfrac{1}{(x-1)^4} = +\infty$임을 증명하여라.

2.3 함수의 연속

함수 $f(x)$가 $x=a$에서 연속(continuity)이란, 극한 $\lim_{x\to a} f(x)$와 함숫값 $f(a)$가 존재하여 그들이 일치할 때, 즉

$$\lim_{x\to a} f(x) = f(a)$$

일 경우를 의미한다. 이것을

$$\lim_{h\to 0} f(a+h) = f(a)$$

로 나타낼 수도 있다. 다시 말하면, 임의의 $\epsilon > 0$에 대하여

$$|x-a|<\delta \text{일 때, } |f(x)-f(a)|<\epsilon$$

을 만족되는 $\delta>0$가 존재하면 $f(x)$는 $x=a$에서 연속이다. 또한, $f(x)$가 정의역의 모든 점에서 연속이면, $f(x)$는 연속함수(continuous function)라 한다. 또한, $f(x)$가 $x=a$에서 연속이 아니면, $f(x)$는 $x=a$에서 불연속(discontinuity)이라 한다.

예제 2.3.1

다음과 같이 정의된 함수 $f(x)$는 $x=2$에서 불연속이다.

$$f(x)=\begin{cases} \dfrac{x^2-x-2}{x-2} & (x\neq 2) \\ 2 & (x=2) \end{cases}$$

왜냐하면

$$\lim_{x\to 2} f(x) = \lim_{x\to 2}(x+1) = 3$$

이며 $f(2)=2\neq 3$이기 때문이다.

예제 2.3.2

다음과 같이 정의된 함수 $f(x)$가 $x=1$에서 연속이 되도록 a의 값을 정하여라.

$$f(x)=\begin{cases} x^2+1 & (x\neq 1) \\ a & (x=1) \end{cases}$$

풀이 $x=1$에서의 함숫값은 $f(1)=a$이고, 극한은 $\lim_{x\to 1} f(x)=\lim_{x\to 1}(x^2+1)=2$이므로, $a=2$이다.

■

예제 2.3.3

다음과 같이 정의된 함수 $f(x)$는 연속함수임을 보여라.

$$f(x)=\begin{cases} x\sin\dfrac{1}{x} & (x\neq 0) \\ 0 & (x=0) \end{cases}$$

풀이 $x\neq 0$에서 $x\sin\dfrac{1}{x}$는 연속이다. 따라서 $x=0$에서 연속임을 보이면 된다.

$$0\leq \left|x\sin\frac{1}{x}\right|\leq |x|\cdot\left|\sin\frac{1}{x}\right|\leq |x|$$

이고 $\lim_{x\to 0}|x|=0$이므로, 조임정리(정리 2.2.3)에 의하여

$$\lim_{x\to 0}\left|x\sin\frac{1}{x}\right|=0$$

이고, 따라서 $\lim_{x\to 0} x\sin\dfrac{1}{x}=0$이다. 그러므로 $f(x)$는 $x=0$에서 연속이다.

■

예제 2.3.4

$f(x)=\sin x$는 실수 전체집합에서 연속임을 증명하여라.

풀이 임의의 $a\in\mathbb{R}$에 대해

$$\lim_{x \to a} \sin x = \sin a$$

임을 보이면 된다. 즉, 임의의 $\epsilon > 0$에 대하여

$$|x-a| < \delta \text{ 이면 } |\sin x - \sin a| < \epsilon$$

이 되는 $\delta > 0$가 존재함을 보이면 된다.

$$\sin x - \sin a = 2\sin\frac{x-a}{2}\cos\frac{x+a}{2}$$

로부터 $\left|\cos\frac{x+a}{2}\right| \le 1$이므로

$$\begin{aligned}|\sin x - \sin a| &= 2\left|\sin\frac{x-a}{2}\cos\frac{x+a}{2}\right| \\ &\le 2\left|\sin\frac{x-a}{2}\right| \\ &\le 2\left|\frac{x-a}{2}\right| = |x-a| < \delta\end{aligned}$$

를 만족한다. 따라서 $\delta = \epsilon$로 택하면 된다.

■

정리 2.3.1

$f(x)$, $g(x)$ 가 $x = a$ 에서 연속이면, 다음은 $x = a$에서 모두 연속이다.

(1) $f(x) + g(x)$ (2) $f(x)g(x)$

(3) $kf(x)$ (k는 상수) (4) $\dfrac{f(x)}{g(x)}$ $(g(a) \neq 0)$

증명 가정에서 $\lim_{x \to a} f(x) = f(a)$, $\lim_{x \to a} g(x) = g(a)$ 이므로, 함수에 대한 극한정리에 의하여

(1) $\lim_{x \to a}\{f(x) + g(x)\} = \lim_{x \to a} f(x) + \lim_{x \to a} g(x) = f(a) + g(a)$

(2) $\lim_{x \to a} f(x)g(x) = \lim_{x \to a} f(x) \lim_{x \to a} g(x) = f(a)g(a)$

(3) $\lim_{x \to a} kf(x) = \lim_{x \to a} k \cdot \lim_{x \to a} f(x) = kf(a)$

(4) $\lim_{x\to a}\frac{f(x)}{g(x)}=\frac{\lim_{x\to a}f(x)}{\lim_{x\to a}g(x)}=\frac{f(a)}{g(a)}$ $(g(a)\neq 0)$

정리 2.3.2

함수 $f(x)$가 $x=a$에서 연속이고, 함수 $g(y)$가 $y=f(a)$에서 연속이면 $(g\circ f)(x)$도 $x=a$에서 연속이다.

증명 임의의 $\epsilon>0$에 대하여

$$|x-a|<\delta \text{ 이면 } |(g\circ f)(x)-(g\circ f)(a)|<\epsilon$$

을 만족하는 $\delta>0$를 구하여야 한다. 가정에서 $g(y)$가 $y=f(a)$에서 연속이므로

$$|y-f(a)|<\delta_1 \text{ 일 때 } |g(y)-g(f(a))|<\epsilon$$

이 되는 δ_1이 존재한다. 따라서

$$|f(x)-f(a)|<\delta_1 \text{ 이면 } |g(f(x))-(g(f(a))|<\epsilon$$

이다. 한편, $f(x)$가 $x=a$에서 연속이므로

$$|x-a|<\delta_2 \text{ 이면 } |f(x)-f(a)|<\delta_1$$

이 되는 δ_2가 존재한다. 따라서 $\delta=\delta_2$로 택하면 된다.

정리 2.3.3

$g(y)$가 $y=b$에서 연속이고 $\lim_{x\to a}f(x)=b$이면

$$\lim_{x\to a}g(f(x))=g(\lim_{x\to a}f(x))=g(b)$$

증명 먼저, 함수 $F(x)$를

$$F(x)=\begin{cases} f(x) & (x\neq a) \\ b & (x=a)\end{cases}$$

라 두면

$$\lim_{x \to a} F(x) = \lim_{x \to a} f(x) = b = F(a)$$

가 성립하므로 $F(x)$는 $x=a$에서 연속이다. 따라서 정리 2.3.2에 의하여 $(g \circ F)(x)$는 $x=a$에서 연속이고, $x \neq a$일 때 $f(x)=F(x)$이므로

$$\lim_{x \to a} (g \circ f)(x) = \lim_{x \to a} (g \circ F)(x) = g(F(a)) = g(b)$$

를 만족한다.

예제 2.3.5

$\lim_{x \to \pi} \sqrt{1-\cos x}$ 를 구하여라.

풀이 $g(y) = \sqrt{y}$, $f(x) = 1-\cos x$ 라 두면

$$\sqrt{1-\cos x} = (g \circ f)(x)$$

이고, $\cos x$가 연속이므로

$$\lim_{x \to \pi} f(x) = 1 - \cos\pi = 2$$

이다. 또한, $y=2$에서 $g(y)$는 연속이므로, 정리 2.3.3에 의하여

$$\begin{aligned} \lim_{x \to \pi} \sqrt{1-\cos x} &= \lim_{x \to \pi} (g \circ f)(x) \\ &= g(\lim_{x \to \pi} f(x)) = g(2) = \sqrt{2} \end{aligned}$$

■

$\sqrt[n]{y}$, $\ln y$, $\sin y$ 등의 함수도 연속함수임을 밝힐 수 있다. 따라서 정리 2.3.3을 이용하여

$$\lim \sqrt[n]{g(x)} = \sqrt[n]{\lim g(x)}$$

$$\lim [\ln g(x)] = \ln [\lim g(x)]$$

$$\lim [\sin g(x)] = \sin [\lim g(x)]$$

등으로 극한값을 구할 수 있다.

다음은 연속함수에 관한 중요한 정리들이지만, 그 증명은 이 책의 수준을 벗어나므로 생략한다.

정리 2.3.4 (사이값 정리)

함수 $f(x)$가 구간 $[a,\ b]$에서 연속이고 $f(a) \neq f(b)$이면 $f(a)$와 $f(b)$ 사이의 임의의 값 k에 대해, $f(c)=k$를 만족하는 $c\ (a<c<b)$가 적어도 하나 존재한다.

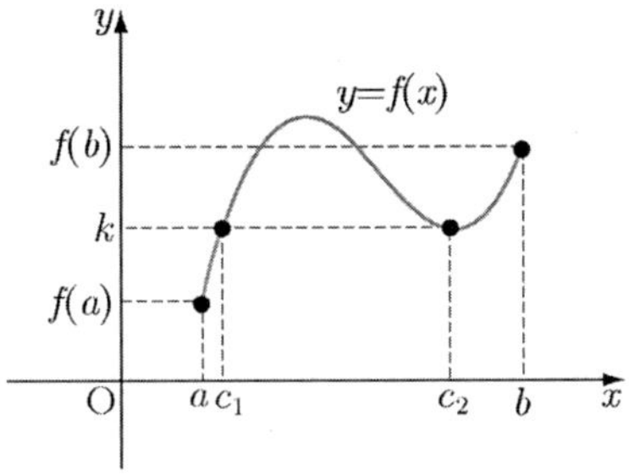

[그림 2.3]

예제 2.3.6

방정식 $x^5-4x^3-4=0$은 $x=2$와 $x=4$ 사이에서 적어도 하나의 실근을 가짐을 보여라.

풀이 $f(x)=x^5-4x^3-4$이라 두면, 함수 $f(x)$는 구간 $[2,\ 4]$에서 연속이다. 여기서, $f(2)<0$이고 $f(4)>0$이므로, 사이값 정리에 의해 $[2,\ 4]$에는 $f(c)=0$를 만족하는 c가 적어도 하나 존재한다. 따라서 c는 주어진 방정식의 한 실근이 된다. ■

함수 $f(x)$의 정의역을 D라 할 때, $c \in D$이고 모든 $x \in D$에 대해서 $f(x) \le f(c)$를 만족하면 $f(c)$를 최댓값(absolute maximum value)이라 하고, $d \in D$이고 모든 $x \in D$에 대해 $f(x) \ge f(d)$를 만족하면 $f(d)$를 최솟값(absolute minimum value)이라 한다.

정리 2.3.5 (최대 · 최솟값의 정리)

함수 $f(x)$가 구간 $[a, b]$에서 연속이면, $f(x)$는 $[a, b]$에서 항상 최댓값과 최솟값을 갖는다.

2.3 연습문제

1. 다음 각 함수의 불연속점이 있으면 구하여라.

(1) $f(x) = x^3 - 2x + 3$

(2) $f(x) = \dfrac{x}{x^2 - 1}$

(3) $f(x) = \dfrac{x - 4}{x^2 - 16}$

(4) $f(x) = \sin(x^2 - 2)$

2. 다음 함수에서 연속인 점이 있으면 구하여라.

$$f(x) = \begin{cases} x & (x\text{는 유리수}) \\ -x & (x\text{는 무리수}) \end{cases}$$

3. 다음 함수가 연속함수가 되도록 a와 b의 값을 정하여라.

$$f(x) = \begin{cases} x+1 & (x < 1) \\ 2ax + b & (1 \le x < 2) \\ 3x & (x \ge 2) \end{cases}$$

4. 함수 $f(x) = a_0 + a_1 x + a_2 x^2 + \cdots + a_n x^n$ (각 a_i는 상수)은 실수 전체집합에서 연속임을 보여라.

5. $f(x) = x^2 + \dfrac{x^2}{1+x^2} + \dfrac{x^2}{(1+x^2)^2} + \cdots + \dfrac{x^2}{(1+x^2)^n} + \cdots$은 $x = 0$에서 불연속임을 보여라.

6. 방정식 $x^3 - 2\cos x = 0$는 $\left[0, \dfrac{\pi}{2}\right]$에서 적어도 하나의 실근을 가짐을 보여라.

2장 종합문제

1. 다음 집합의 상한과 하한을 구하여라.

(1) $S_1 = \left\{ 2 - \frac{(-1)^n}{2n} \,\middle|\, n \in \mathbb{N} \right\}$ (2) $S_2 = \left\{ \frac{1}{(n+1)^2} + \frac{1}{m} \,\middle|\, n, m \in \mathbb{N} \right\}$

2. 다음 수열의 수렴과 발산을 조사하고, 수렴하는 수열은 그 극한을 구하여라.

(1) $\left\{ n - \frac{1}{2n} \,\middle|\, n \in \mathbb{N} \right\}$ (2) $\left\{ 1 + \frac{1}{2} + \cdots + \frac{1}{2^n} \,\middle|\, n \in \mathbb{N} \right\}$

3. $\lim_{x \to a} \frac{1}{x} = \frac{1}{a}$ $(a > 0)$임을 증명하여라.

4. 극한 $\lim_{h \to 0} \frac{\sqrt{x+h} - \sqrt{x}}{h}$를 구하여라.

5. 극한의 형식적인 정의를 이용하여, 다음 경우에 결정되는 δ를 구하여라.

(1) $\lim_{x \to 2} \frac{x^2 - 4}{x - 2} = 4$; $\epsilon = 0.01$ (2) $\lim_{x \to 4} x^2 = 16$; $\epsilon = 0.001$

6. 다음 함수의 불연속점이 있으면 구하여라.

(1) $f(x) = \cot x$ (2) $f(x) = \csc x$

(3) $f(x) = |\cos x|$ (4) $f(x) = \sqrt[8]{\frac{1}{x} - \frac{1}{x-1}}$

7. 방정식 $x^5 - 4x^3 - 3x + 1 = 0$는 $[2, 3]$에서 적어도 하나의 실근을 가짐을 보여라.

8. 두 수열 $\{a_n\}$과 $\{b_n\}$은 발산하지만, $\{a_n + b_n\}$은 수렴하는 예를 보여라.

9. 두 수열 $\{a_n\}$과 $\{b_n\}$은 발산하지만, $\{a_n b_n\}$은 수렴하는 예를 보여라.

10. $a > 0$일 때, $\lim_{x \to a} \sqrt{x} = \sqrt{a}$ 임을 증명하여라.

11. 다음 함수가 연속인지 불연속인지를 설명하여라.

(1) $f(x) = [x]$

(2) $f(x) = \begin{cases} \dfrac{\sin x}{x} & (x \neq 0) \\ 1 & (x = 0) \end{cases}$

12. 다음 함수가 실수 전체집합에서 연속이 되도록 a의 값을 정하여라.

$$f(x) = \begin{cases} x \sin \dfrac{1}{x} & (x \neq 0) \\ a & (x = 0) \end{cases}$$

■ 극한 개념과 프랙탈 곡선

극한의 개념은 미분적분학의 근간을 이루는 개념이지만, 그 뜻을 제대로 이해하는데 다소 난해한 특성을 지니고 있다. 사실, 수학자들은 그 개념을 명확히 정의하지 않은 채, 수세기 동안 극한에 대해 언급해 왔을 정도로 어려운 개념이다. 고대 그리스에서도 극한에 대해 어렴풋이 인식하고 있었다. 예를 들어, Archimedes(BC 287-212)는 반지름이 1인 원에 내접하는 정다각형의 둘레의 길이를 이용하여 2π의 근삿값을 구하였다. 중세와 문예 부흥기의 수학자들은 다양한 형태의 극한을 이용하여 넓이를 계산하였다. 17세기에 들어서 미적분학의 창시자 Newton(1642-1727), Leibniz(1646-1716)가 직관에 의존한 극한 개념을 소개하고 매우 복잡한 극한값을 구하기도 하였지만, 이들 역시 엄밀한 극한 개념을 제시하지는 못하였다. 1754년도에 들어서 비로소 프랑스 수학자이자 물리학자인 달랑베르(1717-1783)가 미적분학의 논리적 바탕이 극한개념에 있음을 주장하였으며, 프랑스 수학자인 Cauchy(1789-1857)가 오늘날 우리가 다루고 있는 것과 유사한 형태의 미적분학을 제시하였다. 그러나 1821년 Cours d'Analyse에 발표한 그의 논문에 사용한 다음의 극한 정의도 여전히 변수가 고정된 값에 가까이 간다는 직관적 표현에 의존하고 있다.

변수가 갖는 일련의 값들이 주어진 고정된 값에 한없이 가까이 가서 그 차를 임의로 작게 만들 수 있을 때, 후자의 값을 나머지 값들의 극한이라고 한다.

오늘날의 시각에서 보면 이 정의는 불완전하다. 그럼에도 불구하고, 코시의 극한 정의는 1860년대 독일 수학자 Weierstrass(1815-1897)가 제시한 완전한 정의를 향한 큰 행보임에 틀림없다. 현재 우리가 사용하는 엄밀한 극한의 정의는 바로 Weierstrass의 작품이다.

다음 그림은 프랙탈 기하(fractal geometry)의 개념을 이용하여 컴퓨터로 구현한 눈송이의 모습이다. 길이 1인 선분 P_0를 삼등분한 뒤 중앙 부분을 한 변의 길이 $\frac{1}{3}$인 정삼각형의 두 변으로 바꾸어 곡선 P_1을 얻는다. 곡선 P_1을 이루는 네 선분에 대해 P_0에서 P_1을 얻는 작업을 적용하여 곡선 P_2를 얻는다. 이를 무한히 반복하면 Koch의 곡선(Koch curve)이라 알려진 곡선 P_∞을 얻고, 한 변의 길이가 1인 정삼각형의 세 변을 Koch의 곡선으로 바꾸어 눈송이를 얻는다.

Koch의 곡선의 특징은 다음과 같다.

(1) Koch의 곡선을 만드는 단계의 P_k에서 k가 커짐에 따라 미분불가능인 점들이 점점 늘어나, 최종적으로 P_∞는 연속이지만 모든 점에서 미분불가능인 그래프가 된다.

(2) 곡선 P_k의 길이가 $L_k = \left(\frac{4}{3}\right)^k$이므로 Koch의 곡선 P_∞의 길이 L_∞는

$$L_\infty = \lim_{k \to \infty} L_k = \lim_{k \to \infty} \left(\frac{4}{3}\right)^k = \infty$$

따라서 눈송이는 유한한 넓이를 갖는 영역이 무한한 길이를 갖는 경계곡선에 의해 닫힐 수 있음을 보여주는 예이다.

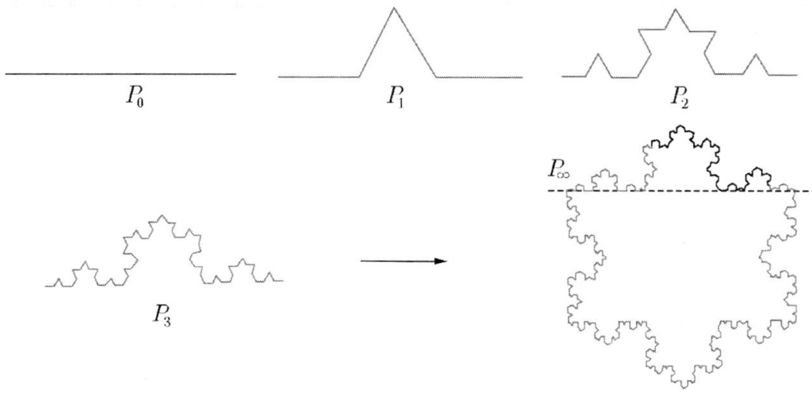

제3장

미분법과 응용

▶▶ 이 장에서는 미분계수의 정의와 도함수의 기본성질을 통해 합성함수 미분법, 역함수 미분법, 매개변수로 나타낸 함수의 미분법 등에 대하여 알아본다. 또한, 유리함수와 무리함수는 물론, 삼각함수, 지수로그함수 및 쌍곡선함수 등의 초월함수에 대한 미분법과 고계도함수에 대하여 소개한다. 그리고 미분의 주요한 응용인 평균값의 정리, 함수의 증감과 극값, 오목과 볼록, 부정형의 극한과 함수의 근삿값을 구하는 방법에 대해서도 다룬다.

3.1 미분계수와 도함수

접선의 기울기와 속도는 미분계수의 의미를 구체적으로 보여주는 가장 전형적인 예이다. 실제로, Leibniz(1646-1716)는 접선의 기울기라는 기하적인 관점에서, Newton(1642-1727)은 물체의 운동을 기술하기 위하여 속도라는 물리적인 관점에서 각각 독립적으로 미분법을 생각하였다. 접선과 속도는 서로 구별되는 개념으로 전혀 연관이 없는 것처럼 보이지만, 미분계수라는 동일한 수학적 개념의 양면에 해당한다고 볼 수 있다. 왜냐하면, 운동하는 물체의 속도는 접선 방향으로 향한다는 사실에서 속도와 접선의 기울기는 동일한 개념의 표현으로 볼 수 있을 것이다.

3.1.1 미분계수

직선 위를 움직이는 한 점 P가 있다고 하자. 이때, 시각 t에서 점 P의 위치를 $x = x(t)$라 하면, 시각 t에서 시작하여 h시간 동안에 움직인 P의 평균속도 v는 다음과 같다.

$$v = \frac{x(t+h) - x(t)}{h}$$

한편, 시각 t에서 점 P의 속도 $v(t)$는 $h \to 0$일 때 평균속도 v의 극한이므로

$$v(t) = \lim_{h \to 0} \frac{x(t+h) - x(t)}{h}$$

이다. 또한, 시각 t에서 점 P의 가속도 $a = a(t)$는 다음과 같다.

$$a(t) = \lim_{h \to 0} \frac{v(t+h) - v(t)}{h}$$

예제 3.1.1

Galileo는 지상에서 약 49미터 높이의 기울어진 피사의 탑의 꼭대기에서 두 개의 쇠공을 떨어뜨렸다고 한다. 이 경우, 공기저항을 무시한다면, 쇠공이 떨어지기 시작한 2초 후에는 얼마나 빠른 속도로 떨어지는지 설명하여라. 단, 어떤 물체가 낙하하기 시작하여 t초 후에 낙하한 거리 $x(t)$는 $x(t) = 4.9t^2\ (m)$이다.

풀이 t초 후의 쇠공의 높이 $h(t)$는 $h(t) = -4.9t^2 + 49$이므로, 2초 후의 속도는

$$\begin{aligned} v(2) &= \lim_{t \to 0} \frac{h(2+t) - h(2)}{t} \\ &= \lim_{t \to 0} \frac{\{(-4.9(2+t)^2 + 49)\} - \{-4.9(2^2) + 49\}}{t} \\ &= \lim_{t \to 0} \frac{-4.9 \cdot (4t + t^2)}{t} = -19.6 \end{aligned}$$

이므로, 2초 후에 쇠공은 19.6 m/sec의 속도로 떨어진다.

■

이제, $x = a$를 포함하는 한 열린구간에 정의된 함수 $y = f(x)$를 생각해보자. 그 구간에서 x의 값이 a에서 $a+h$로 변할 때, y의 값은 $f(a)$에서 $f(a+h)$로 변한다. 이때, h를 x의 증분(increment), $f(a+h) - f(a)$를 y의 증분이라 하고, 각각 Δx, Δy로 나타낸다. 이 경우

$$\frac{\Delta y}{\Delta x} = \frac{f(a+h) - f(a)}{h}$$

를 $[a, a+h]$에서 $y=f(x)$의 평균변화율(average rate of change)이라 하고, 이 평균변화율의 극한

$$\lim_{\Delta x \to 0} \frac{\Delta y}{\Delta x} = \lim_{h \to 0} \frac{f(a+h)-f(a)}{h}$$

가 존재하면, 이 값을 $x=a$에서 $y=f(x)$의 미분계수(differential coefficient)라 하고 $f'(a)$로 나타낸다. 즉

$$f'(a) = \lim_{h \to 0} \frac{f(a+h)-f(a)}{h}$$

그리고 함수 $f(x)$는 $x=a$에서 미분가능(differentiable)이라고 한다.

함수 $y=f(x)$가 $x=a$에서 미분가능일 때, 미분계수 $f'(a)$는 다음과 같이 나타낼 수도 있다.

$$f'(a) = \lim_{\Delta x \to 0} \frac{f(a+\Delta x)-f(a)}{\Delta x} = \lim_{x \to a} \frac{f(x)-f(a)}{x-a}$$

또한

$$\lim_{h \to 0^+} \frac{f(a+h)-f(a)}{h}, \quad \lim_{h \to 0^-} \frac{f(a+h)-f(a)}{h}$$

가 존재할 때, 이들을 각각 $x=a$에서의 우미분계수(right differential coefficient)와 좌미분계수(left differential coefficient)라 한다. 따라서 함수 $y=f(x)$가 $x=a$에서 미분가능일 필요충분조건은 $x=a$에서의 우미분계수와 좌미분계수가 존재하고 서로 같아야 함은 극한의 정의로부터 쉽게 알 수 있다.

예제 3.1.2

$x=2$에서 함수 $f(x)=x^3$의 미분계수를 구하여라.

풀이

$$\begin{aligned} f'(2) &= \lim_{h \to 0} \frac{f(2+h)-f(2)}{h} \\ &= \lim_{h \to 0} \frac{(2+h)^3-2^3}{h} \\ &= \lim_{h \to 0} (12+6h+h^2) = 12 \end{aligned}$$

■

예제 3.1.3

$x=a\ (a\neq 0)$에서 함수 $f(x)=\dfrac{1}{x}$의 미분계수를 구하여라.

풀이

$$\begin{aligned} f'(a) &= \lim_{h\to 0}\frac{\dfrac{1}{a+h}-\dfrac{1}{a}}{h} \\ &= \lim_{h\to 0}\left\{-\frac{1}{a(a+h)}\right\} \\ &= -\frac{1}{a^2} \end{aligned}$$

정리 3.1.1

$x=a$의 근방에서 정의된 함수 $f(x)$가 $x=a$에서 미분가능이면, $f(x)$는 $x=a$에서 연속이다.

증명 $f(x)$가 $x=a$에서 미분가능이므로, $f'(a)=\lim\limits_{x\to a}\dfrac{f(x)-f(a)}{x-a}$가 존재한다.

따라서

$$\lim_{x\to a}(f(x)-f(a))=\lim_{x\to a}\frac{f(x)-f(a)}{x-a}(x-a)=f'(a)\cdot 0=0$$

에서 $\lim\limits_{x\to a}f(x)=f(a)$이다. 따라서 $f(x)$는 $x=a$에서 연속이다.

다음 예제는 이 정리의 역이 일반적으로 성립하지 않음을 보여준다. 즉, 함수 $f(x)$가 어떤 점에서 연속이라고 해서 그 점에서 반드시 미분가능이라고 할 수는 없다.

예제 3.1.4

함수 $f(x)=|x|$는 $x=0$에서 연속이지만, 미분가능이 아님을 보여라.

풀이 먼저, $\lim_{x\to 0} f(x) = \lim_{x\to 0}|x| = 0 = f(0)$이므로, 주어진 함수는 $x=0$에서 연속이다.

그러나 $x=0$에서 $f(x)=|x|$의 좌미분계수와 우미분계수는 각각

$$\lim_{h\to 0+}\frac{|0+h|-|0|}{h} = \lim_{h\to 0+}\frac{h}{h} = 1$$

$$\lim_{h\to 0-}\frac{|0+h|-|0|}{h} = \lim_{h\to 0-}\frac{-h}{h} = -1$$

이므로, $f'(0)$는 존재하지 않는다. 따라서 함수 $f(x)$는 $x=0$에서 미분가능이 아니다.

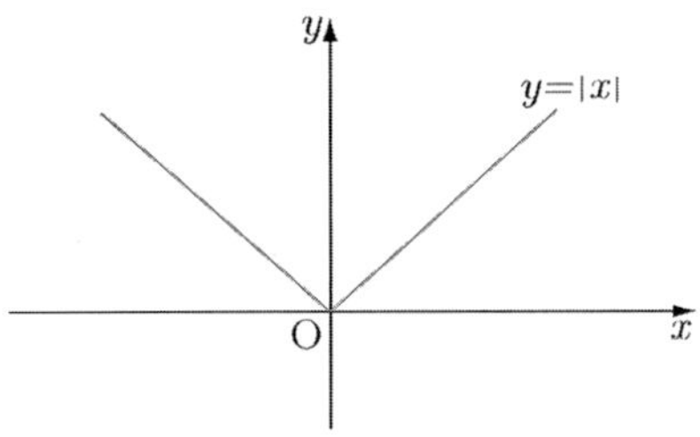

[그림 3.1]

3.1.2 접선의 방정식

매끄러운 곡선 $y=f(x)$위의 한 점 $P(a, f(a))$에 그은 접선의 기울기를 생각해보자. 그림 3.2에서와 같이, $x=a+h$에서 곡선 $y=f(x)$위의 점을 Q라 하면, 점 P와 Q를 잇는 직선의 기울기는

$$\frac{f(a+h)-f(a)}{h}$$

이다. 한편, 점 Q가 P에 한없이 접근하면, 즉 $h\to 0$이면, P와 Q를 잇는 직선은 곡선 $y=f(x)$위의 점 P에서 접선 PT에 한없이 접근한다. 따라서 극한

$$\lim_{h\to 0}\frac{f(a+h)-f(a)}{h}$$

이 존재할 때, 이 극한은 구하는 접선의 기울기임을 알 수 있다.

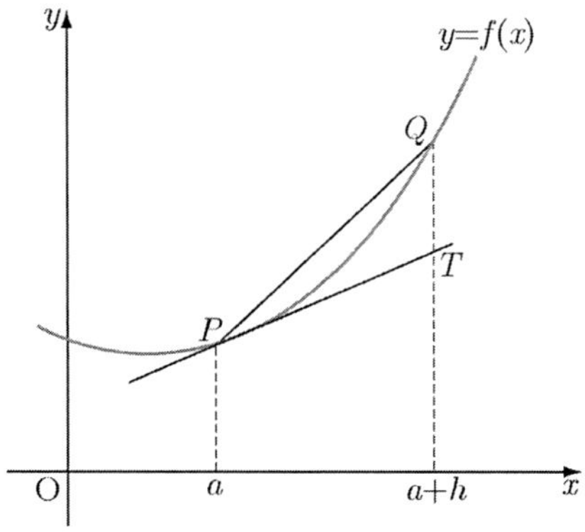

[그림 3.2]

위의 내용을 정리하면, 다음의 정리를 얻는다.

정리 3.1.2 (접선과 법선의 방정식)

함수 $f(x)$가 $x=a$에서 미분가능일 때, 곡선 $y=f(x)$ 위의 점 $(a, f(a))$에서 접선의 기울기는 $x=a$에서 $f(x)$의 미분계수 $f'(a)$이다. 따라서 $y=f(x)$ 위의 점 $(a, f(a))$에서 접선의 방정식은

$$y-f(a)=f'(a)(x-a)$$

이다. 한편, $f'(a)\neq 0$일 때 법선의 기울기는 $-\dfrac{1}{f'(a)}$이므로, $y=f(x)$위의 점 $(a, f(a))$에서 법선의 방정식은 다음과 같다.

$$y-f(a)=-\frac{1}{f'(a)}(x-a)$$

예제 3.1.5

곡선 $y=\sqrt{x}$ 위의 점 $(4,\ 2)$에서의 접선과 법선의 방정식을 구하여라.

풀이 $f(x)=\sqrt{x}$라 두면, $x=4$에서의 미분계수는

$$f'(4) = \lim_{h \to 0} \frac{\sqrt{4+h} - \sqrt{4}}{h}$$

$$= \lim_{h \to 0} \frac{(\sqrt{4+h}-2)(\sqrt{4+h}+2)}{h(\sqrt{4+h}+2)}$$

$$= \lim_{h \to 0} \frac{h}{h(\sqrt{4+h}+2)} = \frac{1}{4}$$

이므로, 점 $(4, 2)$에서의 접선의 방정식은

$$y-2 = \frac{1}{4}(x-4) \quad \text{또는} \quad y = \frac{1}{4}x+1$$

이고, 법선의 방정식은

$$y-2 = -4(x-4) \quad \text{또는} \quad y = -4x+18$$

3.1.3 도함수

어떤 구간 내의 각 점에서 $f(x)$가 미분가능일 때, $f(x)$는 그 구간에서 미분가능(differentiable)이라 한다. 이때, 구간의 임의의 점 a에 미분계수 $f'(a)$가 대응되는 함수를 $y=f(x)$의 도함수(derivative)라 하고

$$f'(x),\ y',\ \frac{dy}{dx},\ \frac{d}{dx}f(x),\ Df(x)$$

등으로 나타낸다. 도함수의 정의역은 미분가능인 점들의 전체집합이다. 그리고 함수의 도함수를 구하는 것을 미분한다(differentiate)고 한다.

참고 함수 $y=f(x)$의 도함수는 다음과 같은 여러 형태의 식으로 나타낼 수 있다.

$$f'(x) = \lim_{\Delta x \to 0} \frac{f(x+\Delta x) - f(x)}{\Delta x}$$

$$= \lim_{h \to 0} \frac{f(x+h) - f(x)}{h}$$

$$= \lim_{t \to x} \frac{f(t) - f(x)}{t - x}$$

예제 3.1.6

$f(x)=\sqrt{x}$ 의 도함수를 정의에 의하여 구하여라.

풀이

$$f'(x)=\lim_{h\to 0}\frac{\sqrt{x+h}-\sqrt{x}}{h}=\lim_{h\to 0}\frac{(x+h)-x}{h(\sqrt{x+h}+\sqrt{x})}$$

$$=\lim_{h\to 0}\frac{1}{\sqrt{x+h}+\sqrt{x}}=\frac{1}{2\sqrt{x}}$$

■

예제 3.1.7

$f(x)=\dfrac{1}{x^2}$ 의 도함수를 정의에 의하여 구하여라.

풀이

$$f'(x)=\lim_{h\to 0}\frac{\frac{1}{(x+h)^2}-\frac{1}{x^2}}{h}=\lim_{h\to 0}\frac{1}{h}\cdot\frac{-2xh-h^2}{x^2(x+h)^2}$$

$$=\lim_{h\to 0}\frac{-2x-h}{x^2(x+h)^2}=\frac{-2x}{x^4}=-\frac{2}{x^3}$$

■

3.1 연습문제

1. 어떤 물체가 낙하하기 시작하여 t 초 후에 낙하한 거리를 x m 라고 하면 $x=4.9t^2$ 인 관계가 있다고 한다. 낙하하기 시작하여 2초 후의 물체의 낙하 속도와 가속도를 구하여라.

2. $x=2$ 에서 다음 함수의 미분계수를 구하여라.

(1) $y=ax^2+bx+c$　　(2) $y=\sqrt{x+1}$

(3) $y=x-\dfrac{1}{x}$　　(4) $y=\dfrac{a+2}{x+a}$ (a는 상수)

3. 다음 함수 $f(x)$에 대하여, $x=0$에서의 미분가능하지 않음을 보여라.

$$f(x)=\begin{cases} x\sin\dfrac{1}{x} & (x\neq 0) \\ 0 & (x=0) \end{cases}$$

4. 함수 $f(x)$가 $f(1)=1$, $f'(1)=2$를 만족할 때, $\lim_{x\to 1}\dfrac{\{f(x)\}^2-1}{x^2-1}$을 구하여라.

5. 곡선 $y=x^2$ 위의 점 $(2, 4)$에서의 접선과 법선의 방정식을 구하여라.

6. 곡선 $y=\dfrac{1}{x}$ 위의 주어진 점 $\left(\dfrac{1}{2}, 2\right)$에서의 접선의 방정식을 구하여라.

7. 다음 함수의 도함수를 정의에 의하여 구하여라.

(1) $y=\sqrt{3x+1}$

(2) $y=x^2-5x+2$

(3) $y=x^3+7x$

(4) $y=\dfrac{5}{x+4}$

8. 함수 $f(x)=\begin{cases} mx+b & (x<2) \\ x^2 & (x\geq 2) \end{cases}$가 모든 점에서 미분가능이 되도록, 상수 m과 b의 값을 결정하여라.

3.2 미분법의 기본정리

간단한 함수의 도함수는 미분의 정의에 따라 비교적 쉽게 구할 수 있지만, 대개의 함수는 그 극한을 구하는 것이 쉽지 않다. 따라서 이 절에서는 미분법에 대한 기본 정리를 통하여 도함수를 쉽게 구하는 방법을 알아본다.

정리 3.2.1

함수 $f(x)$와 $g(x)$가 미분가능이면, 다음이 성립한다.

(1) $\{kf(x)\}' = kf'(x)$ (k는 상수)

(2) $\{f(x) \pm g(x)\}' = f'(x) \pm g'(x)$

(3) $\{f(x)\,g(x)\}' = f'(x)g(x) + f(x)g'(x)$

(4) $\left\{\dfrac{f(x)}{g(x)}\right\}' = \dfrac{f'(x)g(x) - f(x)g'(x)}{\{g(x)\}^2}$ $\quad (g(x) \neq 0)$

증명 (1)과 (2)의 증명은 생략한다.

(3) $y = f(x) \cdot g(x)$라 두면

$$y' = \lim_{h \to 0} \frac{f(x+h)g(x+h) - f(x)g(x)}{h}$$

$$= \lim_{h \to 0} \left\{ \frac{f(x+h) - f(x)}{h} g(x+h) + \frac{g(x+h) - g(x)}{h} f(x) \right\}$$

따라서

$$y' = f'(x)g(x) + f(x)g'(x)$$

(4) $F(x) = \dfrac{f(x)}{g(x)}$라 두면

$$\frac{F(x+h) - F(x)}{h} = \frac{1}{h}\left\{ \frac{f(x+h)}{g(x+h)} - \frac{f(x)}{g(x)} \right\}$$

$$= \frac{1}{h} \frac{f(x+h)g(x) - f(x)g(x+h)}{g(x+h)g(x)}$$

$$= \frac{\{f(x+h)g(x) - f(x)g(x)\} - \{f(x)g(x+h) - f(x)g(x)\}}{hg(x+h)g(x)}\Bigg\}$$

$$= \frac{\dfrac{f(x+h)-f(x)}{h}g(x) - f(x)\dfrac{g(x+h)-g(x)}{h}}{g(x+h)g(x)}$$

이므로

$$F'(x) = \lim_{h\to 0}\frac{F(x+h)-F(x)}{h} = \frac{f'(x)g(x) - f(x)g'(x)}{\{g(x)\}^2}$$

예제 3.2.1

임의의 상수 c와 정수 n에 대하여, 다음을 증명하여라.

(1) $(c)' = 0$　　　(2) $(x^n)' = nx^{n-1}$

풀이 (1) $(c)' = \lim\limits_{h\to 0}\dfrac{c-c}{h} = 0$

(2) $n=1$이면 $x' = \lim\limits_{h\to 0}\dfrac{(x+h)-x}{h} = \lim\limits_{h\to 0}\dfrac{h}{h} = 1$

n이 1보다 큰 자연수이면

$$\begin{aligned}(x^n)' &= \lim_{h\to 0}\frac{(x+h)^n - x^n}{h}\\ &= \lim_{h\to 0}\frac{{}_nC_0x^n + {}_nC_1x^{n-1}h + \cdots + {}_nC_nh^n - x^n}{h}\\ &= \lim_{h\to 0}\left\{nx^{n-1} + \frac{n(n-1)}{2}x^{n-2}h + \cdots + h^{n-1}\right\}\\ &= nx^{n-1}\end{aligned}$$

이다. 다음으로, n이 음의 정수인 경우는 $n=-m$이라 두면, m은 자연수이므로

$$\begin{aligned}(x^n)' &= \left\{\frac{1}{x^m}\right\}' = \frac{0 - mx^{m-1}}{x^{2m}}\\ &= -mx^{-m-1} = nx^{n-1}\end{aligned}$$

■

예제 3.2.2

다음 각 함수의 도함수를 구하여라.

(1) $y=\dfrac{1}{x^4}$ (2) $y=3x^3+x^2-5x$

(3) $y=\left(\dfrac{1}{4}x^4-\dfrac{1}{2}x^2+1\right)(2x^2+1)$ (4) $y=\dfrac{x^3}{x^2+1}$

풀이 (1) $y'=(x^{-4})'=-4x^{-5}=-\dfrac{4}{x^5}$

(2) $y'=(3x^3)'+(x^2)'-(5x)'=9x^2+2x-5$

(3) $y'=\left(\dfrac{1}{4}x^4-\dfrac{1}{2}x^2+1\right)'(2x^2+1)+\left(\dfrac{1}{4}x^4-\dfrac{1}{2}x^2+1\right)(2x^2+1)'$

$=(x^3-x)(2x^2+1)+\left(\dfrac{1}{4}x^4-\dfrac{1}{2}x^2+1\right)(4x)$

$=3(x^5-x^3+x)$

(4) $y'=\dfrac{3x^2(x^2+1)-x^3\cdot(2x)}{(x^2+1)^2}=\dfrac{x^2(x^2+3)}{(x^2+1)^2}$

■

3.2.1 합성함수 미분법

이제, 합성함수의 미분법에 대해 알아보자. 합성함수의 경우, 예로 $(x^2+x+1)^{100}$를 전개하여 도함수를 구할 수도 있지만, 전개하지 않고 미분하는 방법을 소개한다. 또한, 이에 대한 증명은 간단하지 않기 때문에 이 절의 마지막에 있는 쉬어가는 코너에서 상세히 다루기로 한다.

정리 3.2.2 (합성함수의 미분법)

$y=f(x)$와 $z=g(y)$가 미분가능이면, $z=(g\circ f)(x)$도 미분가능이고

$$\frac{dz}{dx}=\frac{dz}{dy}\,\frac{dy}{dx}$$

가 성립한다. 즉, $(g\circ f)'(x)=g'(f(x))f'(x)$이다.

예제 3.2.3

$y=(x^2+x+1)^{100}$ 을 미분하여라.

풀이 $u=x^2+x+1$ 이라 두면, $y=u^{100}$ 에서

$$\frac{dy}{du}=100u^{99}=100(x^2+x+1)^{99}\ ,\ \frac{du}{dx}=2x+1$$

이므로

$$\frac{dy}{dx}=\frac{dy}{du}\cdot\frac{du}{dx}=100(x^2+x+1)^{99}(2x+1)$$

■

예제 3.2.4

$y=\dfrac{u}{u+1}$ 이고 $u=2x-1$ 일 때, $\dfrac{dy}{dx}$ 를 구하여라.

풀이 $\dfrac{dy}{du}=\dfrac{1}{(u+1)^2}$ 이고 $\dfrac{du}{dx}=2$ 이므로

$$\frac{dy}{dx}=\frac{dy}{du}\frac{du}{dx}=\frac{1}{(u+1)^2}\cdot 2=\frac{1}{2x^2}$$

■

3.2.2 음함수 미분법

x 의 함수 y 가 $y=f(x)$ 형태로 주어지면 y 를 x 에 관한 양함수(explicit function)라 하고, x 의 함수 y 가 $F(x,\ y)=0$ 형태의 방정식으로 주어지면 y 를 x 의 음함수(implicit function)라 한다.

일반적으로, 음함수를 양함수로 변형하는 것은 어렵거나 불가능하다. 따라서 y 를 x 의 함수로 보고 합성함수의 미분법을 사용하면, 도함수 $\dfrac{dy}{dx}$ 를 비교적 쉽게 구할 수 있다. 이와 같이 도함수를 구하는 방법을 음함수 미분법(differentiation of implicit function)이라 한다.

예제 3.2.5

$x^2+y^2-4=0$ 에서 $\dfrac{dy}{dx}$ 를 구하여라.

풀이 y 를 x 의 함수로 보고 양변을 x 에 관해서 미분하면

$$2x + 2yy' = 0$$

이므로

$$y' = -\frac{x}{y} \quad (y \neq 0)$$

예제 3.2.6

$x^3 - 3xy + y^3 = 0$ 에서 $\dfrac{dy}{dx}$ 를 구하여라.

풀이 y 를 x 의 함수로 보고 양변을 x 에 관해서 미분하면

$$3x^2 - 3\left\{(x)'y + x\frac{dy}{dx}\right\} + 3y^2\frac{dy}{dx} = 0$$

에서

$$x^2 - y = (x - y^2)\frac{dy}{dx}$$

이므로, $x-y^2 \neq 0$ 일 때

$$\frac{dy}{dx} = \frac{x^2-y}{x-y^2}$$

예제 3.2.7

$y=x^r$ (r 은 0이 아닌 유리수)이면, $y' = rx^{r-1}$ 임을 보여라.

풀이 r이 유리수이므로 $r=\dfrac{q}{p}$ (p, q 는 서로소인 정수)라 두면 $y = x^r = x^{\frac{q}{p}}$ 이다. 따라서 $y^p = x^q$ 의 양변을 x 에 관해서 미분하면

$$py^{p-1}\frac{dy}{dx} = qx^{q-1}$$

이다. 따라서

$$\frac{dy}{dx} = \frac{q}{p}\,\frac{x^{q-1}}{y^{p-1}} = \frac{q}{p}\,\frac{x^{q-1}}{\left(x^{\frac{q}{p}}\right)^{p-1}}$$

$$= \frac{q}{p}x^{\frac{q}{p}-1} = r x^{r-1}$$

■

예제 3.2.8

다음 함수의 도함수를 음함수의 미분법을 이용하여 구하여라.

(1) $y = x^{\frac{1}{3}}$ (2) $y = \sqrt{x^3 + 2x^2 - 5}$

풀이 (1) $x = y^3$이므로 양변을 x에 관해 미분하면 $1 = 3y^2 y'$이다. 따라서

$$y' = \frac{1}{3y^2} = \frac{1}{3}x^{-\frac{2}{3}}$$

(2) $y^2 = x^3 + 2x^2 - 5$ 이므로 $2yy' = (3x^2 + 4x)$이다. 따라서

$$y' = \frac{3x^2 + 4x}{2y} = \frac{3x^2 + 4x}{2\sqrt{x^3 + 2x^2 - 5}}$$

■

정리 3.2.3 (역함수의 미분법)

$y = f(x)$는 구간 $[a, b]$에서 미분가능이고 $x = \phi(y)$를 그 역함수라 하면

$$\phi'(y) = \frac{1}{f'(x)}, \quad 즉 \quad \frac{dx}{dy} = \frac{1}{\frac{dy}{dx}}$$

증명 $x = \phi(y) = \phi(f(x))$의 양변을 x에 관해서 미분하면

$$1 = \frac{d}{dx}\{\phi(f(x))\} = \frac{d\phi(y)}{dy}\,\frac{dy}{dx} = \frac{dx}{dy}\,\frac{dy}{dx}$$

이므로, 정리가 증명된다.

예제 3.2.9

$x=\sqrt{y^2+1}$ 일 때, $\dfrac{dy}{dx}$를 구하여라.

풀이 $\dfrac{dx}{dy}=\dfrac{2y}{2\sqrt{y^2+1}}=\dfrac{y}{\sqrt{y^2+1}}$ 이므로,

$$\frac{dy}{dx}=\frac{1}{\frac{dx}{dy}}=\frac{\sqrt{y^2+1}}{y}\quad (y\neq 0)$$

■

3.2.3 매개변수로 나타낸 함수의 미분법

때로는 함수를

$$x=f(t),\ y=g(t)\quad (\alpha\le t\le\beta)$$

와 같이 x와 y를 한 공통변수 t에 대한 관계식을 사용하여 나타낼 수도 있다. 이는 x와 y가 t를 매개로하여 곡선을 표시하는 관계임을 나타낸다. 이러한 관계식을 곡선의 매개변수방정식(parametric equation)이라 하고 t를 매개변수(parameter)라 한다. 매개변수방정식에서 매개변수를 소거하여 직교방정식으로 나타낼 수 있다.

예로, 매개변수방정식 $x=3\cos t,\ y=3\sin t\ (0\le t\le 2\pi)$는

$$x^2+y^2=(3\cos t)^2+(3\sin t)^2=9$$

이므로, 원의 직교방정식 $x^2+y^2=4$로 표현된다. 또한, $a>0,\ b>0$에 대하여 타원 $\dfrac{x^2}{a^2}+\dfrac{y^2}{b^2}=1$의 매개변수방정식은

$$x=a\cos t,\ y=b\sin t$$

로 나타낼 수 있다.

곡선상의 한 점의 극좌표 (r,θ)에 대한 r과 θ의 관계식 $r=f(\theta)$는 θ의 범위와 함께 곡선을 나타내는 식으로 사용되며, 이를 곡선의 극방정식(polar equation)이라

한다. 다음 예제에서와 같이, 극좌표와 직교좌표의 관계를 이용하여 극방정식을 직교방정식으로 바꿀 수 있다.

예제 3.2.10

극방정식 $r = 2\cos\theta$ 를 직교방정식으로 바꾸어라.

풀이 $r^2 = 2r\cos\theta$ 에서 $x^2 + y^2 = 2x$ 이므로, $(x-1)^2 + y^2 = 1$ 이다. ■

한 점의 극좌표는 여러 형태로 표시할 수 있다. 예로, 극좌표

$$\left(2,\ \frac{\pi}{3}\right),\quad \left(2,\ \frac{7\pi}{3}\right),\quad \left(-2,\ \frac{4\pi}{3}\right),\quad \left(-2,\ -\frac{2\pi}{3}\right)$$

는 모두 같은 점을 나타낸다. 즉, 이 점은 다음의 형태로 표시된다.

$$\left((-1)^n 2,\ \frac{\pi}{3} + n\pi\right) \quad (n = 0,\ \pm 1,\ \pm 2,\ \dots)$$

따라서 주어진 곡선의 극방정식이 $f(r,\ \theta) = 0$ 이면

$$f\left((-1)^n r,\ \theta + n\pi\right) = 0 \quad (n = 0,\ \pm 1,\ \pm 2,\ \dots)$$

도 모두 같은 곡선의 극방정식이다. 이를 극방정식의 일반형(general form)이라 한다.

다음 예제를 통하여, 극방정식의 그래프에 대해서 살펴보자.

예제 3.2.11

심장형(cardioid) $r = 4(1-\cos\theta)$ 의 그래프를 그려 보아라.

풀이 $\cos(-\theta) = \cos\theta$ 이므로, 주어진 곡선은 x 축에 대해서 대칭이다. θ 의 값에 대응하는 r 의 값은 다음과 같다.

θ	$0°$	$30°$	$60°$	$90°$	$120°$	$150°$	$180°$
r	0	$4-2\sqrt{3}$	2	4	6	$4+2\sqrt{3}$	8

이 점들을 그래프로 나타내면, 그림 3.3과 같다.

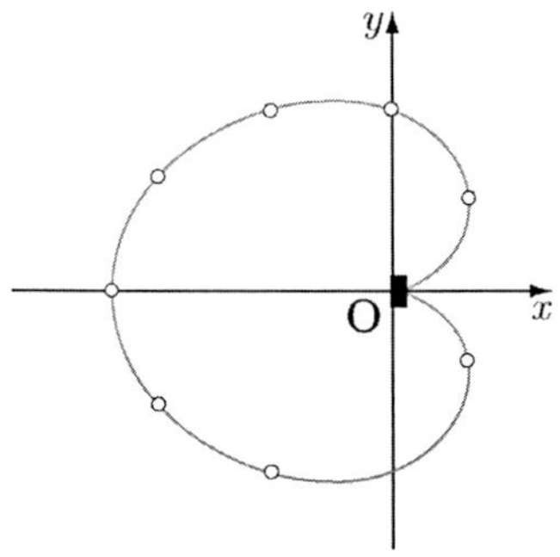

[그림 3.3]

이제, 매개변수로 나타낸 함수의 미분법을 알아보자.

정리 3.2.4 (매개변수로 나타낸 함수의 미분법)

$x=f(t)$, $y=g(t)$ 가 각각 미분가능이고, $f'(t)\neq 0$ 이면

$$\frac{dy}{dx}=\frac{\dfrac{dy}{dt}}{\dfrac{dx}{dt}}=\frac{g'(t)}{f'(t)}$$

증명 $y=g(t)$, $y+\Delta y=g(t+\Delta t)$, $x=f(t)$, $x+\Delta x=f(t+\Delta t)$ 라 두면, $\Delta x\to 0$ 일 때 $\Delta t\to 0$ 이므로

$$\lim_{\Delta x\to 0}\frac{\Delta y}{\Delta x}=\lim_{\Delta t\to 0}\frac{g(t+\Delta t)-g(t)}{f(t+\Delta t)-f(t)}=\lim_{\Delta t\to 0}\frac{\dfrac{g(t+\Delta t)-g(t)}{\Delta t}}{\dfrac{f(t+\Delta t)-f(t)}{\Delta t}}$$

가 성립한다. 따라서

$$\frac{dy}{dx}=\frac{g'(t)}{f'(t)}=\frac{\dfrac{dy}{dt}}{\dfrac{dx}{dt}}$$

예제 3.2.12

다음 매개변수로 나타낸 함수의 도함수 $\dfrac{dy}{dx}$ 를 구하여라.

(1) $x = 2t+1,\ y = 3-t^3$　　(2) $x = \cos\theta + \theta\sin\theta,\ y = \sin\theta - \theta\cos\theta$

풀이 (1) $\dfrac{dx}{dt} = 2,\ \dfrac{dy}{dt} = -3t^2$이므로, $\dfrac{dy}{dx} = -\dfrac{3t^2}{2} = -\dfrac{3}{2}t^2$이다.

(2) $\dfrac{dx}{d\theta} = \theta\cos\theta$ 이고 $\dfrac{dy}{d\theta} = \theta\sin\theta$ 이므로, $\dfrac{dy}{dx} = \dfrac{\sin\theta}{\cos\theta} = \tan\theta$ 이다. ■

3.2 연습문제

1. 다음 함수에서 도함수 $\dfrac{dy}{dx}$를 구하여라.

(1) $y = x^3\sqrt{x}$　　(2) $y = (x^2+7)(2x^4-3x+1)$

(3) $y = \dfrac{1+x^2}{1-x^2}$　　(4) $y = \dfrac{x}{x+\sqrt{1+x^2}}$

(5) $y = \dfrac{2x}{x^2+1}$　　(6) $x = \sqrt{y^3+y+4}$

(7) $y = u\sqrt{u+1},\ u = 2x$　　(8) $y = \dfrac{1}{1-u},\ u = x^2$

2. 다음 음함수에서 $\dfrac{dy}{dx}$ 를 구하여라.

(1) $9x^2 + 4y^2 = 36$　　(2) $xy = 4$

(3) $y^2 - x^2 + 2xy = 0$　　(4) $x^{\frac{1}{2}} + y^{\frac{1}{2}} = a^{\frac{1}{2}}$

3. 다음 매개변수로 나타낸 함수의 도함수 $\frac{dy}{dx}$ 를 구하여라.

(1) $x = \sqrt{t}$, $y = t + \frac{1}{t}$　　　(2) $x = e^t \cos t$, $y = e^t \sin t$

4. 곡선 $x = \theta - \sin\theta$, $y = 1 - \cos\theta$ 의 $\theta = \frac{\pi}{2}$ 에 대한 점에서의 접선의 방정식을 구하여라.

5. $f(x) + x^2\{f(x)\}^3 = 10$, $f(1) = 2$ 일 때, $f'(1)$을 구하여라.

6. 전등이 지면에서 6 m 높이에 있는 가로등을 향하여, 초당 150 cm 의 비율로 하늘이가 걸어가고 있다고 하자. 하늘이의 키가 180 cm 일 때, 하늘이의 그림자 길이의 변화율을 구하여라.

■ 오차함수를 이용한 합성함수 미분법

함수 $y=f(x)$에 대한 미분의 기하학적인 성질을 살펴보자.

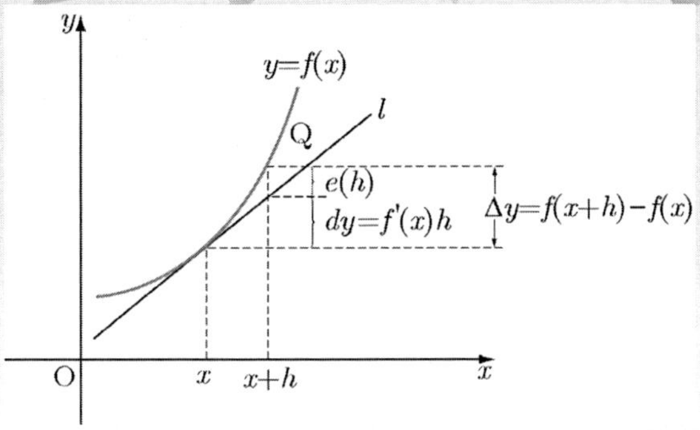

위 그림에서와 같이, 점 x에서의 미분 $f'(x)$는 x에서 접선 l의 기울기를 나타낸다. 또한, x에서 $x+h$ $(h \neq 0)$로 변할 때, 함수의 증분은

$$\Delta y = f(x+h) - f(x) \quad (h \neq 0)$$

이고, 미분은 $dy = f'(x)h$로 주어진다. 함수의 증분과 미분의 오차를 $e(h)$라 하면

$$e(h) = \Delta y - dy = f(x+h) - f(x) - f'(x)h$$

로 주어진다. 특히, $h=0$일 때는 오차가 $e(0)=0$임을 주목하여라. 이 방정식의 양변을 h로 나눈 후, $h \to 0$로 취하면 다음을 얻는다.

$$\lim_{h \to 0} \frac{e(h)}{h} = 0 \quad \Leftrightarrow \quad \lim_{h \to 0} \frac{f(x+h) - f(x)}{h} = f'(x)$$

따라서 점 x에서 미분 $f'(x)$의 존재성은 0의 근방에서 정의된 오차 $e(h)$가 존재하여

$$\lim_{h \to 0} \frac{e(h)}{h} = 0$$

이 성립함을 의미한다. 이러한 성질을 갖는 함수 e를 오차함수(error function)라 한다. 이러한 오차함수를 이용하여 합성함수 미분법을 증명하려고 한다.

먼저, 오차함수 e에 대한 다음의 보조정리를 살펴보자.

[보조정리]

(a) $h \to 0$일 때, $e(h) \to 0$이다. 특히, $e(0)=0$이다.

(b) c_1, c_2는 상수이고 e_1, e_2가 오차함수이면, $c_1 e_1 + c_2 e_2$도 오차함수이다.

증명 (a) $e(h) = h \cdot \{e(h)/h\} \to 0 \cdot 0 = 0$

(b) $(c_1 e_1 + c_2 e_2)(h)/h = c_1\{e_1(h)/h\} + c_2\{e_2(h)/h\} \to c_1 0 + c_2 0 = 0$

이제, 합성함수 미분법을 증명해보자.

$g'(f(x))$와 $f'(x)$를 각각 M과 L이라 하면, 가정에 의하여 오차함수 e_1과 e_2가 존재하여

$$f(x+h) = f(x) + Lh + e_1(h) \quad (h \neq 0)$$
$$g(u+k) = g(u) + Mk + e_2(k) \quad (k \neq 0)$$

을 만족한다. $y = g(f(x))$가 x에서 미분가능임을 보이기 위해 $k = Lh + e_1(h)$ 라 두면

$$\begin{aligned} g(f(x+h)) &= g(f(x) + Lh + e_1(h)) = g(f(x)+k) \\ &= g(f(x)) + Mk + e_2(k) \\ &= g(f(x)) + MLh + \{Me_1(h) + e_2(Lh + e_1(h))\} \\ &= g(f(x)) + MLh + e(h) \end{aligned}$$

이다. 단, $e(h) = Me_1(h) + e_1(Lh + e_2(h))$는 오차함수이다. 이는 보조정리 (b)에 의해 $e_2(Lh + e_1(h))$가 오차함수임을 밝히면 충분하다. $s(h) = Lh + e_1(h)$라 두면, $s(h)=0$일 때 오차함수의 정의에 의해 $e_2(s(h)) = e_2(0) = 0$이다. 만약, $s(h) \neq 0$이면 $s(h)/h = L + e_1(h)/h \to L$이고 $\lim_{h \to 0} \frac{e_2(s(h))}{s(h)} = 0$ 이므로, $h \to 0$일 때

$$\frac{e_2(s(h))}{h} = \frac{e_2(s(h))}{s(h)} \frac{s(h)}{h} \to 0 \cdot L = 0$$

을 얻는다. 즉, $e_2(Lh + e_2(h))$는 오차함수이다. 마지막으로, 오차함수 e의 성질인 $\lim_{h \to 0} \frac{e(h)}{h} = 0$와 $g(f(x+h)) = g(f(x)) + MLh + e(h)$로부터 구하려는 결론인

$$(g \circ f)'(x) = ML = g'(f(x)) \cdot f'(x)$$

를 얻을 수 있다.

여러분은 합성함수 미분법을 위와 같이 오차함수를 이용하여 왜 어렵게 증명하느냐고 반문할지도 모른다. 사실, 고등학교 수학교과서나 다수의 미분적분학 교재에서는 다음과 같이 간단하게 증명을 하고 있지만, 그 과정에 오류가 있다.

도함수의 정의에서

$$\frac{dy}{dx} = \lim_{\Delta x \to 0} \frac{\Delta y}{\Delta x} = \lim_{\Delta x \to 0} \left(\frac{\Delta y}{\Delta u} \cdot \frac{\Delta u}{\Delta x} \right)$$

이다. 여기서, $u = f(x)$가 연속함수이므로 $\Delta x \to 0$이면 $\Delta u \to 0$이다. 따라서

$$\frac{dy}{dx} = \lim_{\Delta u \to 0} \frac{\Delta y}{\Delta u} \lim_{\Delta x \to 0} \frac{\Delta u}{\Delta x} = \frac{dy}{du} \frac{du}{dx}$$

라고 주장한다. 그런데 어떤 함수는 특정한 점에서는 위와 같이 $\Delta y / \Delta u$로 나타낼 수가 없는 경우가 있다. 예로서

$$u = f(x) = \begin{cases} x^2 \sin\left(\dfrac{1}{x}\right) & (x \neq 0) \\ 0 & (x = 0) \end{cases}$$

이라 하고, $y = g(u)$는 임의의 미분가능인 함수라 가정하자. 이때, f는 미분가능함수이다. 그런데 $\Delta x = 1/n\pi$ $(n = \pm 1,\ \pm 2,\ \ldots)$에 대하여 $f(\Delta x) = 0$임을 주목하여라.

$$\Delta y|_{x=0} = g(f(0 + \Delta x)) - g(f(0))\text{이고 } \Delta u|_{x=0} = f(0 + \Delta x) - f(0)$$

이므로, $x = 0$에서 주어진 합성함수 $y = g(f(x))$의 미분을 구하기 위하여

$$\frac{\Delta y}{\Delta u} = \frac{g(f(0 + \Delta x)) - g(f(0))}{f(0 + \Delta x) - f(0)}$$

으로 표현하는 것은 의미가 없다. 왜냐하면, 0을 포함하는 어떠한 구간을 선택하더라도 충분히 큰 n을 잡으면, 점 $\Delta x = \pm 1/n\pi$에서 분모가 항상 0이기 때문이다.

3.3 초월함수 미분법

다항함수(polynomial function), 분수함수(fractional function)를 합하여 유리함수(rational function), 유리함수와 무리함수(irrational function)를 합쳐 대수함수(algebraic function)라 한다.

또한, 대수함수가 아닌 삼각함수, 지수함수, 로그함수, 쌍곡선함수 등을 합쳐서 초등 초월함수(elementary transcendental function)라 하고, 이들 대수함수와 초등초월함수를 통틀어 초등함수(elementary function)라 한다. 즉

- 초등함수
  - 대수함수
    - 유리함수
      - 다항함수
      - 분수함수
    - 무리함수
  - 초등초월함수(삼각함수, 지수함수, 로그함수, 쌍곡선함수 등)

3.3.1 삼각함수 미분법

삼각함수의 도함수를 구하기 위해, 먼저 다음 정리의 극한에 대해 알아보자

정리 3.3.1

$$\lim_{x \to 0} \frac{\sin x}{x} = 1$$

증명 그림 3.4에서와 같이, 중심각이 $x\left(0 < x < \frac{\pi}{2}\right)$이고 반지름이 r인 부채꼴 OAD에서 점 A에서의 접선이 OD의 연장선과 만나는 점을 C라 할 때, 삼각형 OAD, 부채꼴 OAD와 직각삼각형 OAC의 넓이를 비교하면

$$\triangle OAD < \triangledown OAD < \triangle OAC$$

이므로

$$\frac{1}{2}r^2 \sin x < \frac{1}{2}r^2 x < \frac{1}{2}r^2 \tan x$$

에서

$$\sin x < x < \tan x$$

가 성립한다. 여기서 각 항을 $\sin x$로 나누면

$$1 < \frac{x}{\sin x} < \frac{1}{\cos x},\ \text{즉}\ 1 > \frac{\sin x}{x} > \cos x$$

이다. $x \to 0^+$일 때, $\cos x \to 1$이므로 조임정리에 의해

$$\lim_{x \to 0^+} \frac{\sin x}{x} = 1$$

을 얻는다.

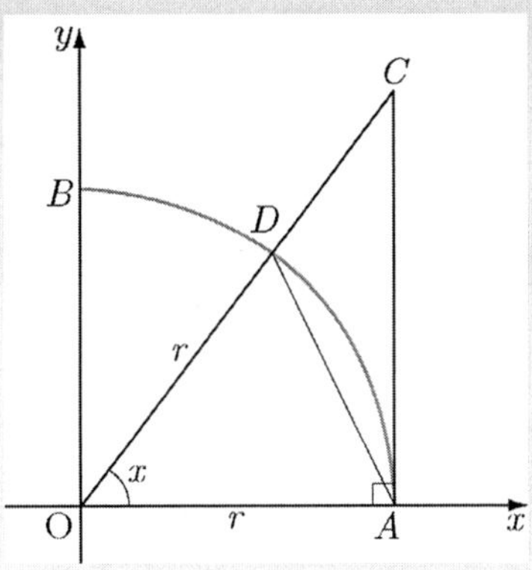

[그림 3.4]

$x<0$인 경우에도, $x=-z$라 두면

$$\lim_{x \to 0^-} \frac{\sin x}{x} = \lim_{z \to 0^+} \frac{\sin(-z)}{-z} = \lim_{z \to 0^+} \frac{-\sin z}{-z}$$

$$= \lim_{z \to 0^+} \frac{\sin z}{z} = 1$$

정리 3.3.2 (삼각함수 미분법)

(1) $(\sin x)' = \cos x$ (2) $(\cos x)' = -\sin x$

(3) $(\tan x)' = \sec^2 x$ (4) $(\cot x)' = -\csc^2 x$

(5) $(\sec x)' = \sec x \tan x$ (6) $(\csc x)' = -\csc x \cot x$

증명 (1) $y = \sin x$ 라 두고, 삼각함수의 덧셈정리 (정리 1.3.1)를 이용하면

$$\begin{aligned} y' &= \lim_{\Delta x \to 0} \frac{\sin(x+\Delta x) - \sin x}{\Delta x} \\ &= \lim_{\Delta x \to 0} \frac{\sin x \cos \Delta x + \cos x \sin \Delta x - \sin x}{\Delta x} \\ &= \lim_{\Delta x \to 0} \frac{\sin x(\cos \Delta x - 1) + \cos x \sin \Delta x}{\Delta x} \end{aligned}$$

이다. 한편, 정리 3.3.1에 의하여 $\lim_{\Delta x \to 0} \frac{\sin \Delta x}{\Delta x} = 1$이므로

$$\begin{aligned} \lim_{\Delta x \to 0} \frac{\cos \Delta x - 1}{\Delta x} &= \lim_{\Delta x \to 0} \frac{\cos^2 \Delta x - 1}{\Delta x(\cos \Delta x + 1)} = \lim_{\Delta x \to 0} \frac{-\sin^2 \Delta x}{\Delta x(\cos \Delta x + 1)} \\ &= \lim_{\Delta x \to 0} \frac{\sin \Delta x}{\Delta x} \cdot \lim_{x \to 0} \frac{-\sin \Delta x}{\cos \Delta x + 1} = 0 \end{aligned}$$

이 되어, $y' = \cos x$ 이다.

(2) $(\cos x)' = \left\{\sin\left(x + \frac{\pi}{2}\right)\right\}' = \cos\left(x + \frac{\pi}{2}\right) = -\sin x$

(3) $(\tan x)' = \left(\frac{\sin x}{\cos x}\right)' = \frac{(\sin x)' \cos x - \sin x (\cos x)'}{\cos^2 x}$

$$= \frac{1}{\cos^2 x} = \sec^2 x$$

(4) $(\cot x)' = \left(\frac{\cos x}{\sin x}\right)' = \frac{(\cos x)' \sin x - \cos x (\sin x)'}{\sin^2 x}$

$$= -\frac{1}{\sin^2 x} = -\csc^2 x$$

(5) $(\sec x)' = \left(\frac{1}{\cos x}\right)' = \frac{-(\cos x)'}{\cos^2 x} = \frac{\sin x}{\cos^2 x} = \sec x \tan x$

(6) $(\csc x)' = \left(\frac{1}{\sin x}\right)' = \frac{-(\sin x)'}{\sin^2 x} = -\frac{\cos x}{\sin^2 x} = -\csc x \cot x$

예제 3.3.1

다음 각 함수에서 $\dfrac{dy}{dx}$를 구하여라.

(1) $y = x^2 \cos x$ (2) $y = \csc \dfrac{1}{x}$

(3) $y = \sin(5x)$ (4) $x = a(\theta - \sin\theta),\ y = a(1 - \cos\theta)\ (a \neq 0)$

풀이 (1) $\dfrac{dy}{dx} = 2x\cos x - x^2 \sin x$

(2) $\dfrac{dy}{dx} = \dfrac{1}{x^2} \csc\dfrac{1}{x} \cot\dfrac{1}{x}$

(3) $\dfrac{dy}{dx} = 5\cos(5x)$

(4) $\dfrac{dx}{d\theta} = a(1 - \cos\theta),\ \dfrac{dy}{d\theta} = a\sin\theta$ 이므로

$$\frac{dy}{dx} = \frac{\dfrac{dy}{d\theta}}{\dfrac{dx}{d\theta}} = \frac{a\sin\theta}{a(1-\cos\theta)} = \frac{\sin\theta}{1-\cos\theta}$$

■

3.3.2 역삼각함수 미분법

삼각함수는 주기함수이므로 실수 전체집합에서는 역함수를 갖지 않지만, 정의역을 제한하여 역삼각함수를 갖도록 할 수 있음을 1.3절에서 살펴보았다. 여기서는 제한된 영역에서 정의된 역삼각함수의 미분법에 대해서 알아본다.

정리 3.3.3 (역삼각함수 미분법)

(1) $(\sin^{-1} x)' = \dfrac{1}{\sqrt{1-x^2}}\quad (|x| < 1)$

(2) $(\cos^{-1} x)' = -\dfrac{1}{\sqrt{1-x^2}}\quad (|x| < 1)$

(3) $(\tan^{-1}x)' = \dfrac{1}{1+x^2} \quad (-\infty < x < \infty)$

(4) $(\cot^{-1}x)' = -\dfrac{1}{1+x^2} \quad (-\infty < x < \infty)$

(5) $(\sec^{-1}x)' = \dfrac{1}{x\sqrt{x^2-1}} \quad (|x| > 1)$

(6) $(\csc^{-1}x)' = -\dfrac{1}{x\sqrt{x^2-1}} \quad (|x| > 1)$

증명 (1) $y = \sin^{-1}x$ 라 두면, $x = \sin y$ 이므로

$$y' = \frac{dy}{dx} = \frac{1}{\frac{dx}{dy}} = \frac{1}{\cos y} = \frac{1}{\sqrt{1-x^2}}$$

(2) $y = \cos^{-1}x$ 라 두면, $x = \cos y$ 이므로

$$y' = \frac{dy}{dx} = \frac{1}{\frac{dx}{dy}} = \frac{1}{-\sin y} = -\frac{1}{\sqrt{1-x^2}}$$

(3) $y = \tan^{-1}x$ 라 두면, $x = \tan y$ 이므로

$$y' = \frac{dy}{dx} = \frac{1}{\frac{dx}{dy}} = \frac{1}{\sec^2 y} = \frac{1}{1+x^2}$$

(4) $y = \cot^{-1}x$ 라 두면, $x = \cot y$ 이므로

$$y' = \frac{dy}{dx} = \frac{1}{\frac{dx}{dy}} = -\frac{1}{\csc^2 y} = -\frac{1}{1+x^2}$$

(5)와 (6)의 증명은 생략한다.

예제 3.3.2

$y = \sin^{-1}(x^3)$ 의 도함수를 구하여라.

풀이 $x^3 = u$ 라 두면, $y = \sin^{-1}u$ 이므로

$$y' = \frac{dy}{dx} = \frac{dy}{du}\frac{du}{dx} = \frac{3x^2}{\sqrt{1-x^6}}$$

■

예제 3.3.3

$a>0$ 일 때, $y=\cos^{-1}\dfrac{x}{a}$ 의 도함수 $\dfrac{dy}{dx}$ 를 구하여라.

풀이 $u=\dfrac{x}{a}$ 라 두면, $y=\cos^{-1}u$ 이고 $\dfrac{du}{dx}=\dfrac{1}{a}$ 이므로

$$\frac{dy}{dx} = -\frac{1}{\sqrt{1-\left(\frac{x}{a}\right)^2}} \cdot \frac{1}{a} = -\frac{1}{\sqrt{a^2-x^2}}$$

■

예제 3.3.4

$y=\tan^{-1}\dfrac{x}{3}$ 의 도함수 $\dfrac{dy}{dx}$ 를 구하여라.

풀이 $u=\dfrac{x}{3}$ 라 두면, $y=\tan^{-1}u$ 이므로

$$\frac{dy}{dx} = \frac{dy}{du}\frac{du}{dx} = \frac{1}{1+u^2} \cdot \frac{1}{3} = \frac{3}{x^2+9}$$

■

예제 3.3.5

$y=x\sec^{-1}\sqrt{x}$ 의 도함수를 구하여라.

풀이

$$\begin{aligned} y' &= \sec^{-1}\sqrt{x} + x \cdot \frac{1}{\sqrt{x}\sqrt{(\sqrt{x}\,)^2-1}} \cdot \frac{1}{2\sqrt{x}} \\ &= \sec^{-1}\sqrt{x} + \frac{1}{2\sqrt{x-1}} \end{aligned}$$

■

3.3.3 지수 · 로그함수 미분법

2.1절에서 $\lim_{n\to\infty}\left(1+\frac{1}{n}\right)^n = e$ 임을 살펴보았다. 이 극한과 조임정리(정리 2.2.3)를 이용하면, 연속변수 x에 대하여 다음의 극한을 얻는다.

정리 3.3.4

$$\lim_{x\to\pm\infty}\left(1+\frac{1}{x}\right)^x = e$$

증명 $x>0$ 이면, $n \le x < n+1$ 을 만족하는 $n\in\mathbb{N}$을 택하면, $\frac{1}{n+1} < \frac{1}{x} \le \frac{1}{n}$ 이므로

$$1+\frac{1}{n+1} < 1+\frac{1}{x} \le 1+\frac{1}{n}$$

을 만족한다. 따라서

$$\left(1+\frac{1}{n+1}\right)^n < \left(1+\frac{1}{x}\right)^x < \left(1+\frac{1}{n}\right)^{n+1}$$

이 성립한다. 여기서

$$\lim_{n\to\infty}\left(1+\frac{1}{n+1}\right)^n = \lim_{n\to\infty}\left(1+\frac{1}{n+1}\right)^{n+1}\left(1+\frac{1}{n+1}\right)^{-1} = e\cdot 1 = e$$

이고

$$\lim_{n\to\infty}\left(1+\frac{1}{n}\right)^{n+1} = \lim_{n\to\infty}\left(1+\frac{1}{n}\right)^n\left(1+\frac{1}{n}\right) = e$$

이므로, 조임정리에 의해

$$\lim_{x\to\infty}\left(1+\frac{1}{x}\right)^x = e$$

이다. $x<0$ 인 경우는 $x=-z$ 로 치환하면, $z>0$ 이고, $x\to-\infty$ 이면 $z\to\infty$ 이므로

$$\lim_{x\to-\infty}\left(1+\frac{1}{x}\right)^x = \lim_{z\to\infty}\left(1-\frac{1}{z}\right)^{-z} = \lim_{z\to\infty}\left(\frac{z}{z-1}\right)^z$$

$$= \lim_{z \to \infty}\left(1+\frac{1}{z-1}\right)^{z-1}\left(1+\frac{1}{z-1}\right) = e$$

그러므로 정리가 증명된다.

참고

정리 3.3.4에 의하여 $\lim_{z \to 0}(1+z)^{\frac{1}{z}} = e$가 성립한다.

정리 3.3.5 (로그함수 미분법)

(1) $(\log_a x)' = \frac{1}{x}\log_a e$ (2) $(\ln x)' = \frac{1}{x}$

증명 (1) $$\frac{\Delta y}{\Delta x} = \frac{\log_a(x+\Delta x) - \log_a x}{\Delta x}$$

$$= \frac{1}{\Delta x}\log_a\left(\frac{x+\Delta x}{x}\right) = \log_a\left(1+\frac{\Delta x}{x}\right)^{\frac{x}{\Delta x}\cdot\frac{1}{x}}$$

이고 로그함수는 연속이므로, $z = \frac{\Delta x}{x}$라 두면 정리 3.3.4의 참고에 의해

$$\frac{dy}{dx} = \lim_{\Delta x \to 0}\frac{\Delta y}{\Delta x} = \frac{1}{x}\lim_{z \to 0}\log_a(1+z)^{\frac{1}{z}} = \frac{1}{x}\log_a e$$

(2) (1)의 결과에 $a = e$를 대입하면 $(\ln x)' = \frac{1}{x}$ 이다.

예제 3.3.6

(1) $y = \log_2(x^3 + 3x^2 + 2)$ 이면

$$y' = \frac{1}{x^3+3x^2+2}(x^3+3x^2+2)'\log_2 e = \frac{3x(x+2)}{x^3+3x^2+2}\log_2 e$$

(2) $y = \ln\cos x$ 이면

$$y' = \frac{1}{\cos x}(\cos x)' = -\frac{\sin x}{\cos x} = -\tan x$$

예제 3.3.7

$y=\ln\left(x^3\sqrt{\dfrac{x+1}{x-1}}\right)$ 일 때, $\dfrac{dy}{dx}$ 를 구하여라.

풀이 $y=3\ln x+\dfrac{1}{2}\ln(x+1)-\dfrac{1}{2}\ln(x-1)$ 이므로

$$\frac{dy}{dx}=\frac{3}{x}+\frac{1}{2(x+1)}-\frac{1}{2(x-1)}=\frac{3x^2-x-3}{x(x^2-1)}$$

■

다음 예제와 같이, 주어진 함수의 도함수를 직접 구하는 것 보다 로그를 취하여 구하는 것이 편리한 경우가 종종 있다. 이와 같은 미분법을 로그미분법(logarithm differentiation)이라 한다.

예제 3.3.8

함수 $y=\dfrac{(x+1)^2(x+3)}{(x-2)^3}$ 을 미분하여라.

풀이 양변의 절댓값에 자연로그를 취하면

$$\ln|y|=2\ln|x+1|+\ln|x+3|-3\ln|x-2|$$

이므로, 양변을 x 로 미분하면

$$\frac{1}{y}y'=\frac{2}{x+1}+\frac{1}{x+3}-\frac{3}{x-2}=\frac{-11x-23}{(x+1)(x+3)(x-2)}$$

이다. 따라서 구하려는 도함수는

$$y'=\frac{-11x-23}{(x+1)(x+3)(x-2)}\cdot y=-\frac{(11x+23)(x+1)}{(x-2)^4}$$

■

예제 3.3.9

α 가 임의의 실수일 때, $y=x^\alpha\ (x>0)$ 의 도함수 $\dfrac{dy}{dx}$ 를 구하여라.

풀이 $\ln y = \alpha \ln x$ 의 양변을 x 로 미분하면

$$\frac{1}{y}\frac{dy}{dx} = \frac{\alpha}{x}$$

이므로

$$\frac{dy}{dx} = x^{\alpha}\frac{\alpha}{x} = \alpha x^{\alpha - 1}$$

■

정리 3.3.6 (지수함수 미분법)

(1) $(e^x)' = e^x$ (2) $(a^x)' = a^x \ln a \quad (a > 0,\ a \neq 1)$

증명 (1) $y = e^x$라 하고 양변에 ln을 취하면 $\ln y = x$이다. 양변을 x에 관해 미분하면 $\frac{1}{y} \cdot y' = 1$이다. 따라서 $y' = y = e^x$이다.

(2) $a^x = e^{x \ln a}$ 이므로

$$(a^x)' = e^{x \ln a}(x \ln a)' = e^{x \ln a} \ln a = a^x \ln a$$

예제 3.3.10

(1) $y = 2^{3x^2}$ 이면 $\frac{dy}{dx} = 2^{3x^2}(\ln 2)(3x^2)' = (6 \ln 2) x 2^{3x^2}$이다.

(2) $y = e^{\tan 3x}$ 이면 $\frac{dy}{dx} = e^{\tan 3x}(\tan 3x)' = 3 e^{\tan 3x} \sec^2 3x$ 이다.

3.3.4 쌍곡선함수 미분법

이제, 쌍곡선함수와 제한된 영역에서 정의된 역쌍곡선함수의 미분에 대해 알아보자.

정리 3.3.7 (쌍곡선함수 미분법)

(1) $(\sinh x)' = \cosh x$ (2) $(\cosh x)' = \sinh x$

(3) $(\tanh x)' = \operatorname{sech}^2 x$ (4) $(\operatorname{csch} x)' = -\operatorname{csch} x \coth x$

(5) $(\operatorname{sech} x)' = -\operatorname{sech} x \tanh x$ (6) $(\coth x)' = -\operatorname{csch}^2 x$

증명 (1) $(\sinh x)' = \left(\dfrac{e^x - e^{-x}}{2}\right)' = \dfrac{e^x + e^{-x}}{2} = \cosh x$

(2) $(\cosh x)' = \left(\dfrac{e^x + e^{-x}}{2}\right)' = \dfrac{e^x - e^{-x}}{2} = \sinh x$

나머지 쌍곡선함수의 미분법도 같은 방법으로 증명할 수 있다.

역쌍곡선함수의 미분은 로그함수 미분법을 이용하여, 다음과 같이 구할 수 있다.

정리 3.3.8 (역쌍곡선함수 미분법)

(1) $(\sinh^{-1} x)' = \dfrac{1}{\sqrt{x^2+1}}$ $(-\infty < x < \infty)$

(2) $(\cosh^{-1} x)' = \dfrac{1}{\sqrt{x^2-1}}$ $(x > 1)$

(3) $(\tanh^{-1} x)' = \dfrac{1}{1-x^2}$ $(|x| < 1)$

(4) $(\operatorname{csch}^{-1} x)' = -\dfrac{1}{|x|\sqrt{x^2+1}}$ $(x \neq 0)$

(5) $(\operatorname{sech}^{-1} x)' = -\dfrac{1}{x\sqrt{1-x^2}}$ $(0 < x < 1)$

(6) $(\coth^{-1} x)' = \dfrac{1}{1-x^2}$ $(|x| > 1)$

증명 (1) 정리 1.3.4(1)에서 $\sinh^{-1} x = \ln(x + \sqrt{x^2+1})$이므로

$$(\sinh^{-1} x)' = \{\ln(x + \sqrt{x^2+1})\}' = \frac{1}{x + \sqrt{x^2+1}}\left(1 + \frac{x}{\sqrt{x^2+1}}\right)$$
$$= \frac{\sqrt{x^2+1} + x}{(x + \sqrt{x^2+1})(\sqrt{x^2+1})} = \frac{1}{\sqrt{x^2+1}}$$

나머지 역쌍곡선함수의 미분도 같은 방법으로 구할 수 있다

3.3 연습문제

1. 다음 함수를 미분하여라.

(1) $y = \sin x \cos x$

(2) $y = x^2 \tan x$

(3) $y = \cos^5 x$

(4) $y = x \sin x + x \cos x$

(5) $y = \sin^{-1} \dfrac{x}{a}$

(6) $y = \cos^{-1} \dfrac{1}{x}$

2. 다음 음함수에서 도함수 $\dfrac{dy}{dx}$ 를 구하여라.

(1) $\cos(xy^2) = y^2 + x$

(2) $\tan^{-1}(x + y\sqrt{x-y}) = 2$

(3) $\sin x + \sin y = xy$

(4) $\sin xy + \cos xy = x$

3. 다음 함수를 미분하여라.

(1) $y = \ln(\sin x)$

(2) $y = 2^{3x}$

(3) $y = x^{\frac{1}{x}}$

(4) $y = \ln\left(x^3 \sqrt{\dfrac{x-1}{x+1}}\right)$

(5) $y = e^x \ln(\sin x)$

(6) $y = \ln(\sec x + \tan x)$

4. 함수 $y = \dfrac{x\sqrt{2x+1}}{\sqrt[3]{3x+1}}$ 의 도함수를 구하여라.

5. 다음을 증명하여라.

(1) $(\tanh x)' = \operatorname{sech}^2 x$

(2) $(\operatorname{csch} x)' = -\operatorname{csch} x \coth x$

6. 다음을 증명하여라.

(1) $(\cosh^{-1} x)' = \dfrac{1}{\sqrt{x^2-1}}$ $(x > 1)$

(2) $(\tanh^{-1} x)' = \dfrac{1}{1-x^2}$ $(|x| < 1)$

7. 다음 함수를 미분하여라.

(1) $y = \cosh(3x^2 + 2x)$

(2) $y = e^x \cosh x$

(3) $y = \sinh^{-1}(3x)$

(4) $y = \cosh^{-1}(\sec x)$

3.4 고계도함수

함수 $y=f(x)$의 도함수 $f'(x)$가 미분가능일 때, 즉

$$\lim_{h\to 0}\frac{f'(x+h)-f'(x)}{h}$$

가 존재할 때, 이를 $y=f(x)$의 제2계도함수(second order derivative)라 부르고 $f''(x)$ 또는 y'' 등으로 나타낸다. 마찬가지로, $f''(x)$의 도함수를 $f(x)$의 제3계도함수(third order derivative)라고 부르고 $f'''(x)$로 나타낸다. 이와 같이, $f(x)$의 제n계도함수(nth order differential coefficient)를 정의할 수 있고, $n\geq 4$이면 $f^{(n)}(x)$로 나타낸다. 즉

$$f^{(n)}(x)=\lim_{h\to 0}\frac{f^{(n-1)}(x+h)-f^{(n-1)}(x)}{h}$$

이다. 이때, 한 점 a에서의 $f^{(n)}(x)$의 값 $f^{(n)}(a)$를 a에서의 $f(x)$의 제n계미분계수(nth order differential coefficient)라 한다. $y=f(x)$의 제n계도함수는

$$y^{(n)},\quad f^{(n)}(x),\quad \frac{d^n y}{dx^n},\quad \frac{d^n}{dx^n}(f(x))$$

등으로 나타내며, $n\geq 2$이면 $f^{(n)}(x)$를 $f(x)$의 고계도함수(higher order derivative)라 한다.

예제 3.4.1

다음 함수의 제2계도함수를 구하여라.

(1) $y=e^x\sin x$ (2) $x^2+y^2=1$

풀이 (1) $y'=e^x\sin x+e^x\cos x=e^x(\sin x+\cos x)$이므로

$$y''=e^x(\sin x+\cos x)+e^x(\cos x-\sin x)=2e^x\cos x$$

(2) 양변을 x에 관해 미분하면 $2x+2yy'=0$이므로, $y'=-\dfrac{x}{y}$이다. 따라서

$$y''=-\frac{1\cdot y-x\cdot y'}{y^2}=-\frac{y+\dfrac{x^2}{y}}{y^2}=-\frac{x^2+y^2}{y^3}=-\frac{1}{y^3}$$

■

예제 3.4.2

다음 함수의 제n계도함수를 구하여라.

(1) $y = \sin x$ (2) $y = e^{ax}$

(3) $y = \ln x$ (4) $y = x^{\alpha}$ $(\alpha > n)$

풀이 (1) $y' = \cos x = \sin\left(x + \frac{\pi}{2}\right)$, $y'' = \sin\left(x + \frac{2\pi}{2}\right)$, ... 이므로

$$y^{(n)} = \sin\left(x + \frac{n\pi}{2}\right)$$

(2) $y' = ae^{ax}$, $y'' = a^2 e^{ax}$, $y''' = a^3 e^{ax}$, ... 이므로, $y^{(n)} = a^n e^{ax}$ 이다.

(3) $y' = \frac{1}{x}$, $y'' = -\frac{1}{x^2}$, $y''' = \frac{2}{x^3}$, ... 이므로, $y^{(n)} = (-1)^{n-1}\frac{(n-1)!}{x^n}$ 이다.

(4) $y' = \alpha x^{\alpha - 1}$, $y'' = \alpha(\alpha - 1)x^{\alpha - 2}$, $y''' = \alpha(\alpha - 1)(\alpha - 2)x^{\alpha - 3}$, ... 이므로

$$y^{(n)} = \alpha(\alpha - 1)(\alpha - 2)\cdots(\alpha - n + 1)x^{\alpha - n}$$

이제, 두 함수의 곱에 대한 제n계도함수를 구하는 다음의 유용한 정리에 대해 알아보자.

정리 3.4.1 (Leibniz의 정리)

$f(x)$와 $g(x)$가 n번 계속 미분가능일 때, 다음 식이 성립한다.

$$(f(x)\,g(x))^{(n)} = f^{(n)}(x)\,g(x) + {}_nC_1\, f^{(n-1)}(x)\,g'(x) + {}_nC_2\, f^{(n-2)}(x)\,g''(x) + \cdots + {}_nC_r\, f^{(n-r)}(x)\,g^{(r)}(x) + \cdots + f(x)\,g^{(n)}(x)$$

증명 이 정리의 증명은 수학적 귀납법을 이용한다.

$n = 1$이면, $(f(x)g(x))' = f'(x)g(x) + f(x)g'(x)$이므로, 성립한다.

$n = k$일 때, 다음이 성립한다고 가정하자.

$$\big(f(x)g(x)\big)^{(k)} = f^{(k)}(x)\,g(x) + {}_kC_1\, f^{(k-1)}(x)\,g'(x) + \cdots$$
$$+ {}_kC_r\, f^{(k-r)}(x)\,g^{(r)}(x) + \cdots + f(x)\,g^{(k)}(x)$$

$n=k+1$ 인 경우, 위 방정식의 양변을 다시 미분하면

$$\begin{aligned}\big(f(x)g(x)\big)^{(k+1)} &= \big(f^{(k+1)}(x)\,g(x) + f^{(k)}(x)\,g'(x)\big) + \cdots \\ &\quad + {}_kC_r\big(f^{(k-r+1)}(x)\,g^{(r)}(x) + f^{(k-r)}(x)\,g^{(r+1)}(x)\big) + \cdots \\ &\quad + \big(f'(x)g^{(k)}(x) + f(x)g^{(k+1)}(x)\big) \\ &= f^{(k+1)}(x)\,g(x) + \big({}_kC_0 + {}_kC_1\big) f^{(k)}(x)\,g'(x) + \cdots \\ &\quad + \big({}_kC_{r-1} + {}_kC_r\big) f^{(k-r+1)}(x)\,g^{(r)}(x) + \cdots + f(x)\,g^{(k+1)}(x)\end{aligned}$$

한편, ${}_kC_{r-1} + {}_kC_r = {}_{k+1}C_r$ 이므로

$$\big(f(x)g(x)\big)^{(k+1)} = f^{(k+1)}(x)\,g(x) + {}_{k+1}C_1\, f^{(k)}(x)\,g'(x) + \cdots$$
$$+ {}_{k+1}C_r\, f^{(k-r+1)}(x)\,g^{(r)}(x) + \cdots + f(x)\,g^{(k+1)}(x)$$

따라서 정리가 성립한다.

예제 3.4.3

$y = e^{kx}x^2$ 의 제n 계도함수를 구하여라.

풀이 $f(x) = e^{kx}$, $g(x) = x^2$ 라 하면

$$f'(x) = ke^{kx},\ f''(x) = k^2e^{kx},\ \cdots,\ f^{(n)}(x) = k^n e^{kx}$$
$$g'(x) = 2x,\ g''(x) = 2,\ g'''(x) = \cdots = g^{(n)}(x) = 0$$

이므로

$$\begin{aligned} y^{(n)} &= k^n e^{kx} x^2 + {}_nC_1 k^{n-1} e^{kx}\, 2x + {}_nC_2 k^{n-2} e^{kx}\, 2 + 0 + \cdots + 0 \\ &= k^{n-2} e^{kx}\left\{k^2x^2 + 2nkx + n(n-1)\right\}\end{aligned}$$

■

3.4 연습문제

1. 다음 함수의 제2계 및 제3계도함수를 구하여라.

(1) $y=x^5+3x^4+2x^3$ (2) $y=(3x+5)^5$

(3) $y=\sin(3x)$ (4) $y=\sinh x^2$

2. $y-xe^y=0$ 일 때, 제2계도함수 $\dfrac{d^2y}{dx^2}$ 를 구하여라.

3. 다음 함수의 제n 계도함수를 구하여라.

(1) $x^n \ (n\in\mathbb{N})$ (2) $y=\cos ax$

(3) $y=a^x$ (4) $y=\dfrac{1}{a^2-x^2}$

4. $y=\sin(n\sin^{-1}x)$ 일 때, $(1-x^2)y''-xy'+n^2y=0$ 임을 증명하여라.

5. $g(t)=at^2+bt-c$ 이고 $g(1)=5$, $g'(1)=3$, $g''(1)=-4$ 일 때, a, b, c를 모두 구하여라.

3.5 평균값의 정리

평균값의 정리의 기하학적인 의미는 미분가능인 매끄러운 곡선의 두 점을 잇는 선분과 평행한 곡선의 접선을 그을 수 있다는 것으로 요약된다. 또한, 해석학적으로는 미분법의 여러 정리들 중에서도 가장 유용한 기본정리로 미분법의 응용으로서는 물론 그 자체로도 미분법의 중요한 부분을 차지한다.

미분계수의 부호와 연속함수에 대한 최대 · 최솟값의 정리를 이용하여, Rolle의 정리를 먼저 알아보고, 이를 일반화한 평균값의 정리를 알아보기로 보자.

정리 3.5.1 (Rolle의 정리)

함수 $f(x)$가 구간 $[a, b]$에서 연속이고, 구간 (a, b)에서 미분가능이고 $f(a) = f(b)$ 이면

$$f'(c) = 0$$

를 만족하는 c가 구간 (a, b)에 적어도 하나 존재한다.

증명 구간 (a, b)에 속하는 임의의 점 x_0에 대하여, $f'(x_0) \neq 0$ 라고 가정하자. 이때, $a < x < b \ (x \neq x_0)$인 임의의 x에 대하여

$$f'(x_0) = \frac{f(x) - f(x_0)}{x - x_0} + \epsilon \qquad \left(\lim_{x \to x_0} \epsilon = 0\right)$$

을 만족한다. 여기서, x가 x_0에 충분히 가까워지면 $f'(x_0)$와 $\dfrac{f(x) - f(x_0)}{x - x_0}$는 같은 부호를 갖는다. 이것은 $f(x_0)$가 최댓값이나 최솟값이 될 수 없음을 나타낸다. 그런데, 함수 $f(x)$는 구간 $[a, b]$에서 연속이므로, $[a, b]$에서 최댓값과 최솟값을 가져야 한다. 따라서 $x = a$ 또는 $x = b$에서 최댓값과 최솟값을 가져야 한다. 한편, $f(a) = f(b)$이므로 $f(x)$는 상수함수이어야 한다. 이는, 구간 (a, b)의 임의의 점 x_0에서 $f'(x_0) \neq 0$라는 가정에 모순이다.

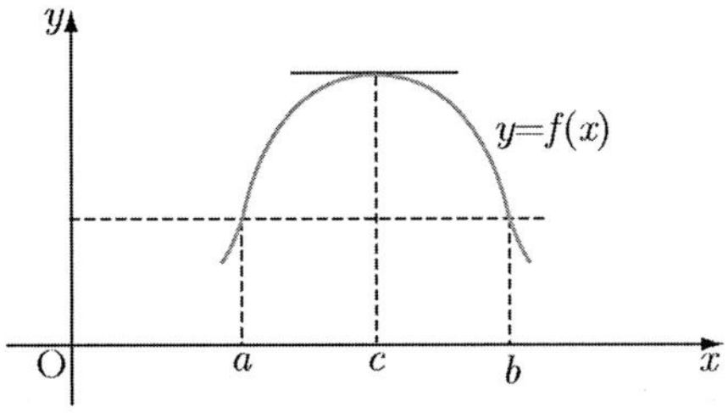

[그림 3.5]

그림 3.6에서와 같이, 미분가능인 함수 $f(x)$에 대해 두 점 $A(a, f(a))$와 $B(b, f(b))$를 지나는 직선을 평행이동하면, $x=a$와 $x=b$ 사이에서 곡선 $y=f(x)$의 한 점 $C(c, f(c))$와 접하게 됨을 알 수 있다. 즉, 점 c에서의 접선의 기울기 $f'(c)$는 A와 B를 지나는 직선의 기울기와 같으므로

$$f'(c)=\frac{f(b)-f(a)}{b-a}\quad(a<c<b)$$

를 만족한다. 이와 같은 미분가능인 함수의 성질을 정리하여, 다음의 평균값의 정리(mean value theorem)를 얻는다.

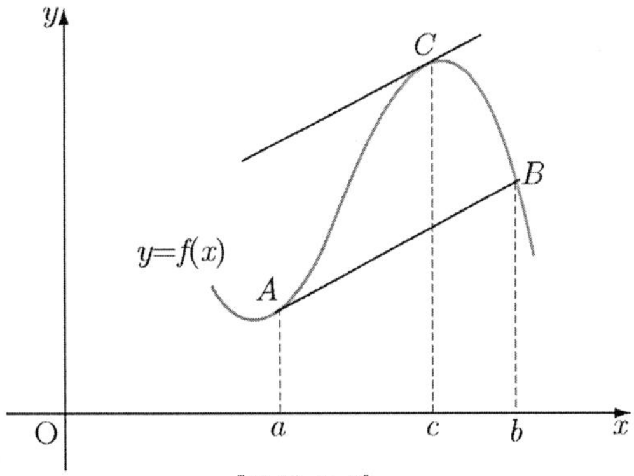

[그림 3.6]

정리 3.5.2 (평균값의 정리)

함수 $f(x)$가 구간 $[a, b]$에서 연속이고, 구간 (a, b)에서 미분가능이면

$$f'(c)=\frac{f(b)-f(a)}{b-a}$$

를 만족하는 c가 구간 (a, b)에 적어도 하나 존재한다.

증명 $\dfrac{f(b)-f(a)}{b-a}=k$ 일 때, 함수 $g(x)$를

$$g(x)=f(x)-k(x-a)-f(a)$$

라 정의하면, $g(x)$는 구간 $[a, b]$에서 연속이고 구간 (a, b)에서 미분가능이며

$$g'(x)=f'(x)-k$$

이다. 또한, $g(a)=g(b)=0$ 이므로, Rolle의 정리에 의하여

$g'(c)=f'(c)-k=0$ 를 만족하는 c가 구간 (a, b)에 존재한다. 즉

$$f'(c)=\frac{f(b)-f(a)}{b-a} \quad (a<c<b)$$

예제 3.5.1

$f(x)=e^x$ 에서 구간 $[0, 1]$에서 평균값의 정리를 설명하여라.

풀이 $f(x)=e^x$ 는 구간 $[0,1]$에서 연속이고 $(0, 1)$에서 미분가능이다. 그리고 $f'(x)=e^x$ 이므로, 구간 $[0, 1]$에서 $f(x)=e^x$ 에 대한 평균값의 정리는

$$e^c=\frac{e^1-e^0}{1-0}, \text{ 즉 } e^c=e-1$$

인 c가 구간 $(0, 1)$에 존재함을 의미한다. 실제로, $c=\ln(e-1)$ 이다.

예제 3.5.2

을수는 11시에 고속도로 5번 톨게이트를 지나서 12시 12분에 138 km 떨어진 7번 톨게이트를 통과하였다가, 제한속도인 시속 100 km을 위반하였다고 하여 교통경찰에게 적발되었다. 을수는 실제로 속도위반을 하였는가?

풀이 11 시 이후 t 시간 동안 을수가 운행한 거리를 미분가능인 함수 $f(t)$로 나타내었다면, 1시간 12분은 1.2시간이므로 구간 $[0, 1.2]$에서의 평균변화율은

$$\frac{f(1.2)-f(0)}{1.2-0}=\frac{138-0}{1.2-0}=115$$

이다. 따라서 평균값의 정리에 의해 $f'(c)=115$인 c가 구간 $(0, 1.2)$에 존재한다. 즉, c시간 후의 순간속도가 시속 115 km이므로, 을수는 속도위반을 하였다.

예제 3.5.3

함수 $f(x)$가 구간 I에서 미분가능이고 그 미분계수가 항상 0이면, $f(x)$는 I에서 상수함수임을 보여라.

풀이 $x_1, x_2 \in I$, $x_1 < x_2$라 하면, 평균값의 정리에 의해서

$$f(x_2)=f(x_1)+(x_2-x_1)f'(c) \quad (x_1<c<x_2)$$

를 만족하는 점 c가 있다. 한편, 가정에서 $f'(c)=0$이므로 $f(x_2)=f(x_1)$이고, 따라서 $f(x)$는 I에서 상수함수이다.

예제 3.5.4

평균값의 정리를 이용하여, 다음 부등식을 증명하여라.

$$|\sin x-\sin y| \le |x-y|$$

풀이 $x=y$이면 $0=0$에서 등식이 성립하므로, $x \neq y$라 하자. $f(x)=\sin x$라 두면, $f'(x)=\cos x$이므로 함수 $f(x)=\sin x$는 연속이고 미분가능이다. 이때, 평균값의 정리를 적용하면

$$f'(c)=\frac{f(x)-f(y)}{x-y}, \text{ 즉 } \cos c=\frac{\sin x-\sin y}{x-y}$$

를 만족하는 c가 존재한다. 따라서

$$\frac{|\sin x-\sin y|}{|x-y|}=|\cos c| \le 1$$

이므로, 부등식이 성립한다.

참고

평균값의 정리에서 $\frac{c-a}{b-a}=\theta$ 라 두면, $0<\theta<1$ 이고 평균값의 정리의 식은 다음과 같이 나타낼 수 있다.

$$f(b)=f(a)+(b-a)f'(a+\theta(b-a))$$

이 식에서 $b-a=h$ 라 두면

$$f(a+h)=f(a)+hf'(a+\theta h)$$

또한, $a=0$, $h=x$ 이면, 다음 식을 만족한다.

$$f(x)=f(0)+xf'(\theta x)$$

이제, 평균값의 정리의 확장인 다음의 Cauchy의 정리에 대해 알아보자.

정리 3.5.3 (Cauchy의 정리)

두 함수 $f(x)$와 $g(x)$가 구간 $[a, b]$에서 연속이고, 구간 (a, b)에서 미분가능일 때, (a, b)에서 $g'(x)\neq 0$이면

$$\frac{f'(c)}{g'(c)}=\frac{f(b)-f(a)}{g(b)-g(a)}$$

를 만족하는 c가 구간 (a, b)에 적어도 하나 존재한다.

증명 만약, $g(a)=g(b)$이면, Rolle의 정리에 의해 $g'(c)=0$ $(a<c<b)$인 점 c가 존재한다. 따라서 구간 (a, b)에서 $g'(x)\neq 0$이면 $g(a)\neq g(b)$ 이다.

$$F(x)=f(b)-f(x)-\frac{f(b)-f(a)}{g(b)-g(a)}(g(b)-g(x))$$

라 두면, $F(x)$는 구간 $[a, b]$에서 연속이고, 구간 (a, b)에서 미분가능이다. 또한, $F(a)=F(b)=0$ 이므로, Rolle의 정리에 의하여

$$F'(c)=-f'(c)+\frac{f(b)-f(a)}{g(b)-g(a)}g'(c)=0$$

을 만족하는 점 c가 구간 (a, b)에 존재한다. 따라서 다음을 얻는다.

$$\frac{f'(c)}{g'(c)}=\frac{f(b)-f(a)}{g(b)-g(a)}$$

참고

Cauchy의 정리에서 $g(x) = x$라 두면, 평균값의 정리가 되므로 Cauchy의 정리는 평균값의 정리의 확장이다.

다음 Taylor의 정리는 Cauchy의 정리와 마찬가지로 평균값 정리의 확장이다. 이에 대해서는 6.5절에서 상세히 다룰 것이므로, 여기서는 간단히 소개만 한다.

정리 3.5.4 (Taylor의 정리)

$x = a$를 포함하는 열린구간에서 함수 $f(x)$가 n번 계속 미분가능이면, 이 구간의 임의의 점 x에 대하여 다음의 관계가 성립한다.

$$f(x) = f(a) + \frac{f'(a)}{1!}(x-a) + \frac{f''(a)}{2!}(x-a)^2 + \cdots + \frac{f^{(n-1)}(a)}{(n-1)!}(x-a)^{n-1} + R_n$$

$$\text{단, } R_n = \frac{f^{(n)}(a+\theta(x-a))}{n!}(x-a)^n \quad (0 < \theta < 1)$$

참고

$$R_n = \frac{f^{(n)}(c)}{n!}(x-a)^n \quad (a < c < b)$$

으로 나타낼 수 있으므로, $n = 1$일 때 Taylor의 정리는 평균값의 정리와 일치한다. R_n을 Lagrange 나머지항이라 부른다.

3.5 연습문제

1. $f(x) = \sin x$ 에 대하여, 구간 $[0, 2\pi]$ 에서 평균값의 정리를 설명하여라.

2. 구간 $[0, 2\sqrt{3}]$ 에서 $f(x) = x^3 - 12x$ 는 $f'(c) = 0$ 를 만족하는 c 가 적어도 하나는 가짐을 보여라.

3. 수은 온도계를 냉동기에서 꺼내어 끓는 물에 넣으면, 온도가 -19℃부터 100℃까지 올라가는데 14초가 걸린다고 한다. 이 과정에서 온도가 초속 8.5℃의 속도로 올라가는 시각이 존재함을 밝혀라.

4. $f(x) = |x|$ 는 $f'(c) = 0$ 인 점 c 가 구간 $(-1, 1)$ 에 존재하지 않음을 밝혀라.

5. 함수 $f(x)$, $g(x)$ 가 구간 I 에서 미분가능이고 $f'(x) = g'(x)$ 이면, 구간 I 에서 $f(x) = g(x) + C$ 인 상수 C 가 존재함을 보여라.

6. 평균값의 정리를 이용하여, $x > 0$ 일 때 다음 부등식이 성립함을 보여라.

$$\frac{1}{x+1} < \ln(x+1) - \ln x < \frac{1}{x}$$

7. 평균값의 정리를 이용하여, $\lim_{x \to \infty} (\sqrt{x+2} - \sqrt{x}) = 0$ 임을 증명하여라.

3.6 부정형의 극한과 근삿값

3.6.1 부정형의 극한

두 함수 $f(x)$와 $g(x)$가 $x=a$의 근방에서 연속이고, $f(a)=0$, $g(a)=0$일 때 $\frac{f(x)}{g(x)}$는 $x=a$에서 $\frac{0}{0}$ 부정형이라고 한다. 이 경우, $x=a$에서 $\frac{f(x)}{g(x)}$의 값은 결정되지 않지만, 극한 $\lim_{x\to a}\frac{f(x)}{g(x)}$는 존재할 수 있다.

다음 정리는 미분을 이용하여, $\frac{0}{0}$ 부정형의 극한을 구하는 방법을 알려준다.

정리 3.6.1 (L'Hospital의 정리)

함수 $f(x)$, $g(x)$가 $x=a$의 근방에서 미분가능이고, 이 근방에서 $g'(x)\neq 0$이며 $f(a)=g(a)=0$이면

$$\lim_{x\to a}\frac{f(x)}{g(x)}=\lim_{x\to a}\frac{f'(x)}{g'(x)}$$

가 성립한다. 단, 우변의 극한은 존재한다고 가정한다.

증명 Cauchy의 정리(정리 3.4.1)에 의하여

$$\frac{f(x)}{g(x)}=\frac{f(x)-f(a)}{g(x)-g(a)}=\frac{f'(c)}{g'(c)}$$

를 만족하는 c $(a>c>x$ 또는 $a<c<x)$가 존재한다. 그런데 $x\to a$이면 $c\to a$이므로

$$\lim_{x\to a}\frac{f(x)}{g(x)}=\lim_{c\to a}\frac{f'(c)}{g'(c)}=\lim_{x\to a}\frac{f'(x)}{g'(x)}$$

다음 정리에서와 같이, $\frac{\infty}{\infty}$ 부정형의 극한도 $\frac{0}{0}$ 부정형으로 바꾸어 L'Hospital의 정리를 적용하여 구할 수 있다.

정리 3.6.2

두 함수 $f(x)$, $g(x)$가 $x=a$의 근방에서 미분가능이고 이 근방에서 $g'(x) \neq 0$일 때, $f(x)$, $g(x) \to \pm\infty$ $(x \to a)$이면

$$\lim_{x \to a} \frac{f(x)}{g(x)} = \lim_{x \to a} \frac{f'(x)}{g'(x)}$$

가 성립한다. 단, 우변의 극한은 존재한다고 가정한다.

예로, 극한 $\lim_{x \to 0} \frac{1-\cos x}{x^2}$를 구하기 위해 $g(x)=x^2$이라 두면, $g'(0)=0$이 되어 L'Hospital의 정리(정리 3.6.1)를 적용할 수 없다. 다음 정리는 이러한 문제를 해결하기 위한 것이다. 증명은 생략한다.

정리 3.6.3

$x=a$의 근방 I에 대하여 두 함수 $f(x)$, $g(x)$가 $I-\{a\}$에서 미분가능이고, 모든 $x \in I-\{a\}$에서 $g'(x) \neq 0$일 때, $f(x)$, $g(x) \to 0$ (또는 $\pm\infty$) $(x \to a)$이면

$$\lim_{x \to a} \frac{f(x)}{g(x)} = \lim_{x \to a} \frac{f'(x)}{g'(x)}$$

가 성립한다. 단, 우변의 극한은 존재한다고 가정한다.

참고

정리 3.6.1~3.6.3에서 $\frac{f'(x)}{g'(x)}$가 또 다시 $\frac{0}{0}$ 또는 $\frac{\infty}{\infty}$ 부정형이 되는 경우,

$\lim_{x \to a} \frac{f''(x)}{g''(x)}$이 존재하면 $\lim_{x \to a} \frac{f(x)}{g(x)} = \lim_{x \to a} \frac{f''(x)}{g''(x)}$로부터 극한을 구할 수 있다.

정리 3.6.1~3.6.3은 $x \to \pm\infty$일 때도 성립한다. 예로, $x \to \infty$인 경우, 충분히 큰 수 M에 대하여 함수 $f(x)$, $g(x)$가 구간 (M, ∞)에서 미분가능이고 $g'(x) \neq 0$일 때, $f(x)$, $g(x) \to 0$ 또는 $f(x)$, $g(x) \to \pm\infty$이면 다음이 성립한다.

$$\lim_{x\to\infty}\frac{f(x)}{g(x)}=\lim_{x\to\infty}\frac{f'(x)}{g'(x)}$$

$\frac{0}{0}$, $\frac{\infty}{\infty}$ 부정형 이외에도, 다음과 같은 형태의 부정형이 있다.

$$0\cdot\infty,\quad \infty-\infty,\quad \infty^0,\quad 0^0,\quad 1^\infty$$

이들에 대해서도 $\frac{0}{0}$ 또는 $\frac{\infty}{\infty}$ 부정형으로 바꾸어, 정리 3.6.1~3.6.3을 적용하여 극한을 구할 수 있다.

예제 3.6.1

다음 극한을 구하여라.

(1) $\lim_{x\to 1}\frac{\ln x}{1-x}$ (2) $\lim_{x\to 0+}\frac{\ln x}{\cot x}$

(3) $\lim_{x\to 0}\frac{1-\cos x}{x^2}$ (4) $\lim_{x\to 0}\frac{e^x-1}{x^3}$

풀이 (1) $\lim_{x\to 1}\frac{\ln x}{1-x}=\lim_{x\to 1}\frac{(\ln x)'}{(1-x)'}=\lim_{x\to 1}\frac{\frac{1}{x}}{-1}=-1$

(2) $\lim_{x\to 0+}\frac{\ln x}{\cot x}=\lim_{x\to 0+}\frac{(\ln x)'}{(\cot x)'}=\lim_{x\to 0+}\frac{\frac{1}{x}}{-\csc^2 x}$

$$=\lim_{x\to 0+}\left(-\frac{\sin x}{x}\cdot\sin x\right)=(-1)\cdot 0=0$$

(3) $\lim_{x\to 0}\frac{1-\cos x}{x^2}=\lim_{x\to 0}\frac{(1-\cos x)'}{(x^2)'}=\lim_{x\to 0}\frac{\sin x}{2x}=\lim_{x\to 0}\frac{\cos x}{2}=\frac{1}{2}$

(4) $\lim_{x\to 0}\frac{e^x-1}{x^3}=\lim_{x\to 0}\frac{(e^x-1)'}{(x^3)'}=\lim_{x\to 0}\frac{e^x}{3x^2}=\infty$ (발산)

예제 3.6.2

다음 극한을 구하여라.

(1) $\lim_{x\to 0^+}x\ln x$ (2) $\lim_{x\to\infty}x^{\frac{1}{1-x}}$

풀이 (1) $\lim_{x\to 0^+} x\ln x = \lim_{x\to 0^+} \dfrac{(\ln x)'}{\left(\dfrac{1}{x}\right)'} = \lim_{x\to 0^+} \dfrac{\dfrac{1}{x}}{-\dfrac{1}{x^2}} = \lim_{x\to 0^+}(-x) = 0$

(2) $y = x^{\frac{1}{1-x}}$ 라 두면, $\ln y = \dfrac{\ln x}{1-x}$ 에서

$$\lim_{x\to\infty} \ln y = \lim_{x\to\infty} \frac{(\ln x)'}{(1-x)'} = \lim_{x\to\infty} \frac{\frac{1}{x}}{-1} = 0 = \ln 1$$

이므로 $\lim_{x\to\infty} x^{\frac{1}{1-x}} = 1$ 이다.

3.6.2 함수의 근삿값

함수 $y=f(x)$ 가 미분가능이면

$$\lim_{\Delta x\to 0} \frac{\Delta y}{\Delta x} = \lim_{\Delta x\to 0} \frac{f(x+\Delta x)-f(x)}{\Delta x} = f'(x)$$

이므로, 극한의 개념으로부터 위의 식은 다음과 같이 나타낼 수 있다.

$$\Delta y = f(x+\Delta x) - f(x) = f'(x)\Delta x + \epsilon\Delta x$$

여기서, $\lim_{\Delta x\to 0} \epsilon = 0$ 이고, 이는 다음과 같이 나타낸다.

$$\Delta y \approx f'(x)\Delta x$$

이는 $\Delta x \to 0$ 일 때, $f'(x)\Delta x$ 를 Δy 의 근삿값으로 취할 수 있음을 의미한다. 이때, Δy 의 근삿값 $f'(x)\Delta x$ 를 $f(x)$ 의 미분(differential)이라고 하고 dy 또는 $df(x)$ 로 나타낸다. 즉

$$dy = f'(x)\Delta x$$

이다. 한편, $f(x)=x$ 인 경우는 $f'(x)=1$ 이므로 $dx = 1 \cdot \Delta x = \Delta x$ 이다. 따라서 미분은 다음과 같이 나타낼 수 있다.

$$dy = f'(x)\,dx$$

이로부터, 미분을 이용하여 $f(x+\Delta x)$ 의 근삿값을 다음과 같이 구할 수 있다.

$$f(x+\Delta x) \approx f(x)+f'(x)\Delta x$$

다음으로, dy의 기하학적 의미에 대해 살펴보자. 그림 3.7에서와 같이, $x=a$와 $x=a+\Delta x$에 대응하는 곡선 $y=f(x)$의 점을 각각 P, Q라 하고, $x=a+\Delta x$에 대응하는 P를 지나는 접선 위의 점을 T라 하면

$$\Delta y = |RQ|, \quad dy = |RT|$$

이고, Δy와 dy의 차는 $\epsilon \Delta x$이다. 이때, $\lim_{\Delta x \to 0} \epsilon = 0$을 만족한다.

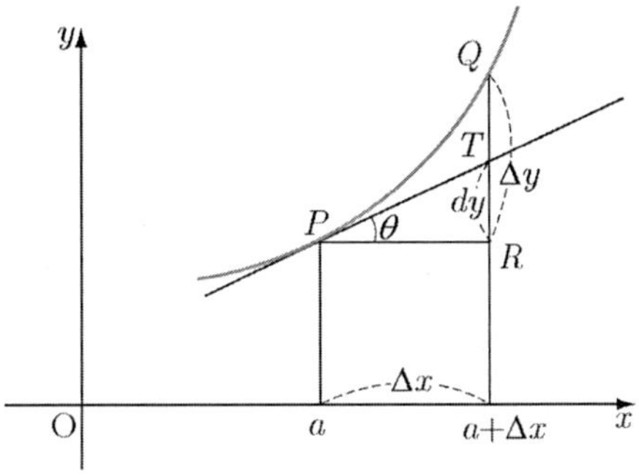

[그림 3.7]

예제 3.6.3

미분을 이용하여, $\sqrt{98}$의 근삿값을 구하여라.

풀이 $f(x)=\sqrt{x}$라 두면, $f'(x)=\dfrac{1}{2\sqrt{x}}$이므로

$$\sqrt{x+\Delta x} \approx \sqrt{x}+\frac{1}{2\sqrt{x}}\Delta x$$

이다. 따라서 $x=100$, $\Delta x=-2$라 두면

$$\sqrt{98} \approx \sqrt{100}+\frac{1}{2\sqrt{100}}(-2) = 10-0.1 = 9.9$$

■

예제 3.6.4

미분을 이용하여, $\sin 59°$ 의 근삿값을 구하여라.

풀이 $f(x) = \sin x$ 라 두면, $f'(x) = \cos x$ 이므로

$$\sin(x + \Delta x) \approx \sin x + \cos x \, \Delta x$$

이다. 따라서 $x = 60°$, $\Delta x = -1° = -\frac{\pi}{180}$ 라 두면

$$\sin\left(\frac{\pi}{3} - \frac{\pi}{180}\right) \approx \sin\frac{\pi}{3} - \cos\frac{\pi}{3} \cdot \frac{\pi}{180}$$

$$= \frac{\sqrt{3}}{2} - \frac{\pi}{360} = \frac{1}{360}(180\sqrt{3} - \pi)$$

3.6 연습문제

1. 다음 극한을 구하여라.

(1) $\displaystyle\lim_{x \to \infty} \frac{x^2}{e^x}$

(2) $\displaystyle\lim_{x \to 0} (\csc x - \cot x)$

(3) $\displaystyle\lim_{x \to 0} \frac{x - \sin x}{x^3}$

(4) $\displaystyle\lim_{x \to 0} (1 - \sin x)^{\frac{1}{x}}$

(5) $\displaystyle\lim_{x \to 0^+} x^{\sin x}$

(6) $\displaystyle\lim_{x \to \infty} \left(\frac{x}{x-2}\right)^x$

2. 다음 함수의 미분 dy 를 구하여라.

(1) $y = x^3$

(2) $y = \sqrt{x}$

(3) $y = \sin x$

(4) $y = \ln x$

3. x 가 2 에서 1.99 로 변하면, $x=1.99$ 일 때, 미분을 이용하여 $y=x^3+x^2+1$ 의 근삿값을 구하여라.

4. 미분을 이용하여, $\cos 31°$ 의 근삿값을 구하여라.

5. 공모양인 비눗방울의 반지름이 3 cm 에서 3.05 cm 가 되었을 때, 미분을 이용하여 커진 비눗방울의 겉넓이의 근삿값을 구하여라.

3.7 함수의 증감과 극한

3.7.1 함수의 증가와 감소

이제, 미분가능인 함수의 증감과 도함수와의 관계에 대하여 알아보자.

정리 3.7.1 (함수의 증가와 감소)

함수 $f(x)$가 구간 I에서 미분가능일 때

(1) I에서 항상 $f'(x) > 0$이면 $f(x)$는 I에서 증가한다.

(2) I에서 항상 $f'(x) < 0$이면 $f(x)$는 I에서 감소한다.

증명 $x_1 < x_2$인 임의의 두 점 $x_1,\ x_2 \in I$를 택하면, 평균값의 정리에 의하여

$$f(x_2) - f(x_1) = f'(c)(x_2 - x_1) \quad (x_1 < c < x_2)$$

을 만족하는 c가 적어도 하나 존재한다. 따라서 $f'(x) > 0$이면 $f'(c) > 0$이므로, $f(x_1) < f(x_2)$가 되어 $f(x)$는 I에서 증가한다. $f'(x) < 0$이면 $f(x_1) > f(x_2)$이므로, $f(x)$는 I에서 감소한다.

예제 3.7.1

$f(x) = \dfrac{1}{3}x^3 - 2x^2 + 3x$의 증가와 감소를 조사하여라.

풀이 $f'(x) = x^2 - 4x + 3 = (x-1)(x-3)$이므로, 다음을 알 수 있다.

$x < 1$	$1 < x < 3$	$x > 3$
$f'(x) > 0$	$f'(x) < 0$	$f'(x) > 0$
증가	감소	증가

따라서 $f(x)$는 $x < 1$와 $x > 3$에서 증가하고, $1 < x < 3$에서 감소한다. ■

함수 $f(x)$가 $x=a$에서 미분가능일 때, 미분계수의 정의에 의하여

$$f'(a) = \lim_{\Delta x \to 0} \frac{f(a+\Delta x) - f(a)}{\Delta x}$$

이므로, $f'(a)$가 0이 아닌 경우에 Δx의 절댓값이 충분히 작으면

$$f'(a) \text{ 와 } \frac{f(a+\Delta x) - f(a)}{\Delta x}$$

의 부호는 같다. 따라서 $f'(a) > 0$일 때

$$\frac{f(a+\Delta x) - f(a)}{\Delta x} > 0$$

이므로

$$\Delta x > 0 \text{ 이면 } f(a+\Delta x) > f(a)$$
$$\Delta x < 0 \text{ 이면 } f(a+\Delta x) < f(a)$$

를 만족한다. 이로부터, $f(x)$는 $x=a$에서 $f'(a)>0$이면 증가상태, $f'(a)<0$이면 감소상태임을 알 수 있다.

이를 정리하면, 다음 정리를 얻는다.

정리 3.7.2 (함수의 증감상태)

함수 $f(x)$가 $x=a$에서 미분가능일 때

(1) $f'(a) > 0$이면, $f(x)$는 $x=a$에서 증가상태이다.

(2) $f'(a) < 0$이면, $f(x)$는 $x=a$에서 감소상태이다.

그림 3.8에서와 같이, $f(x)=x^3$은 $x=0$에서 증가상태이나 $f'(x)=3x^2$이므로 $f'(0)=0$이다. 이는 정리 3.7.2(1)의 역이 성립하지 않음을 보여준다. 마찬가지로, $f(x)=-x^3$은 정리 3.7.2(2)의 역이 성립하지 않는 예이다.

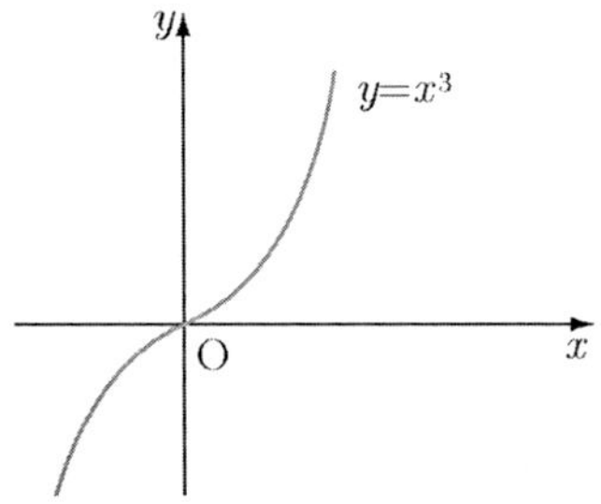

[그림 3.8]

예제 3.7.2

$0 < x < \pi$ 일 때, $\sin x > x\cos x$ 가 성립함을 증명하여라.

풀이 $f(x) = \sin x - x\cos x$ 라 두면, $0 < x < \pi$ 에서 $f'(x) = x\sin x > 0$ 이므로 함수 $f(x)$는 증가한다. 한편, $f(0) = 0$ 이므로 $f(x) > 0$ 이다. 따라서 $0 < x < \pi$ 일 때, $\sin x > x\cos x$ 이다.

■

예제 3.7.3

$x > 0$ 일 때, $\ln(1+x) > x - \frac{x^2}{2}$ 가 성립함을 증명하여라.

풀이 $f(x) = \ln(1+x) - x + \frac{x^2}{2}$ 이라 두면, $x > 0$ 에서

$$f'(x) = \frac{1}{1+x} - 1 + x = \frac{x^2}{1+x} > 0$$

이므로 $f(x)$는 증가함수이다. 한편, $f(0) = 0$ 이므로 $x > 0$ 에서 $f(x) > 0$ 이고, 따라서 주어진 부등식은 성립한다.

■

3.7.2 함수의 극대와 극소

함수 $f(x)$ 에 대하여, $f(a)$ 가 $x = a$ 의 한 근방에서 $x \neq a$ 일 때, $f(x) < f(a)$를 만족하면, $f(x)$ 는 $x = a$ 에서 극대(local maximum)라 하고, $f(a)$ 를 $f(x)$ 의 극댓값(local maximum value)이라 한다. 한편으로, $f(a)$가 $x=a$의 한 근방에서 $x \neq a$일 때, $f(x) < f(a)$를 만족하면, $f(x)$는 $x=a$에서 극소(local minimum)라 하고, $f(a)$를 $f(x)$의 극솟값(local minimum value)이라 한다. 극댓값과 극솟값을 합하여 극값(extreme value)이라 한다. 한편, 극값은 a의 근방에서 결정되므로, 극댓값이 극솟값보다 작을 수도 있다.

연속함수 $f(x)$가 $x=a$의 좌우에서 증가상태에서 감소상태로 바뀌면 $f(x)$는 $x=a$에서 극대이고, 감소상태에서 증가상태로 바뀌면 $f(x)$는 $x=a$에서 극소이다.

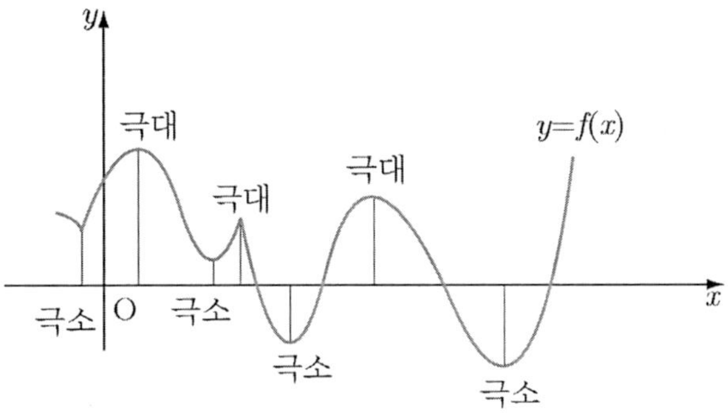

[그림 3.9]

정리 3.7.3

함수 $f(x)$가 $x=a$에서 미분가능일 때, $f(x)$가 $x=a$에서 극대 또는 극소이면 $f'(a)=0$이다.

증명 $f'(a)>0$이면 a를 포함하는 한 구간에서 $f(x)$는 단조증가이고, $f'(a)<0$이면 $f(x)$는 단조감소이다. 따라서 어느 경우이든 $x=a$에서 $f(x)$는 극값을 갖지 못하므로, $f'(a)=0$이어야 한다.

예제 3.7.4

함수 $f(x)=x^3-2x^2+x+1$의 극값을 구하여라.

풀이 $f'(x) = 3x^2 - 4x + 1 = (3x-1)(x-1)$이므로, $x = \frac{1}{3}$, 1에서 $f'(x) = 0$이다.

x	$x < \frac{1}{3}$	$x = \frac{1}{3}$	$\frac{1}{3} < x < 1$	$x = 1$	$x > 1$
$f'(x)$	+	0	−	0	+
$f(x)$	↗	$\frac{31}{27}$	↘	1	↗

따라서 $f(x)$는 $x = \frac{1}{3}$에서 극댓값 $f\left(\frac{1}{3}\right) = \frac{31}{27}$을, $x = 1$에서 극솟값 $f(1) = 1$을 갖는다.

다음 정리는 $x = a$의 근방에서, 연속인 제$2n$계도함수를 가지는 함수 $f(x)$의 극값 판정법을 설명한 것이다.

정리 3.7.4 (함수의 극값 판정법)

함수 $f(x)$가 점 $x = a$의 근방에서 연속인 제$2n$계도함수를 갖고

(1) $f'(a) = \cdots = f^{(2n-1)}(a) = 0$, $f^{(2n)}(a) > 0$이면 $f(x)$는 $x = a$에서 극소이다.

(2) $f'(a) = \cdots = f^{(2n-1)}(a) = 0$, $f^{(2n)}(a) < 0$이면 $f(x)$는 $x = a$에서 극대이다.

또한, $f(x)$가 점 $x = a$의 근방에서 연속인 제$(2n+1)$계도함수를 가질 때

(3) $f'(a) = \cdots = f^{(2n)}(a) = 0$이고 $f^{(2n+1)}(a) \neq 0$이면, $f(x)$는 $x = a$에서 극값을 갖지 않는다.

증명 (1) 주어진 n에 대해서, Taylor의 정리를 적용하면

$$f(a+h) - f(a) = \frac{f^{(2n)}(a+\theta h)}{(2n)!}h^{2n} \quad (0 < \theta < 1)$$

이 성립한다. 한편, $f^{(2n)}(x)$가 $x = a$의 근방에서 연속이고 $f^{(2n)}(a) > 0$이므로

$$0 < |h| < \delta \quad \Rightarrow \quad f^{(2n)}(a+\theta h) > 0$$

을 만족하는 $\delta > 0$가 존재한다. 따라서 $x = a$의 δ-근방에서

$$f(a+h)-f(a)>0\ ,\ \text{즉}\ f(a)<f(a+h)$$

이므로, $f(x)$는 $x=a$에서 극소이다.

(2)도 (1)과 같은 방법으로 증명할 수 있다.

(3) 주어진 조건에, Taylor의 정리를 적용하면

$$f(a+h)-f(a)=\frac{f^{(2n+1)}(a+\theta h)}{(2n+1)!}h^{2n+1}\quad (0<\theta<1)$$

이다. $f^{(2n+1)}(x)$가 $x=a$의 근방에서 연속이므로, 만약 $f^{(2n+1)}(a)>0$ 이면

$$0<|h|<\delta \ \Rightarrow\ f^{(2n+1)}(a+\theta h)>0$$

을 만족하는 $\delta>0$가 존재하여 h의 부호에 따라 $f(a+h)-f(a)$의 부호가 결정되므로, $f(x)$는 $x=a$에서 극값을 갖지 않는다. $f^{(2n+1)}(a)<0$인 경우도 같은 방법으로 증명된다.

참고

정리 3.7.4에서 $n=1$인 경우는 다음과 같이 표현할 수 있다.
함수 $f(x)$가 $f'(a)=0$이고 점 $x=a$의 근방에서 연속인 제2계도함수를 가질 때, $f''(a)>0$이면 $f(x)$는 $x=a$에서 극소이고, $f''(a)<0$이면 $f(x)$는 $x=a$에서 극대이다. 또한, $f(x)$가 $f'(a)=f''(a)=0$이고, 점 $x=a$의 근방에서 연속인 제3계도함수를 가지고 $f'''(a)\neq 0$이면, $f(x)$는 $x=a$에서 극값을 갖지 않는다.

예제 3.7.4의 함수 $f(x)=x^3-2x^2+x+1$에 대해서 $f'\left(\frac{1}{3}\right)=f'(1)=0$이고,

$$f''(x)=6x-4=2(3x-2)$$

로부터 $f''\left(\frac{1}{3}\right)=-2<0$이므로 $f(x)$는 $x=\frac{1}{3}$에서 극댓값을, $f''(1)=2>0$이므로 $f(x)$는 $x=2$에서 극솟값을 가진다. 따라서 극댓값은 $f\left(\frac{1}{3}\right)=\frac{31}{27}$이고, 극솟값은 $f(1)=1$임을 쉽게 알 수 있다.

예제 3.7.5

$f(x)=e^x+e^{-x}$의 극값을 구하여라.

풀이 $f(x)=e^x+e^{-x}$에서

$$f'(x)=e^x-e^{-x},\quad f''(x)=e^x+e^{-x}$$

이므로, $f'(x)=0$인 x는 $e^{2x}=1$에서 $x=0$이다. 또한, $f''(0)=2>0$이므로, $x=0$에서 극소이고 극솟값은 $f(0)=2$이다. 그러나 극댓값은 갖지 않는다. ■

함수 $f(x)$가 구간 $[a, b]$에서 연속이면, 이 구간에서 $f(x)$는 최댓값과 최솟값을 항상 갖는다. 이 경우, 미분불가능인 점과 구간의 양쪽 끝점에서의 함숫값과 미분가능인 점에서의 극댓값과 극솟값을 모두 비교하여 최댓값과 최솟값을 구할 수 있다.

예제 3.7.6

구간 $[-2, 2]$에서 $f(x)=|x|e^x$의 최댓값과 최솟값을 구하여라.

풀이 $x>0$이면, $f(x)=xe^x$에서 $f'(x)=(1+x)e^x>0$이다. 따라서 $f(x)$는 증가함수이다. 만약, $x<0$이면, $f(x)=-xe^x$이고

$$f'(x)=-(1+x)e^x\ ,\ f''(x)=-(2+x)e^x$$

이므로, $x=-1$일 때만 $f'(x)=0$이고 $f''(-1)=-1/e<0$이다. 그러므로 $f(x)$는 $x=-1$에서 극댓값 $\frac{1}{e}$을 갖는다. 또한, 미분불가능인 점 $x=0$에서 $f(0)=0$이고, 구간의 양쪽 끝점에서 함숫값은 $f(2)=2e^{-2}$와 $f(-2)=2e^2$이므로, $f(x)$의 최댓값은 $f(2)=2e^2$이고 최솟값은 $f(0)=0$이다. ■

예제 3.7.7

$f(x)=\cosh x+\cos x$의 극값을 구하여라.

풀이 $f'(x) = \sinh x - \sin x$ 이고 $y = \sinh x$ 와 $y = \sin x$ 는 $x = 0$ 에서 공통접선을 가지므로, $f'(x) = 0$ 인 x 는 $x = 0$ 뿐이다. 또한

$$f''(x) = \cosh x - \cos x, \quad f''(0) = 0$$

$$f'''(x) = \sinh x + \sin x, \quad f'''(0) = 0$$

$$f^{(4)}(x) = \cosh x + \cos x, \quad f^{(4)}(0) = 2 > 0$$

이므로, $f(x)$ 는 $x = 0$ 에서 극소이고 극솟값은 $f(0) = 2$ 이다.

3.7.3 곡선의 오목과 볼록

연속인 곡선 $y = f(x)$에 대하여, 구간 I에서 곡선 위의 임의의 두 점 P와 Q를 잇는 선분이 곡선보다 위쪽에 있으면 함수 $f(x)$는 구간 I에서 아래로 볼록(downward convex) 또는 위로 오목(upward concave)이라 하고, 아래쪽에 있으면 위로 볼록(upward convex) 또는 아래로 오목(downward concave)이라고 한다(그림 3.10 참조). 또한, 함수 $f(x)$가 $x = a$를 중심으로 오목과 볼록의 상태가 바뀔 때, 점 $(a, f(a))$를 곡선 $y = f(x)$의 변곡점(inflection point)이라고 한다.

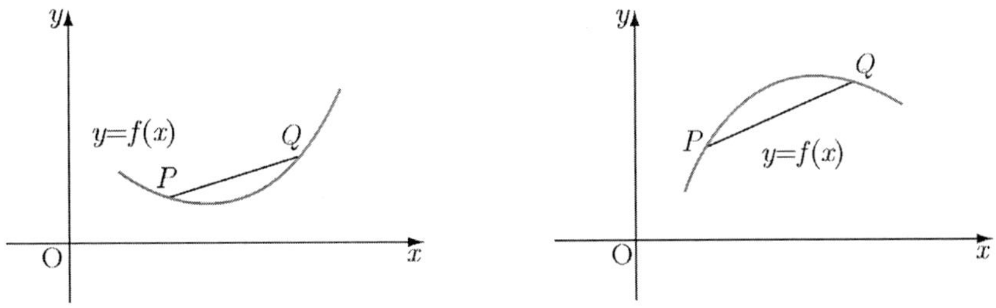

[그림 3.10]

직관적으로, 함수 $f(x)$가 구간 I에서 미분가능일 때, 곡선 $y = f(x)$ 위의 한 점 P에서의 접선이 P의 근방에서 곡선 아래쪽에 있으면 아래로 볼록이고, 곡선 위쪽에 있으면 위로 볼록임을 알 수 있다(그림 3.11 참조).

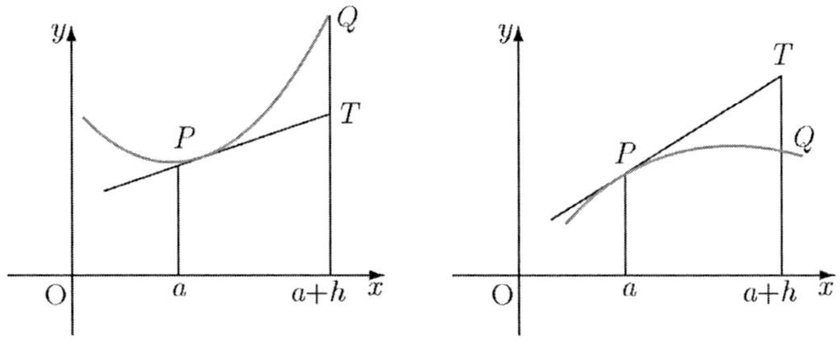

[그림 3.11] 아래로 볼록과 위로 볼록

이로부터, 다음과 같은 곡선의 오목과 볼록에 대한 판정법을 얻는다.

정리 3.7.5 (곡선의 오목 · 볼록 판정법)

함수 $f(x)$가 점 $x=a$의 근방에서 연속인 제2계도함수를 가질 때, $f''(a)>0$이면 $f(x)$는 a를 포함하는 구간에서 아래로 볼록이고, $f''(a)<0$이면 $f(x)$는 a를 포함하는 구간에서 위로 볼록이다.

증명 $f''(a)>0$일 때, $f''(x)$가 $x=a$의 근방에서 연속이므로 a를 포함하는 구간 I에서 $f''(a)>0$이다. Taylor의 정리를 적용하면, 구간 I에 속하는 임의의 x에 대하여

$$f(x)=f(a)+f'(a)(x-a)+\frac{f''(c)}{2!}(x-a)^2$$

가 성립한다. 여기서, c는 a와 x 사이의 점이므로 I에 속한다. 한편, $x \neq a$이면

$$\frac{f''(c)}{2!}(x-a)^2 > 0$$

이므로

$$f(x) > f(a)+f'(a)(x-a), \quad \text{즉} \quad \frac{f(x)-f(a)}{x-a} > f'(a)$$

이다. 이 식은 구간 I에서 곡선이 접선보다 위쪽에 있음을 의미하므로, $f(x)$는 구간 I에서 아래로 볼록이다.

(2)의 경우도 같은 방법으로 증명할 수 있다.

다음의 일반적인 경우도 정리 3.7.5와 같은 방법으로 증명할 수 있다. 이를 정리 3.7.4(1), (2)와 비교하여 보아라.

정리 3.7.6 (곡선의 오목 · 볼록 판정법)

함수 $f(x)$가 점 $x=a$의 근방에서 연속인 제$2n$계도함수를 가질 때

(1) $f''(a)=f'''(a)=\cdots=f^{(2n-1)}(a)=0,\ f^{(2n)}(a)>0$ 이면, $f(x)$는 $x=a$를 포함하는 구간에서 아래로 볼록이다.

(2) $f''(a)=f'''(a)=\cdots=f^{(2n-1)}(a)=0,\ f^{(2n)}(a)<0$ 이면, $f(x)$는 $x=a$를 포함하는 구간에서 위로 볼록이다.

다음 정리는 함수가 변곡점을 가질 충분조건을 알려준다. 이를 정리 3.7.4(3)과 비교하여 보아라.

정리 3.7.7 (곡선의 변곡점)

함수 $f(x)$가 점 $x=a$의 근방에서 연속인 제$(2n+1)$계도함수를 가지고

$$f''(a)=f'''(a)=\cdots=f^{(2n)}(a)=0,\quad f^{(2n+1)}(a)\neq 0$$

이면, $(a, f(a))$는 $f(x)$의 변곡점이다.

증명 $f^{(2n+1)}(x)$가 연속이고 $f^{(2n+1)}(a)\neq 0$이므로, a를 포함하는 구간 I에서 $f^{(2n+1)}(x)\neq 0$을 만족한다. 따라서 Taylor의 정리를 적용하면, 구간 I에 속하는 임의의 x에 대하여

$$f(x)=f(a)+f'(a)(x-a)+\frac{f^{(2n+1)}(c)}{(2n+1)!}(x-a)^{(2n+1)}\quad (a<c<x)$$

이 성립한다. 여기서, c는 a와 x 사이의 점이므로 I에 속한다. 이 식으로부터 $x-a$의 부호에 따라

$$\frac{f(x)-f(a)}{x-a}-f'(a)$$

의 부호가 바뀌므로, $f(x)$는 $x=a$에서 변곡점을 갖는다.

예제 3.7.8

$f(x)=x^5$ 의 변곡점을 구하여라.

풀이 $f'(x)=5x^4$, $f''(x)=20x^3$이므로, $f''(x)=0$를 만족하는 x의 값은 $x=0$뿐이다. 또한

$$f'''(x)=60x^2,\ f^{(4)}(x)=120x,\ f^{(5)}(0)=120$$

에서 $f'''(0)=0$, $f^{(4)}(0)=0$ 이고, $f^{(5)}(0)=120$ 이므로, 점 $(0, 0)$은 변곡점이다.

예제 3.7.9

$f(x)=\cosh x+\cos x$의 변곡점을 조사하여라.

풀이 $f'(x)=\sinh x-\sin x$, $f''(x)=\cosh x-\cos x$ 이므로, $f''(x)=0$ 을 만족하는 x의 값은 $x=0$뿐이다. 또한

$$f'''(x)=\sinh x+\sin x,\quad f'''(0)=0$$

이고

$$f^{(4)}(x)=\cosh x+\cos x,\quad f^{(4)}(0)=2>0$$

이므로, $x=0$를 포함하는 어떤 구간에서 $f(x)$는 아래로 볼록이다. 따라서 변곡점을 갖지 않는다.

3.7 연습문제

1. 다음 함수의 증가 및 감소를 조사하여라.

(1) $f(x) = 2x^2 - 4x$ (2) $f(x) = x^3 + 3x^2$

(3) $f(x) = x - \sqrt{x}$ (4) $f(x) = x\ln x$

2. $x > 0$ 일 때, $x > \sin x$ 임을 증명하여라.

3. $0 < x < \frac{\pi}{2}$ 일 때, $\tan x > x + \frac{x^3}{3}$ 임을 증명하여라.

4. 폭이 32 cm 인 함석의 양쪽을 수직으로 세워서 물받이 홈통을 만들려고 한다. 받아낼 수 있는 물의 양을 최대로 하기 위해서는 높이를 얼마로 해야 하는가?

5. 개울에 이웃한 땅이 있다. 개울에 접한 쪽을 제외한 세 변에 전체 길이가 2,000 m 인 울타리를 둘러서 직사각형 모양의 초원을 조성하고자 한다. 이때, 직사각형의 넓이를 최대로 하려면 가로, 세로를 각각 몇 m 로 하면 되는가?

6. $f(x) = x^3 - 9x^2 + 24x - 7$ 의 극값을 구하여라.

7. 구간 $[1, 3]$ 에서 $f(x) = 2x^3 - 9x^2 + 12x - 2$ 의 최댓값과 최솟값을 구하여라.

8. $f(x) = x^3 - 3x^2$ 의 오목과 볼록을 조사하고, 변곡점이 있으면 구하여라.

9. $f(x) = \sin x$ 의 변곡점을 구하여라.

3장 종합문제

1. 함수 $f(x)$가 임의의 양수 a, b에 대하여 $f(ab)=f(a)+f(b)$이고 $f'(1)=6$일 때, $f'(3)$의 값을 구하여라.

2. 곡선 $y=x^3-3x$ 위의 점 $(-2,-2)$에서의 접선과 법선의 방정식을 구하여라.

3. 다음 함수의 도함수를 구하여라.

(1) $y=(x+1)^{15}$

(2) $y=x+\sqrt{1+x^2}$

(3) $y=\dfrac{1}{x^2+x+1}$

(4) $y=\dfrac{x}{x+\sqrt{x^2-a^2}}$

4. $f(0)=0,\ f'(0)=2$일 때, $x=0$에서의 $f(f(x))$의 미분계수를 구하여라.

5. 다음 음함수에서 도함수 $\dfrac{dy}{dx}$를 구하여라.

(1) $4x^2y-3y=x^3-1$

(2) $(x+2y)^3=x$

(3) $x^2+y^2=2xy$

(4) $xy=(x-y)^2$

6. 다음 함수의 도함수를 구하여라.

(1) $y=\sin x+\cos x$

(2) $y=x^2\cos x$

(3) $y=\dfrac{\sin x}{1-\cos x}$

(4) $y=\dfrac{\sec x}{1+\tan x}$

(5) $y=\sec^{-1}x^2$

(6) $y=(\tan^{-1}x)^3$

7. 점 $\left(\frac{\pi}{2}, 0\right)$에서 $y=3\sin 2x$에 접하는 접선의 방정식을 구하여라.

8. 다음 함수의 도함수를 구하여라.

(1) $y=e^{\sin x}$ (2) $y=x\ln x-x$

(3) $y=e^x \ln x$ (4) $y=e^{\tan x}$

9. 다음 함수의 제2계 및 제3계도함수를 구하여라.

(1) $y=x^3+3x^2+6x$ (2) $y=(3x+5)^3$

(3) $y=\sin(7x)$ (4) $y=\cos(x^3)$

10. $g(x)$는 두 번 미분가능인 함수이고 $f(x)=xg(x^2)$일 때, $f''(x)$를 g, g', g''를 사용하여 나타내어라.

11. 함수 $f(x)=x^2+2x+3$에 대하여, 구간 $[a, a+h]$에서 평균값의 정리를 적용할 때, $c=a+\frac{h}{2}$임을 증명하여라.

12. 구간 $\left[\frac{\pi}{2}, \frac{3\pi}{2}\right]$에 정의된 $f(x)=\cos x$에서 평균값의 정리를 만족하는 c의 값을 구하여라.

13. 다음 극한을 구하여라.

(1) $\lim_{x \to 0}\left(\csc x-\frac{1}{x}\right)$ (2) $\lim_{x \to 0} x\cot x$

14. 미분을 이용하여 $x=2.998$ 일 때, $x^4-7x^3+2x^2-17x+8$의 근삿값을 구하여라.

15. 미분을 이용하여, $\sqrt{4.6}$과 $\sqrt{8.2}$의 근삿값을 구하여라.

16. $x \geq 2$ 일 때, $x > \ln(x^2 + x)$ 가 성립함을 증명하여라.

17. 다음 각 함수의 극값을 구하여라.

(1) $f(x) = x^3 - 8x^2 + 24x - 7$ (2) $f(x) = \dfrac{x}{1 + x^2}$

18. $y = x - \sin x$ 에서 위로 볼록인 구간과 아래로 볼록인 구간 및 변곡점을 구하여라.

■ 약수와 관련된 흥미로운 수

Pythagoras학파에서는 자연수 중에서 양의 진약수를 모두 합하여 자신과 같은 수를 완전수라고 불렀다. 최초 4개의 완전수는 6, 28, 496, 8128로 알려져 있다.

$$\begin{aligned} 6 &= 1+2+3 \\ 28 &= 1+2+4+7+14 \\ 496 &= 1+2+4+8+16+31+62+124+248 \\ 8128 &= 1+2+4+8+16+32+64+127+254+508+1016+2032+4064 \end{aligned}$$

Euclid는 $2^{n-1}(2^n-1)$에 $n=2,3,5,7$을 대입하여 이들을 구할 수 있음을 발견하고, (2^n-1)이 소수(이를 Mersenne 소수라 함)이면, $2^{n-1}(2^n-1)$은 항상 완전수임을 증명하였다. 2,000여년 후, Euler는 짝수인 완전수는 $2^{n-1}(2^n-1)$의 형태임을 증명하였다. 즉, 짝수인 완전수와 Mersenne 소수는 일대일로 대응됨을 밝힌 것이다. 앞에서 소개한 그 다음의 완전수로는

다섯 번째 : 33,550,336

여섯 번째 : 8,589,869,056

일곱 번째 : 137,438,691,328

여덟 번째 : 2,305,843,008,139,952,128

아홉 번째 : 2,658,455,991,569,831,744,654,692,615,953,842,176

열 번째 : 191561,942,608,236,107,294,793,378,084,303,638,130,997,321,548,169,216

등이 있는데, 그 수는 갈수록 아주 커짐을 알 수 있다.

Pythagoras학파는 완전수는 특유의 여러 성질을 가지고 있음을 알아냈다. 먼저, 완전수는 다음과 같이 연속되는 자연수의 합으로 표현될 수 있다는 것이다.

$$\begin{aligned} 6 &= 1+2+3 \\ 28 &= 1+2+3+4+5+6+7 \\ 496 &= 1+2+3+\cdots+29+30+31 \\ 8128 &= 1+2+3+\cdots+125+126+127 \end{aligned}$$

또한, 모든 짝수인 완전수는 삼각수라는 것이다. 이것은 정삼각형을 형성하도록 배열된 조약돌의 개수로 이 수를 표현할 수 있음을 의미한다. 그리고 6이외의 다른 완전수를 취해서 각 자리의 수를 모두 합하면, 그 결과는 9의 배수보다 1만큼 더 큰 수가 된다. 아울

러, 완전수는 다음과 같이 연속하는 홀수의 세제곱의 합으로 표현되기도 한다.

$$1^3+3^3=28,\ 1^3+3^3+5^3+7^3=496$$

만약 n 이 완전수이면, n의 모든 약수의 역수의 합은 항상 2라는 사실도 흥미롭다. 예로서, 6은 1, 2, 3, 6의 약수를 가지는데 이들의 역수의 합은 다음과 같다.

$$1+\frac{1}{2}+\frac{1}{3}+\frac{1}{6}=2$$

Pythagoras학파에서는 수의 완전성을 좌우하는 것은 그 수의 약수들이라 생각하였다. 완전수와 더불어, 진약수를 더해서 자기 자신보다 적은 수는 결핍수, 많은 수는 과잉수라 하였다. 예로서, 12의 진약수는 1, 2, 3, 4, 6인데 이들을 모두 더하면 16이므로 12는 과잉수이고, 10은 진약수의 합이 8이므로 결핍수이다.

특히, 두 수 220과 284에서 220의 진약수 1, 2, 4, 5, 10, 11, 20, 22, 44, 55, 110의 합은 284이고, 284의 진약수 1, 2, 4, 71, 142의 합은 220이다. 이와 같은 성질을 만족하는 두 수를 '또 다른 나'라고 생각하여 우애수(또는 친화수)의 쌍이라고 불렀으며, 이 우애수의 쌍이 적힌 부적을 나눠 가진 사람들에게는 완전한 우정이 보장된다고 믿었다고 한다. 우애수의 쌍에 대한 또 다른 예로는 1,184와 1,210, 17,296과 18,416 등이 있다. 많은 수학자들은 새로운 우애수의 쌍을 찾아내려고 노력하였는데, 현재 400쌍 이상의 우애수가 알려져 있지만 그 쌍이 무한인지의 여부는 아직 밝혀지지 않았다.

우애수와 유사하게 1과 자기 자신을 제외한 약수의 합이 서로 같은 수를 부부수라고 하였다. 예로서, 1과 48을 제외한 48의 모든 약수의 합은 75이고 1과 75를 제외한 75의 모든 약수의 합은 48이므로, 48과 75는 부부수이다. 지금까지 알려진 부부수로는 140과 195, 1,575와 1,648 등이 있는데, 이들은 모두 짝수와 홀수의 쌍으로 이루어져 있다. 우애수 또는 부부수라고 부르는 명칭에는 짝수는 남성, 홀수는 여성이라는 Pythagoras학파의 생각이 깃들여 있다고 할 수 있다. 즉, 동성인 짝수 또는 홀수끼리의 쌍은 우애수, 이성인 짝수와 홀수의 쌍은 부부수라고 하였던 것이다.

제4장

부정적분

▶▶ 부정적분은 정적분의 계산, 미분방정식의 해법 등에 폭넓게 이용된다. 이 장에서는 부정적분을 구하는 방법들을 소개한다. 먼저, 미분의 역산으로 부정적분에 대한 기본공식을 구하고, 보다 복잡한 함수의 부정적분을 구하는 방법에 대해 알아본다.

4.1 부정적분

4.1.1 부정적분의 정의

주어진 함수의 도함수를 구하는 방법은 제3장에서 알아보았다. 여기서는 함수 $F(x)$의 도함수가 $f(x)$로 주어졌을 때, 원래의 함수 $F(x)$를 구하는 방법에 대하여 알아본다. 이때, $F(x)$를 $f(x)$의 부정적분(indefinite integral)이라 하는데, 임의의 상수 C에 대하여

$$\frac{d}{dx}\{F(x)+C\}=f(x)$$

이므로, 임의의 상수 C를 더한 $F(x)+C$ 도 역시 $f(x)$의 부정적분임을 알 수 있다. 따라서 $f(x)$의 부정적분은 $\int$ 기호를 사용하여 다음과 같이 나타낸다.

$$\int f(x)\,dx=F(x)+C$$

함수 $f(x)$의 부정적분 $F(x)+C$를 구하는 과정을 적분한다(integrate)고 하고, C는 적분상수(constant of integration), $f(x)$를 피적분함수(integrand)라 한다.

다음은 미분공식에 의해 얻을 수 있는 가장 기본적인 적분공식을 나타낸 것이다.

〈적분공식〉	〈미분공식〉
(1) $\int x^{\alpha}\,dx = \dfrac{x^{\alpha+1}}{\alpha+1} + C \ (\alpha \neq -1)$	$(x^{\alpha+1})' = (\alpha+1)x^{\alpha} \ (\alpha \neq -1)$
(2) $\int \dfrac{1}{x}dx = \ln\lvert x\rvert + C$	$(\ln x)' = \dfrac{1}{x}$
(3) $\int e^{x}\,dx = e^{x} + C$	$(e^{x})' = e^{x}$
(4) $\int \sin x\,dx = -\cos x + C$	$(\cos x)' = -\sin x$
(5) $\int \cos x\,dx = \sin x + C$	$(\sin x)' = \cos x$
(6) $\int \sec^2 x\,dx = \tan x + C$	$(\tan x)' = \sec^2 x$
(7) $\int \csc^2 x\,dx = -\cot x + C$	$(\cot x)' = -\csc^2 x$
(8) $\int \dfrac{1}{\sqrt{1-x^2}}\,dx = \sin^{-1}x + C$	$(\sin^{-1}x)' = \dfrac{1}{\sqrt{1-x^2}}$
(9) $\int \dfrac{1}{1+x^2}\,dx = \tan^{-1}x + C$	$(\tan^{-1}x)' = \dfrac{1}{1+x^2}$

4.1.2 부정적분의 기본성질

부정적분의 정의로부터, 미분과 부정적분과의 관계를 다음과 같이 나타낸 수 있다.

정리 4.1.1 (미분과 적분의 관계)

(1) $\left(\int f(x)\,dx\right)' = f(x)$ (2) $\int f'(x)\,dx = f(x) + C$

위의 정리로부터, 다음의 적분의 선형성을 쉽게 증명할 수 있다. 이는 부정적분을 구하는데 유용하게 사용된다.

정리 4.1.2 (적분의 선형성)

(1) $\int kf(x)\,dx = k\int f(x)\,dx$ (k는 0아닌 상수)

(2) $\int (f(x)+g(x))\,dx = \int f(x)\,dx + \int g(x)\,dx$

증명 (1) $\left(k\int f(x)\,dx\right)' = k\left(\int f(x)\,dx\right)' = kf(x)$이므로

$$\int kf(x)\,dx = k\int f(x)\,dx$$

(2) $$\left(\int f(x)\,dx + \int g(x)\,dx\right)' = \left(\int f(x)\,dx\right)' + \left(\int g(x)\,dx\right)' = f(x)+g(x)$$

이므로

$$\int (f(x)+g(x))\,dx = \int f(x)\,dx + \int g(x)\,dx$$

일반적으로, 정리 4.1.2에 의해 다음이 성립한다.

$$\int (\alpha f(x) + \beta g(x))\,dx = \alpha\int f(x)\,dx + \beta\int g(x)\,dx \quad (\alpha,\ \beta\text{는 상수})$$

위 정리의 (1)에서 $k=0$이면, (1)의 좌변은 적분상수 C이고 우변은 0이 되어 등식이 성립하지 않는다.

예제 4.1.1

다음 부정적분을 구하여라.

(1) $\int 6x^2\,dx$

(2) $\int 3^x\,dx$

(3) $\int \left(2\sqrt{x} - \frac{2}{x}\right)dx$

(4) $\int \frac{x^2}{x^2+1}dx$

풀이 (1) $(2x^3)' = 6x^2$이므로, $\int 6x^2\,dx = 2x^3 + C$이다.

(2) $\left(\frac{3^x}{\ln 3}\right)' = 3^x$로부터, $\int 3^x\,dx = \frac{3^x}{\ln 3} + C$이다.

(3) $\int\left(2\sqrt{x}-\frac{2}{x}\right)dx=\frac{4}{3}x^{\frac{3}{2}}-2\ln|x|+C$

(4) $\int\frac{x^2}{x^2+1}dx=\int\left(1-\frac{1}{x^2+1}\right)dx$

$$=\int 1dx-\int\frac{1}{x^2+1}dx=x-\tan^{-1}x+C$$

예제 4.1.2

다음 부정적분을 구하여라.

(1) $\int\tan^2 x\,dx$

(2) $\int\cos^2 x\,dx$

(3) $\int(\sec^2 x+2x)\,dx$

(4) $\int\cot x\,dx$

풀이 (1) $(\tan x)'=\sec^2 x$ 로부터

$$\int\tan^2 x dx=\int(\sec^2 x-1)dx=\tan x-x+C$$

(2) $\int\cos^2 x\,dx=\int\frac{1+\cos 2x}{2}\,dx=\frac{1}{2}x+\frac{1}{4}\sin 2x+C$

(3) $\int(\sec^2 x+2x)\,dx=\tan x+x^2+C$

(4) $\int\cot x\,dx=\int\frac{\cos x}{\sin x}\,dx=\ln|\sin x|+C$

예제 4.1.3

$f(x)=x^{\frac{1}{3}}$의 부정적분 $F(x)$에 대하여, $F(1)=2$일 때, $F(x)$를 구하여라.

풀이 $f(x)=x^{\frac{1}{3}}$의 부정적분은 $F(x)=\frac{3}{4}x^{\frac{4}{3}}+C$이고 $F(1)=2$를 만족해야 하므로, 적분상수는 $C=\frac{5}{4}$이다. 따라서 구하려는 부정적분은 $F(x)=\frac{3}{4}x^{\frac{4}{3}}+\frac{5}{4}$이다.

4.1 연습문제

1. 다음 부정적분을 구하여라.

(1) $\int x\sqrt{x}\,dx$

(2) $\int \frac{2}{1+x^2}\,dx$

(3) $\int \frac{2x^2-3}{x^2+1}\,dx$

(4) $\int \left(3x^2-5\sin x+\frac{2}{x}\right)dx$

(5) $\int e^{5x}\,dx$

(6) $\int \left(e^x+\frac{1}{x}\right)dx$

(7) $\int \left(5^x-\frac{2}{x}\right)dx$

(8) $\int (e^{3x-2}-x^2)\,dx$

2. 함수 $f(x)=\int \tan x\,dx$에 대하여, $f(0)=\ln 2$일 때, $f(\pi)$의 값을 구하여라.

3. $f'(x)+\sin x=0$이고 $f(0)=2$일 때, 함수 $f(x)$를 구하여라.

4. 어떤 함수 $f(x)$의 부정적분을 구하려다 잘못하여 미분하였더니 $\frac{x^2}{x^2+1}$이 되었다. $f(0)=1$ 일 때, 함수 $f(x)$를 구하여라.

4.2 부정적분의 계산

4.2.1 치환적분법

함수 $f(x)$의 한 부정적분을 $F(x)$라 하면

$$F'(x) = f(x) \text{ 이고 } \int f(x)\,dx = F(x) + C$$

를 만족한다. 여기서, $x = \varphi(t)$라 두면 $F(x) = F(\varphi(t))$는 t의 함수이다. 이때, $F(x)$를 t에 관하여 미분하면 합성함수의 미분법에 의하여

$$\frac{d}{dt}F(x) = f(x)\frac{dx}{dt} = f(\varphi(t))\varphi'(t)$$

가 성립하므로, 다음을 만족한다.

$$\int f(\varphi(t))\varphi'(t)\,dt = F(x) + C = \int f(x)\,dx$$

이와 같이, 적분변수를 바꾸어 부정적분을 구하는 방법을 치환적분법(integration by substitution)이라 한다. 이는 복잡한 적분문제를 변수를 바꾸어 간단한 문제로 변형시켜 간편하게 풀이할 수 있는 유용한 방법이다.

정리 4.2.1 (치환적분법)

함수 $f(x)$가 연속이고, $x = \varphi(t)$가 t에 관해 미분가능인 함수이면

$$\int f(\varphi(t))\varphi'(t)\,dt = \int f(x)\,dx$$

예제 4.2.1

다음 부정적분을 구하여라.

(1) $\int (2x+1)^{99}\,dx$ (2) $\int (x+2)(x^2+4x-1)^2\,dx$

(3) $\int x\sqrt{1-x^2}\,dx$ (4) $\int \sqrt{2x-1}\,dx$

(5) $\int \frac{x-1}{\sqrt{x+1}}\,dx$ (6) $\int \frac{3x^2}{\sqrt{1-x^3}}\,dx$

풀이 (1) $2x+1=t$ 라 두면, $2\,dx=dt$ 이므로

$$\int(2x+1)^{99}dx=\frac{1}{2}\int t^{99}dt=\frac{1}{200}t^{100}+C$$

$$=\frac{1}{200}(2x+1)^{100}+C$$

(2) $x^2+4x-1=t$ 로 두면, $2(x+2)dx=dt$ 이므로

$$\int(x+2)(x^2+4x-1)^2\,dx=\frac{1}{2}\int t^2dt=\frac{1}{6}t^3+C$$

$$=\frac{1}{6}(x^2+4x-1)^3+C$$

(3) $1-x^2=t$ 로 두면, $-2x\,dx=dt$ 이므로

$$\int x\sqrt{1-x^2}\,dx=\int\sqrt{t}\left(-\frac{1}{2}dt\right)=-\frac{1}{2}\cdot\frac{2}{3}t^{\frac{3}{2}}+C$$

$$=-\frac{1}{3}(1-x^2)^{\frac{3}{2}}+C$$

(4) $2x-1=t$ 이라 두면, $2\,dx=dt$ 이므로

$$\int\sqrt{2x-1}\,dx=\frac{1}{2}\int\sqrt{t}\,dt=\frac{1}{3}t^{\frac{3}{2}}+C$$

$$=\frac{1}{3}(2x-1)^{\frac{3}{2}}+C$$

(5) $x+1=t$ 이라 두면, $dx=dt$ 이고 $x-1=t-2$ 이므로

$$\int\frac{x-1}{\sqrt{x+1}}\,dx=\int\frac{t-2}{\sqrt{t}}\,dt=\frac{2}{3}t^{\frac{3}{2}}-4\sqrt{t}+C$$

$$=\frac{2}{3}(x+1)^{\frac{3}{2}}-4\sqrt{x+1}+C$$

(6) $1-x^3=t$ 이라 두면, $-3x^2\,dx=dt$ 이므로

$$\int\frac{3x^2}{\sqrt{1-x^3}}\,dx=-\int\frac{1}{\sqrt{t}}\,dt=-2\sqrt{t}+C$$

$$=-2\sqrt{1-x^3}+C$$

■

예제 4.2.2

다음 부정적분을 구하여라.

(1) $\int \cos(3-4x)\,dx$ (2) $\int \sin^2 x \cos x\,dx$

(3) $\int \cos^3 x \sin x\,dx$ (4) $\int \frac{1+\cos x}{\sin^2 x}\,dx$

풀이 (1) $3-4x=t$라 두면, $-4\,dx=dt$이므로

$$\int \cos(3-4x)\,dx = -\frac{1}{4}\int \cos t\,dt = -\frac{1}{4}\sin t + C$$
$$= -\frac{1}{4}\sin(3-4x) + C$$

(2) $\sin x = t$로 두면, $\cos x\,dx = dt$이므로

$$\int \sin^2 x \cos x\,dx = \int t^2\,dt = \frac{1}{3}t^3 + C$$
$$= \frac{1}{3}\sin^3 x + C$$

(3) $\cos x = t$라 두면, $-\sin x\,dx = dt$이므로

$$\int \cos^3 x \sin x\,dx = -\int t^3\,dt = -\frac{1}{4}t^4 + C$$
$$= -\frac{1}{4}\cos^4 x + C$$

(4) $\int \frac{1+\cos x}{\sin^2 x}\,dx = \int \csc^2 x\,dx + \int \frac{\cos x}{\sin^2 x}\,dx$로 나타낼 수 있고,

$\sin x = t$라 두면 $\cos x\,dx = dt$이므로

$$\int \frac{\cos x}{\sin^2 x}\,dx = \int \frac{1}{t^2}dt = -\frac{1}{t} + C = -\frac{1}{\sin x} + C$$

이다. 따라서

$$\int \frac{1+\cos x}{\sin^2 x}\,dx = -\cot x - \frac{1}{\sin x} + C$$

치환적분의 특수한 형태로서 함수 $f(x)$가 $\sqrt{a^2-x^2}$, $\sqrt{x^2+a^2}$ 와 $\sqrt{x^2-a^2}$ 의 형태를 포함하고 있을 때, 삼각함수를 이용한 치환법으로 변수를 변환하여 부정적분을 구할 수 있다. 이러한 방법을 삼각치환법(trigonometric substitution)이라 하고, 다음과 같이 치환한다.

(1) $\sqrt{a^2-x^2}$ 를 포함하는 식은 $x=a\sin\theta\left(a>0,\ -\frac{\pi}{2}\le\theta\le\frac{\pi}{2}\right)$로 치환하면

$$\sqrt{a^2-x^2}=a\cos\theta,\ dx=a\cos\theta\,d\theta,\ \theta=\sin^{-1}\frac{x}{a}$$

(2) $\sqrt{x^2+a^2}$ 를 포함하는 식은 $x=a\tan\theta\left(a>0,\ -\frac{\pi}{2}<\theta<\frac{\pi}{2}\right)$로 치환하면

$$\sqrt{x^2+a^2}=a\sec\theta,\ dx=a\sec^2\theta\,d\theta,\ \theta=\tan^{-1}\frac{x}{a}$$

(3) $\sqrt{x^2-a^2}$ 를 포함하는 식은 $x=a\sec\theta\ \left(-\pi\le\theta<\frac{\pi}{2},\ 0\le\theta<\frac{\pi}{2}\right)$로 치환하면

$$\sqrt{x^2-a^2}=a\tan\theta,\quad dx=a\sec\theta\tan\theta\,d\theta,\ \theta=\sec^{-1}\frac{x}{a}$$

예제 4.2.3

$I=\int\sqrt{9-x^2}\,dx$ 를 구하여라.

풀이 $x=3\sin\theta\left(-\frac{\pi}{2}\le\theta\le\frac{\pi}{2}\right)$로 두면, $\sqrt{9-x^2}=3\cos\theta$, $dx=3\cos\theta\,d\theta$ 이므로

$$I=9\int\cos^2\theta\,d\theta=9\int\frac{1+\cos2\theta}{2}\,d\theta$$

$$=\frac{9}{4}(2\theta+\sin2\theta)+C$$

이다. 또한, $\theta=\sin^{-1}\frac{x}{3}$ 이므로

$$\sin2\theta=2\sin\theta\cos\theta=\frac{2}{9}x\sqrt{9-x^2}$$

이고, 따라서

$$I = \frac{1}{2}\left(9\sin^{-1}\frac{x}{3} + x\sqrt{9-x^2}\right) + C$$

예제 4.2.4

$I = \displaystyle\int \frac{dx}{x^2\sqrt{1+x^2}}$ 를 구하여라.

풀이 $x = \tan\theta \left(-\frac{\pi}{2} < \theta < \frac{\pi}{2}\right)$라 두면, $dx = \sec^2\theta\, d\theta$ 이므로

$$I = \int \frac{\sec^2\theta\ d\theta}{\tan^2\theta\sec\theta} = \int \frac{\cos\theta}{\sin^2\theta}\,d\theta$$

가 되고, 또 다시 $\sin\theta = t$라 두면 $\cos\theta\, d\theta = dt$이다. 따라서

$$\begin{aligned} I &= \int \frac{1}{t^2}\,dt = -\frac{1}{t} + C \\ &= -\frac{1}{\sin\theta} + C = -\frac{\sqrt{1+x^2}}{x} + C \end{aligned}$$

치환적분의 또 다른 형태로 다음의 두 예제와 같이 $f(x)$가 e^x에 관한 유리함수로 주어진 경우, $e^x = t$로 치환하면 피적분함수가 t에 관한 유리식으로 표현되어 부정적분이 가능하다.

예제 4.2.5

$\displaystyle\int \frac{e^x + e^{-x}}{e^{2x}+1}\,dx$를 구하여라.

풀이 $e^x = t$라 두면, $e^x\,dx = dt$이고 $\dfrac{e^x + e^{-x}}{e^{2x}+1} = \dfrac{e^x(1+e^{-2x})}{e^{2x}+1}$ 이므로

$$\int \frac{e^x + e^{-x}}{e^{2x}+1}\,dx = \int \frac{1+t^{-2}}{t^2+1}\,dt = \int \frac{1}{t^2}\,dt$$

$$= -\frac{1}{t} + C = -\frac{1}{e^x} + C$$

■

예제 4.2.6

$\displaystyle\int \frac{e^{3x} - e^x}{e^x + 1} dx$를 구하여라.

풀이 $e^x = t$라 두면, $e^x\,dx = dt$이고 $\dfrac{e^{3x}-e^x}{e^x+1} = \dfrac{e^x(e^{2x}-1)}{e^x+1}$이므로

$$\int \frac{e^{3x}-e^x}{e^x+1}\,dx = \int \frac{t^2-1}{t+1}\,dt = \int (t-1)\,dt$$

$$= \frac{1}{2}t^2 - t + C = \frac{1}{2}e^{2x} - e^x + C$$

■

4.2.2 부분적분법

미분가능인 두 함수의 곱의 미분법을 이용하여, 다음 공식을 얻을 수 있다.

정리 4.2.2 (부분적분법)

두 함수 $f(x)$, $g(x)$가 미분가능일 때

$$\int f(x)g'(x)\,dx = f(x)g(x) - \int f'(x)g(x)\,dx$$

증명 $(f(x)g(x))' = f'(x)g(x) + f(x)g'(x)$ 이므로

$$f(x)g'(x) = (f(x)g(x))' - f'(x)g(x)$$

가 성립한다. 양변을 x에 관해서 부정적분하면

$$\int f(x)g'(x)\,dx = \int (f(x)g(x))'\,dx - \int f'(x)g(x)\,dx$$
$$= f(x)g(x) - \int f'(x)g(x)\,dx + C$$

이다. 여기서, 우변의 부정적분에도 적분상수가 포함되어 있기 때문에, 적분상수 C는 없애도 무방하므로, 정리의 결과를 얻는다.

이와 같은 적분 방법을 부분적분법(integration by parts)이라 한다.

예제 4.2.7

다음 부정적분을 구하여라.

(1) $\int x\,e^x\,dx$ (2) $\int x\sin x\,dx$

풀이 (1) $f(x)=x,\ g'(x)=e^x$ 라 두면, $f'(x)=1,\ g(x)=e^x$ 이므로

$$\int x\,e^x\,dx = x\,e^x - \int e^x\,dx = e^x(x-1)+C$$

(2) $f(x)=x,\ g'(x)=\sin x$라 두면, $f'(x)=1,\ g(x)=-\cos x$ 이므로

$$\int x\sin x\,dx = -x\cos x + \int \cos x\,dx$$
$$= -x\cos x + \sin x + C$$

■

예제 4.2.8

다음 부정적분을 구하여라.

(1) $\int \sin^3 x\,dx$ (2) $\int e^x\cos x\,dx$

풀이 (1) $f(x)=\sin^2 x,\ g'(x)=\sin x$ 라 두면, $f'(x)=2\sin x\cos x,\ g(x)=-\cos x$이므로

$$\int \sin^3 dx = \int \sin^2 x \sin x \, dx$$
$$= -\sin^2 x \cos x + \int 2 \sin x \cos^2 x \, dx$$
$$= -\sin^2 x \cos x + 2\int \sin x (1 - \sin^2 x) \, dx$$
$$= -\sin^2 x \cos x + 2\int \sin x \, dx - 2\int \sin^3 x \, dx$$

이다. 따라서

$$\int \sin^3 x \, dx = -\frac{1}{3}\cos x(\sin^2 x + 2) + C$$

(2) $f(x) = \cos x$, $g'(x) = e^x$ 로 두면, $f'(x) = -\sin x$, $g(x) = e^x$ 이므로

$$\int e^x \cos x \, dx = e^x \cos x + \int e^x \sin x \, dx$$

이고, 같은 방법으로

$$\int e^x \sin x \, dx = e^x \sin x - \int e^x \cos x \, dx$$

이므로, 구하려는 부정적분은

$$\int e^x \cos x \, dx = \frac{1}{2} e^x (\cos x + \sin x) + C$$

한편, $\ln x$, $\tan^{-1} x$ 등과 같은 형태의 부정적분은 다음 예제와 같이 1과의 곱으로 보고, 부분적분법을 적용할 수 있다.

예제 4.2.9

다음 부정적분을 구하여라.

(1) $\int \ln x \, dx$ (2) $\int x \ln x \, dx$ (3) $\int \tan^{-1} x \, dx$

풀이 (1) $f(x) = \ln x$, $g'(x) = 1$ 이라 두면, $f'(x) = \frac{1}{x}$, $g(x) = x$ 이므로

$$\int \ln x\,dx = \int \ln x \cdot 1\,dx = x\ln x - \int 1\,dx$$

$$= x\ln x - x + C$$

(2) $f(x) = \ln x$, $g'(x) = x$ 라 두면, $f'(x) = \frac{1}{x}$, $g(x) = \frac{1}{2}x^2$ 이므로

$$\int x\ln x\,dx = \frac{1}{2}x^2\ln x - \int \frac{1}{2}x\,dx$$

$$= \frac{1}{4}x^2(2\ln x - 1) + C$$

(3) $f(x) = \tan^{-1}x$, $g'(x) = 1$ 라 두면, $f'(x) = \frac{1}{x^2+1}$, $g(x) = x$ 이므로

$$\int \tan^{-1}x\,dx = \int \tan^{-1}x \cdot 1\,dx$$

$$= x\tan^{-1}x - \int \frac{x}{x^2+1}\,dx + C$$

$$= x\tan^{-1}x - \frac{1}{2}\ln(x^2+1) + C$$

■

예제 4.2.9(3)의 뒷부분에서 사용한 부정적분 $\int \frac{x}{x^2+1}\,dx = \frac{1}{2}\ln(x^2+1)$은 치환적분법으로 쉽게 구할 수 있다.

4.2 연습문제

1. 다음 부정적분을 구하여라.

(1) $\int x e^{x^2} dx$

(2) $\int (x^2 + 2x - 3)^3 (x+1) dx$

(3) $\int \sqrt{1-x}\, dx$

(4) $\int e^{-5x} dx$

(5) $\int x\sqrt{1-x^2}\, dx$

(6) $\int x^2 \sqrt{x-1}\, dx$

2. 부정적분 $\int \frac{dx}{\sqrt{x^2+a^2}}$ 를 구하여라.

3. 다음 부정적분을 구하여라.

(1) $\int \frac{1}{x^2\sqrt{4x^2-9}}\, dx$

(2) $\int \frac{\sqrt{x^2-25}}{x}\, dx$

4. 다음 부정적분을 구하여라.

(1) $\int x^2 e^{-x}\, dx$

(2) $\int x \tan^{-1} x\, dx$

(3) $\int x \sin 2x\, dx$

(4) $\int x^2 \cos x\, dx$

5. 다음 부정적분을 구하여라.

(1) $\int (\ln x)^2 dx$

(2) $\int \frac{\ln x}{x} dx$

(3) $\int x^2 \ln x\, dx$

(4) $\int \frac{(\ln x)^2}{x} dx$

6. 함수 $f(x)$에 대하여, $\int (2x+3) f'(x)\, dx = \frac{4}{3}x^3 + 2x^2 - 3x$이고 $f(0)=1$일 때, $f(1)+f'(1)$의 값을 구하여라.

4.3 유리함수와 무리함수의 부정적분

4.3.1 유리함수 적분법

두 다항함수 $f(x)$, $g(x)$에 대하여, 분수함수 $\frac{g(x)}{f(x)}$의 형태를 유리함수라 한다. 만약, 분자의 차수가 분모의 차수보다 작지 않을 경우는 분자를 분모로 나누어 (몫)과 (나머지/분모)의 합으로 나타낼 수 있다. 즉

$$\frac{g(x)}{f(x)} = q(x) + \frac{g_1(x)}{f(x)} \quad (g_1(x)\text{의 차수} < f(x)\text{의 차수})$$

의 형태로 나타낼 수 있다. 그러므로 분자의 차수가 분모의 차수보다 작은 경우의 분수함수 $\frac{g_1(x)}{f(x)}$를 적분하는 방법만 알면 된다. 이러한 분수함수를 분해하는 단계는 다음과 같다.

제1단계 : 분수함수의 분모를 가능한 1차 또는 2차의 인수로 인수분해를 한다.

제2단계 : $2x+3$과 같이 분모의 차수가 1차의 인수인 경우는 $\frac{A}{2x+3}$의 형태가 부분분수의 하나가 된다. 분모에 $(2x+3)^3$과 같이 중복 1차 인수가 있는 경우에는

$$\frac{A}{2x+3} + \frac{B}{(2x+3)^2} + \frac{C}{(2x+3)^3}$$

의 형태로 분해한다. x^2+x+5과 같이 분모의 차수가 2차 인수를 가지는 경우는

$$\frac{Ax+B}{x^2+x+5}$$

의 형태가 부분분수의 하나가 된다. 그리고 분모에 $(x^2+x+5)^2$과 같이 중복 2차 인수가 있으면

$$\frac{Ax+B}{x^2+x+5} + \frac{Cx+D}{(x^2+x+5)^2}$$

와 같이 분해한다.

제3단계 : 분수함수의 분모를 1차 또는 2차의 인수로 인수분해 하였을 때, 분자에 있는 미지의 상수 A, B, C,$\cdots$ 를 결정한다. 다음 예제들을 통하여 분수함수의 적분 방법을 알아보자.

이러한 단계를 통해 분수함수의 적분은 다음의 3가지 형태로 나타난다.

$$\int \frac{1}{(ax+b)^n}\,dx\ ,\quad \int \frac{x}{(x^2+a^2)^n}\,dx\ ,\quad \int \frac{1}{(x^2+a^2)^n}\,dx$$

다음의 두 예제는 분수함수의 분모가 1차의 인수를 가지는 경우이다.

예제 4.3.1

$\int \frac{1}{ax+b}\,dx$ 를 구하여라.

풀이 $ax+b=t$라 두면, $a\,dx=dt$이므로

$$\int \frac{1}{ax+b}\,dx = \frac{1}{a}\int \frac{1}{t}\,dt = \frac{1}{a}\ln|t|+C$$

$$= \frac{1}{a}\ln|ax+b|+C$$

■

예제 4.3.2

$n\,(\geq 2)$이 자연수일 때, $I_n = \int \frac{1}{(ax+b)^n}\,dx$ 를 구하여라.

풀이 $ax+b=t$라 두면, $a\,dx=dt$이므로

$$I_n = \int \frac{1}{(ax+b)^n}\,dx = \frac{1}{a}\int \frac{1}{t^n}\,dt$$

$$= \frac{1}{a(-n+1)}\,t^{-n+1}+C$$

$$= -\frac{1}{a(n-1)(ax+b)^{n-1}}+C$$

■

다음의 두 예제는 분수함수의 분모가 2차의 인수를 갖는 경우이다.

예제 4.3.3

n 이 자연수일 때, $I_n = \int \frac{x}{(x^2+a^2)^n}\,dx$ 를 구하여라.

풀이 $x^2 + a^2 = t$ 이라 두면, $2x\,dx = dt$ 이므로 $n = 1$ 이면

$$I_1 = \frac{1}{2}\int \frac{1}{t}\,dt = \frac{1}{2}\ln|t| + C = \frac{1}{2}\ln(x^2+a^2) + C$$

이고, $n \geq 2$ 인 경우는

$$\begin{aligned} I_n &= \frac{1}{2}\int \frac{1}{t^n}\,dt = \frac{t^{1-n}}{2(1-n)} + C \\ &= -\frac{1}{2(n-1)(x^2+a^2)^{n-1}} + C \end{aligned}$$

예제 4.3.4

$a \neq 0$ 일 때, $\int \frac{1}{x^2+a^2}\,dx = \frac{1}{a}\tan^{-1}\frac{x}{a} + C$ 임을 보여라.

풀이 $x = a\tan\theta \left(-\frac{\pi}{2} < \theta < \frac{\pi}{2}\right)$ 로 치환하면

$$x^2 + a^2 = a^2\sec^2\theta, \quad dx = a\sec^2\theta\,d\theta$$

이므로

$$\begin{aligned} \int \frac{1}{x^2+a^2}\,dx &= \int \frac{a\sec^2\theta}{a^2\sec^2\theta}\,d\theta \\ &= \int \frac{1}{a}\,d\theta = \frac{1}{a}\theta + C = \frac{1}{a}\tan^{-1}\frac{x}{a} + C \end{aligned}$$

다음 예제들에서와 같이, 유리함수의 부정적분을 부분분수 분해를 이용하여 구할 수 있다.

예제 4.3.5

$\int \frac{1}{x^2 - a^2} dx$ 를 구하여라.

풀이 $\frac{1}{x^2 - a^2} = \frac{A}{x+a} + \frac{B}{x-a}$ 라 두고 A, B의 값을 구하면

$$A = -\frac{1}{2a}, \quad B = \frac{1}{2a}$$

이다. 따라서

$$\begin{aligned}\int \frac{1}{x^2 - a^2} dx &= \frac{1}{2a}\int \left(-\frac{1}{x+a} + \frac{1}{x-a}\right) dx \\ &= \frac{1}{2a}(-\ln|x+a| + \ln|x-a|) + C \\ &= \frac{1}{2a}\ln\left|\frac{x-a}{x+a}\right| + C\end{aligned}$$

■

예제 4.3.6

$\int \frac{dx}{x(x^2+1)}$ 를 구하여라.

풀이 $\frac{1}{x(x^2+1)} = \frac{A}{x} + \frac{Bx+C}{x^2+1}$ 로 두고, 양변을 통분하면

$$1 = A(x^2+1) + x(Bx+C)$$

를 만족한다. 여기서, 양변의 계수를 비교하면

$$A + B = 0, \quad C = 0, \quad A = 1$$

이므로

$$A = 1, \quad B = -1, \quad C = 0$$

을 얻는다. 따라서

$$\int \frac{dx}{x(x^2+1)} = \int \left\{ \frac{1}{x} - \frac{x}{x^2+1} \right\} dx$$

$$= \ln|x| - \frac{1}{2}\ln(x^2+1) + C$$

■

예제 4.3.7

$\int \frac{x^2+1}{(x+1)^3} dx$ 를 구하여라.

풀이 $\frac{x^2+1}{(x+1)^3} = \frac{A}{x+1} + \frac{B}{(x+1)^2} + \frac{C}{(x+1)^3}$ 라 두고, 양변을 통분하면

$$x^2+1 = A(x+1)^2 + B(x+1) + C$$

를 만족한다. 여기서, 양변의 계수를 비교하면

$$A = 1, \quad 2A + B = 0, \quad A + B + C = 1$$

이므로

$$A = 1, \quad B = -2, \quad C = 2$$

를 구할 수 있다. 따라서

$$\int \frac{x^2+1}{(x+1)^3} dx = \int \left\{ \frac{1}{x+1} - \frac{2}{(x+1)^2} + \frac{2}{(x+1)^3} \right\} dx$$

$$= \ln|x+1| + \frac{2}{x+1} - \frac{1}{(x+1)^2} + C$$

■

예제 4.3.8

$\int \frac{x^2+x-2}{3x^3-x^2+3x-1} dx$를 구하여라.

풀이 $\dfrac{x^2+x-2}{3x^3-x^2+3x-1} = \dfrac{A}{3x-1} + \dfrac{Bx+C}{x^2+1}$ 라 두면

$$x^2 - x - 2 = A(x^2+1) + (Bx+C)(3x-1)$$

에서, $A = -\dfrac{7}{5}$, $B = \dfrac{4}{5}$, $C = \dfrac{3}{5}$ 를 얻는다. 따라서

$$\int \frac{x^2+x-2}{3x^3-x^2+3x-1}dx = -\frac{7}{5}\int \frac{dx}{3x-1} + \frac{4}{5}\int \frac{x}{x^2+1} + \frac{3}{5}\int \frac{1}{x^2+1}dx$$

$$= -\frac{7}{15}\ln|3x-1| + \frac{2}{5}\ln(x^2+1) + \frac{3}{5}\tan^{-1}x + C$$

■

4.3.2 무리함수 적분법

무리함수는 다음과 같이 적절한 치환을 통해 유리함수로 변형하여 부정적분을 구할 수 있다.

$f(x, y)$ 를 x, y 에 관한 유리식이라고 가정하자.

I. $f\left(x, \sqrt[n]{\dfrac{ax+b}{cx+d}}\right)$ 형태의 적분법

(1) $\sqrt[n]{\dfrac{ax+b}{cx+d}} = t$ 로 치환하면, $x = \dfrac{dt^n - b}{a - ct^n}$ 이므로, 유리함수로 변형된다.

(2) $f(x, \sqrt[n]{ax+b})$ 일 때는 $\sqrt[n]{ax+b} = t$ 로 치환한다.

(3) $f(x, \sqrt[n]{ax+b}, \sqrt[m]{ax+b})$ 일 때는 n, m 의 최소공배수 r 를 구하여 $\sqrt[r]{ax+b} = t$ 로 치환하여 유리함수로 변형시킨다.

예제 4.3.9

$\displaystyle\int \frac{1}{2+2\sqrt{x}}dx$ 를 구하여라.

풀이 $\sqrt{x} = t$ 로 두면, $dx = 2t\,dt$ 이므로

$$\int \frac{1}{2+2\sqrt{x}}\,dx = \int \frac{t}{1+t}\,dt = \int \left(1-\frac{1}{1+t}\right)dt$$
$$= t - \ln|1+t| + C$$
$$= \sqrt{x} - \ln(1+\sqrt{x}) + C$$

예제 4.3.10

$\int \frac{1}{x+1}\sqrt{\frac{x}{x+1}}\,dx$ 를 구하여라.

풀이 $\sqrt{\frac{x}{x+1}} = t$ 라 두면, $x = \frac{1}{1-t^2} - 1$ 이므로

$$\frac{1}{x+1} = 1-t^2, \quad dx = \frac{2t}{(1-t^2)^2}dt$$

를 얻는다. 따라서

$$\int \frac{1}{x+1}\sqrt{\frac{x}{x+1}}\,dx = \int \frac{2t^2}{1-t^2}dt = \int \left(-2-\frac{2}{t^2-1}\right)dt$$
$$= -2t + \ln\left|\frac{t+1}{t-1}\right| + C$$
$$= -2\sqrt{\frac{x}{x+1}} + \ln\left|\frac{\sqrt{\frac{x}{x+1}}+1}{\sqrt{\frac{x}{x+1}}-1}\right| + C$$

$f(x)$ 가 1차 함수 형태가 아닌 경우에도, $\sqrt{f(x)} = t$ 로 치환하여 제곱근호를 소거하여 부정적분을 구할 수 있다.

예제 4.3.11

$\int \sqrt{1+e^x}\,dx$ 를 구하여라.

풀이 $\sqrt{1+e^x}=t$로 치환하면, $x=\ln(t^2-1)$, $dx=\dfrac{2t}{t^2-1}dt$이므로

$$\int\sqrt{1+e^x}\,dx=\int\frac{2t^2}{t^2-1}dt=\int\left(2+\frac{1}{t-1}-\frac{1}{t+1}\right)dt$$

$$=2t+\ln(t-1)-\ln(t+1)+C$$

$$=2\sqrt{1+e^x}+\ln\frac{\sqrt{1+e^x}-1}{\sqrt{1+e^x}+1}+C$$

■

II. $f\left(x,\sqrt{ax^2+bx+c}\right)$ 형태의 적분법

(1) $a>0$ 일 때, $\sqrt{ax^2+bx+c}=t-\sqrt{a}\,x$ 라 두고 양변을 제곱하면, x^2 항은 없어지고, 이를 x 에 대해서 풀면

$$x=g(t)=\frac{t^2-c}{b+2\sqrt{a}\,t},\quad dx=g'(t)\,dt$$

이므로, t 의 유리함수가 된다.

(2) $a<0$ 일 때, $ax^2+bx+c=0$ 의 두 근을 α, $\beta(\alpha<\beta)$라 하면

$$\sqrt{ax^2+bx+c}=\sqrt{-a(x-\alpha)(\beta-x)}=\sqrt{|a|}\sqrt{\frac{x-\alpha}{\beta-x}}(\beta-x)$$

이고 $\sqrt{\dfrac{x-\alpha}{\beta-x}}=t$라 두면

$$x=h(t)=\frac{\alpha+\beta t^2}{1+t^2},\quad dx=h'(t)dt$$

이므로, t 의 유리함수가 된다.

예제 4.3.12

$\displaystyle\int\frac{1}{2x\sqrt{x^2+2x-1}}dx$ 를 구하여라.

풀이 $\sqrt{x^2+2x-1}=t-x$라 두면

$$x=\frac{t^2+1}{2t+2},\quad dx=\frac{t^2+2t-1}{2(t+1)^2}dt,\quad \sqrt{x^2+2x-1}=\frac{t^2+2t-1}{2t+2}$$

이므로

$$\int\frac{1}{2x\sqrt{x^2+2x-1}}dx=\int\frac{1}{t^2+1}dt=\tan^{-1}t+C$$

$$=\tan^{-1}\left(x+\sqrt{x^2+2x-1}\right)+C$$

■

예제 4.3.13

$\int\frac{1}{(x-1)\sqrt{2+x-x^2}}dx$ 를 구하여라.

풀이 $2+x-x^2=(x+1)(2-x)$이므로, $\sqrt{\frac{1+x}{2-x}}=t$ 로 두면

$$x+1=(2-x)t^2,\quad x=\frac{2t^2-1}{1+t^2},\quad x-1=\frac{t^2-2}{1+t^2},\quad dx=\frac{6t}{(1+t^2)^2}dt$$

이다. 또한, $\sqrt{2+x-x^2}=\frac{3t}{1+t^2}$ 이므로

$$\int\frac{1}{(x-1)\sqrt{2+x-x^2}}dx=\int\frac{2}{t^2-2}dt=\frac{1}{\sqrt{2}}\ln\left|\frac{t-\sqrt{2}}{t+\sqrt{2}}\right|+C$$

$$=\frac{1}{\sqrt{2}}\ln\left|\frac{\sqrt{x+1}-\sqrt{2}\sqrt{2-x}}{\sqrt{x+1}+\sqrt{2}\sqrt{2-x}}\right|+C$$

■

4.3.3 삼각함수의 적분법

I. 연화식(reduction formula)

연화식은 같은 방법을 수차례 되풀이하여 해를 구하는 방법이다.

예제 4.3.14

다음 식을 증명하여라.

$$\int \tan^n x\,dx = \frac{1}{n-1}\tan^{n-1}x - \int \tan^{n-2}x\,dx \quad (n \geq 2\text{인 자연수})$$

풀이 치환적분법을 이용하면

$$\int \tan^n x\,dx = \int \tan^{n-2}x \cdot \tan^2 x\,dx = \int \tan^{n-2}x(\sec^2 x - 1)dx$$

$$= \int \tan^{n-2}x \cdot \sec^2 x\,dx - \int \tan^{n-2}x\,dx$$

$$= \int \tan^{n-2}x(\tan x)'\,dx - \int \tan^{n-2}dx$$

$$= \frac{1}{n-1}\tan^{n-1}x - \int \tan^{n-2}x\,dx$$

■

II. $\sin^m x\cos^n x$의 적분법

(1) m, n이 모두 짝수일 때, 다음의 cosine 배각공식을 이용한다.

$$\cos^2 x = \frac{1+\cos 2x}{2}, \quad \sin^2 x = \frac{1-\cos 2x}{2}$$

(2) (1)이 아닌 경우, m이 홀수이면 $\cos x = t$, n이 홀수이면 $\sin x = t$로 치환하고 기본공식 $\cos^2 x + \sin^2 x = 1$을 이용한다.

예제 4.3.15

$\int \sin^3 x\cos^2 x\,dx$를 구하여라.

풀이 $\cos x = t$로 치환하면, $-\sin x\,dx = dt$이므로

$$\int \sin^3 x\cos^2 x\,dx = \int \sin x\sin^2 x\cos^2 x\,dx$$

$$= \int \sin x(1-\cos^2 x)\cos^2 x\,dx$$

$$= -\int (1-t^2)t^2\,dt = \frac{1}{5}t^5 - \frac{1}{3}t^3 + C$$

$$= \frac{1}{5}\cos^5 x - \frac{1}{3}\cos^3 x + C$$

■

예제 4.3.16

$\int \sin^{10}x \cos x\, dx$ 를 구하여라.

풀이 $\sin x = t$라 두면, $\cos x\, dx = dt$이므로

$$\int \sin^{10}x \cos x\, dx = \int t^{10}\, dt = \frac{t^{11}}{11} + C = \frac{\sin^{11}x}{11} + C$$

III. $t = \tan\frac{\theta}{2}$ 치환법

피적분함수가 삼각함수에 관한 유리함수 형태일 때, $t = \tan\frac{\theta}{2}$로 치환하면

$$\tan\theta = \frac{2\tan\frac{\theta}{2}}{1-\tan^2\frac{\theta}{2}} = \frac{2t}{1-t^2}$$

이고

$$\sin\theta = \frac{2t}{1+t^2},\quad \cos\theta = \frac{1-t^2}{1+t^2},\quad d\theta = \frac{2}{1+t^2}dt$$

이므로, 피적분함수가 t에 관한 유리식으로 표현되어 부정적분이 가능하다.

예제 4.3.17

$\int \tan\frac{\theta}{2}\, d\theta$를 구하여라.

풀이 $t = \tan\frac{\theta}{2}$ 라 두면, $d\theta = \frac{2}{1+t^2}dt$이므로

$$\begin{aligned}\int \tan\frac{\theta}{2}d\theta &= \int \frac{2t}{1+t^2}dt = \ln|1+t^2| + C \\ &= \ln\left|1+\tan^2\frac{\theta}{2}\right| + C\end{aligned}$$

예제 4.3.18

$\displaystyle\int \frac{1}{1+\sin\theta}\,d\theta$ 를 구하여라.

풀이 $t=\tan\dfrac{\theta}{2}$ 라 두면, $\sin\theta=\dfrac{2t}{1+t^2}$, $d\theta=\dfrac{2}{1+t^2}dt$ 이므로

$$\begin{aligned}\int \frac{1}{1+\sin\theta}\,d\theta &= \int \frac{2}{(1+t)^2}dt = -\frac{2}{1+t}+C \\ &= -\frac{2}{1+\tan\dfrac{\theta}{2}}+C\end{aligned}$$

■

4.3 연습문제

1. 다음 부정적분을 구하여라.

(1) $\displaystyle\int \frac{4}{x^2-16}\,dx$

(2) $\displaystyle\int \frac{3}{x^2+x-6}\,dx$

(3) $\displaystyle\int \frac{2x+3}{x^2+4x+3}\,dx$

(4) $\displaystyle\int \frac{5x^2-4}{x^2-4x}\,dx$

(5) $\displaystyle\int \frac{3x^4+3x^3-5x^2+x-1}{x^2+x-2}\,dx$

(6) $\displaystyle\int \frac{2x+4}{x^3-2x^2}\,dx$

2. 다음 부정적분을 구하여라.

(1) $\displaystyle\int \frac{-4x^2+20}{(x+1)^2(x-3)^2}\,dx$

(2) $\displaystyle\int \frac{x^3+4x}{(x-2)(x-1)^3}\,dx$

(3) $\displaystyle\int \frac{3}{(x+2)(x-3)^2}\,dx$

(4) $\displaystyle\int \frac{1}{x^2-9}\,dx$

(5) $\displaystyle\int \frac{x^2+x-2}{(3x-1)(x^2+1)}\,dx$

(6) $\displaystyle\int \frac{2x^2+3}{x(x-1)^2}\,dx$

3. 다음 부정적분을 구하여라.

(1) $\displaystyle\int \frac{1}{2x+3-\sqrt[3]{(2x+3)^2}}\,dx$ (2) $\displaystyle\int \frac{\sqrt{x}}{\sqrt{x}-\sqrt[4]{x^3}}\,dx$

4. $\displaystyle\int \frac{1}{\sqrt{x^2+2}}\,dx$ 를 구하여라.

5. $\displaystyle\int \frac{1}{\sin x+\cos x}\,dx$ 를 구하여라.

6. $F'(x)=e^x-2,\ F(0)=2$ 를 만족하는 함수 $F(x)$를 구하여라.

4장 종합문제

1. 다음 부정적분을 구하여라.

(1) $\int (4x^3 - 3x^2 + 2)\, dx$ (2) $\int \frac{2x^2}{x^2+1}\, dx$

(3) $\int (x\sqrt{x} - 3)^2\, dx$ (4) $\int (2\sin^2 x + \cos x)\, dx$

(5) $\int (4^x - 2e^x)\, dx$ (6) $\int \frac{xe^x + 1}{x}\, dx$

2. 다음 부정적분을 구하여라.

(1) $\int \tan x\, dx$ (2) $\int \sec 2x\, dx$

(3) $\int \sin 3x\, dx$ (4) $\int \sqrt{\tan x}\, \sec^2 x\, dx$

3. 다음 부정적분을 구하여라.

(1) $\int \frac{x}{\sqrt{4-x^2}}\, dx$ (2) $\int \frac{2x^2}{\sqrt{9-x^2}}\, dx$

(3) $\int \frac{1}{\sqrt{1-4x^2}}\, dx$ (4) $\int \frac{3}{\sqrt{4+x^2}}\, dx$

(5) $\int \frac{1}{\sqrt{4x^2-25}}\, dx$ (6) $\int \frac{1}{x^2\sqrt{x^2-9}}\, dx$

4. 다음 부정적분을 구하여라.

(1) $\int \frac{3}{4x^2+16}\, dx$ (2) $\int \frac{9x+27}{x^3-27}\, dx$

5. 다음 부정적분을 구하여라.

(1) $\int x\cos x\, dx$　　(2) $\int x^2 \sin 2x\, dx$

(3) $\int x^3 e^x\, dx$　　(4) $\int (x-2)e^{5x}\, dx$

(5) $\int 4x^3 \ln x\, dx$　　(6) $\int x(\ln x)^2\, dx$

6. 다음 부정적분을 구하여라.

(1) $\int \frac{\cos x}{1-\cos x} dx$　　(2) $\int \frac{1}{4\cos x + 3\sin x} dx$

7. 다음 부정적분을 구하여라.

(1) $\int \frac{3e^x}{e^x+1} dx$　　(2) $\int \frac{2}{e^x-1} dx$

8. 두 함수 $f(x)=x^2-1$, $g(x)=2x+1$에서 $\int h(x)\, dx = f(x)g(x)$를 만족하는 함수 $h(x)$에 대하여, $h(1)$의 값을 구하여라.

9. $\int f(x)\, dx = g(x)$이고 $\int g(x)dx = x^3+x^2$를 만족할 때, 부정적분 $\int xf(x)\, dx$를 구하여라.

10. 두 함수 $f(x)=x^2+3x+2$, $g(x)=ax^2+bx+c$에 대하여, $f(x)+g(x)$의 도함수가 $\int \{f(x)-g(x)\}\, dx$일 때, $g(0)$의 값을 구하여라.

■ 미적분학의 발견

17세기 말에 접어들면서 Newton(1642~1727)과 Leibniz(1646~1716)는 미적분학을 창시하였다. 미적분학의 발견은 수백 년간 진전이 없었던 수학을 급속도로 발전시켰으며, 기하학과 대수학의 세계에서 해석학으로 비약하며 물리학에도 많은 영향을 주었다. 미적분학의 발견을 둘러싸고 Newton과 Leibniz에 대한 논란이 많이 있었으나, 결국 두 사람이 각각 독립적으로 발전시킨 것으로 귀결되었다. 미적분학의 발견은 Newton이, 이론에 대한 결과의 발표는 Leibniz가 먼저 하였던 것이다. 고등학교나 대학 교양수학 등에서 미분을 먼저 공부한 후에 적분을 공부하는 관습적인 순서와는 달리, 역사적으로는 적분학이 미분학보다 먼저 시작되었다. 적분학은 넓이, 부피 또는 호의 길이 등을 구하는 과정에서 착안되었으며, 그보다 약간 늦게 미분학은 곡선의 접선에 관한 문제와 함수의 최대·최소에 관한 문제로 시작되었다. 그 이후, 적분과 미분은 서로 역연산의 관계에 있다는 사실이 밝혀졌던 것이다.

Newton은 1671년에 미적분학을 체계화하여 중력의 법칙, 빛의 입자설 등 찬란한 업적들을 많이 남겼다. 어릴 적부터 독서광이었던 Newton은 1665년 이항정리에 대한 연구를 시작으로 미분법으로 더 잘 알려진 유율법과, 적분법으로 알려진 역유율법을 발표하였다. 그는 극대와 극소, 곡선의 접선과 곡률, 변곡점 및 곡선의 요철 등을 결정하는데 유율법을 응용하였으며, 구적법과 곡선의 길이를 구하는 문제에도 적용하였다. Newton이 행성의 궤도 문제를 쉽게 해결한 것도 자신만이 알고 있었던 유율법의 기법 덕분이었다. 1670년대 말에 접어들면서 당시의 과학자들은 행성의 운동과 관련된 힘이 거리의 제곱에 반비례한다는 사실을 어렴풋이 짐작하고는 있었지만, 수학적 설명을 어려워하고 있었는데, Newton은 자신이 창시한 유율법을 이용하여 이 문제를 해결하고 만유인력의 법칙을 확립하였던 것이다.

미적분의 발명에서 Newton의 경쟁자였던 Leibniz는 1673년과 1676년 사이에 미적분학을 착안하였으며, 그는 처음으로 합을 나타내는 라틴어 summa(합)의 첫 글자인 S를 세로로 길게 늘인 $\int$을 적분기호로 사용하였다. Leibniz가 사용한 수학의 용어나 기호는 세련되고 단순하면서도 사물의 본질을 잘 나타내고 있어서 쉽게 이해할 수 있고 다루는 방법도 간편하였다. 현재, 우리가 사용하고 있는 미적분학의 용어와 기호의 대부분은 그로부터 이어받은 것이다.

수학에서 중요하게 취급되고 있는 함수의 개념도 1694년 Leibniz에 의해 처음으로 도입되었다. 그는 함수와 같이 연속적인 양에 대한 수학은 물론, 확률과 같이 흩어져있는 양에 대한 수학에도 많은 관심을 가져 훌륭한 업적들을 남겼다. 또한, Leibniz가 만든 계산기는 Pascal의 것보다 훨씬 뛰어난 것이었다. Pascal이 만든 계산기는 덧셈과 뺄셈만 할 수 있었지만, 그가 만든 것은 곱셈과 나눗셈은 물론 제곱근도 구할 수 있었다. 그런데 Leibniz가 발표한 논문의 대부분은 여기저기 돌아다니면서 바람막이도 없는 덜컹거리는 마차에서 작성한 것이라고 한다. 그는 왜 그렇게 바쁘게 돌아다녔을까? 그는 수학이외에도 법률학, 정치, 역사, 문학, 논리학, 형이상학 등의 분야에서도 보통 사람이 평생 이룩한 것보다 더 많은 성과를 남겼다는 평가를 받고 있다.

제5장

정적분과 응용

▶▶ 곡선으로 둘러싸인 도형의 넓이를 구하는 방법으로 정적분을 정의하고, 그에 대한 성질과 계산 방법 등을 소개한다. 그러나 정적분의 개념을 이용하여 정적분의 값을 구하는 것은 쉽지 않으므로, 부정적분을 이용하는 미분적분학의의 기본정리와 정적분의 계산 및 그 응용에 대해서 알아본다.

5.1 정적분의 정의

5.1.1 정적분의 기본개념

함수 $f(x)$가 구간 $[a, b]$에서 연속이라 하자. 그림 5.1에서와 같이

$$a = x_0 < x_1 < x_2 < \cdots < x_{n-1} < x_n = b$$

를 만족하도록 분점 x_i를 택하여, $[a, b]$를 n개의 부분구간으로 세분한다고 하자.

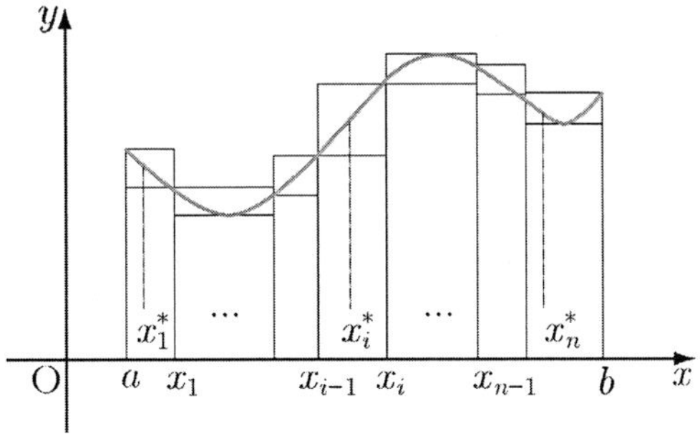

[그림 5.1]

이때, 함수의 연속성에 의해서 $f(x)$는 구간 $[x_{i-1}, x_i]$에서 최댓값 M_i과 최솟값 m_i를 갖는다. 이 경우, x_i^*가 $[x_{i-1}, x_i]$에 속하는 점이면 $m_i \le f(x_i^*) \le M_i$이 성

립한다. 따라서 $\Delta x_i = x_i - x_{i-1}$ $(i = 1, 2, \ldots, n)$이라 두면

$$\sum_{i=1}^{n} m_i \Delta x_i \le \sum_{i=1}^{n} f(x_i^*) \Delta x_i \le \sum_{i=1}^{n} M_i \Delta x_i$$

를 만족한다. 한편, $f(x)$의 연속성에 의해

$$\max \Delta x_i = \max\{\Delta x_1, \Delta x_2, \ldots, \Delta x_n\} \to 0$$

이면 $(M_i - m_i) \to 0$이므로, 2.2절의 조임정리에 의해

$$\lim_{\max \Delta x_i \to 0} \sum_{i=1}^{n} m_i \Delta x_i = \lim_{\max \Delta x_i \to 0} \sum_{i=1}^{n} f(x_i^*) \Delta x_i = \lim_{\max \Delta x_i \to 0} \sum_{i=1}^{n} M_i \Delta x_i$$

가 성립한다. 이는 $f(x)$가 구간 $[a, b]$에서 연속이면, $\max \Delta x_i \to 0$일 때

$$\sum_{i=1}^{n} f(x_i^*) \Delta x_i$$

가 수렴함을 뜻한다. 이를 $[a, b]$에서 $f(x)$의 정적분(definite integral)이라 하고, $\int_a^b f(x)\,dx$로 나타낸다.

이를 요약하면, 함수 $f(x)$가 구간 $[a, b]$에서 연속일 때, 임의의 세분

$$a = x_0 < x_1 < x_2 < \cdots < x_{n-1} < x_n = b$$

에서 $\Delta x_i = x_i - x_{i-1}$과 구간 $[x_{i-1}, x_i]$에 속하는 임의의 점 x_i^*에 대하여

$$\int_a^b f(x)\,dx = \lim_{\max \Delta x_i \to 0} \sum_{i=1}^{n} f(x_i^*) \Delta x_i$$

를 $[a, b]$에서 $f(x)$의 정적분이라 한다.

정적분의 정의에서, 구간 $[a, b]$의 세분은 꼭 등분일 필요는 없으나, 특별히 n등분하여 그 분점을 x_i라 하면

$$\int_a^b f(x)\,dx = \lim_{\Delta x \to 0} \sum_{i=1}^{n} f(x_i)\,\Delta x$$

가 된다. 여기서, $\Delta x = \frac{b-a}{n}$이고 $x_i = a + \frac{(b-a)i}{n}$이다. 따라서 정적분은 다음의 식으로부터 보다 간단히 구할 수 있다.

$$\int_a^b f(x)\,dx = \lim_{n\to\infty} \sum_{i=1}^{n} f\left(a + \frac{(b-a)i}{n}\right)\frac{b-a}{n}$$

예제 5.1.1

다음 극한을 정적분으로 나타내어라.

(1) $\displaystyle\lim_{n\to\infty}\frac{1}{n}\left(1+\sqrt{1+\frac{1}{n}}+\sqrt{1+\frac{2}{n}}+\cdots+\sqrt{1+\frac{n-1}{n}}\right)$

(2) $\displaystyle\lim_{n\to\infty}\left(\frac{1}{n}+\frac{1}{n+1}+\frac{1}{n+2}+\cdots+\frac{1}{2n-1}\right)$

풀이 (1)의 제 n 부분합

$$\begin{aligned} S_n &= \frac{1}{n}\left(1+\sqrt{1+\frac{1}{n}}+\sqrt{1+\frac{2}{n}}+\cdots+\sqrt{1+\frac{n-1}{n}}\right) \\ &= \sum_{i=1}^{n}\sqrt{1+\frac{i-1}{n}}\cdot\frac{1}{n} \end{aligned}$$

은 함수 $f(x)=\sqrt{1+x}$ 의 x 에 $x_i=\dfrac{i}{n}\,(0\le i\le n-1)$를 대입하고 $\Delta x=\dfrac{1}{n}$ 을 곱하여 더한 것과 같다. 여기서, $a=0,\ b=\displaystyle\lim_{n\to\infty}\frac{n-1}{n}=1$ 이므로, 구하려는 극한은 다음과 같이 정적분으로 나타난다.

$$\lim_{n\to\infty}\sum_{i=0}^{n-1}\sqrt{1+x_i}\,\Delta x=\int_0^1\sqrt{1+x}\,dx$$

(2)의 제 n 부분합

$$\begin{aligned} S_n &= \frac{1}{n}\left(\frac{1}{1}+\frac{1}{1+\frac{1}{n}}+\frac{1}{1+\frac{2}{n}}+\cdots+\frac{1}{1+\frac{n-1}{n}}\right) \\ &= \sum_{i=1}^{n}\frac{1}{1+\frac{i-1}{n}}\cdot\frac{1}{n} \end{aligned}$$

은 함수 $f(x)=\dfrac{1}{1+x}$ 에 $x_i=\dfrac{i}{n}$ $(0\le i\le n-1)$을 대입하고 $\Delta x=\dfrac{1}{n}$ 을 곱하여 더한 것과 같다. 여기서, $a=0,\ b=\displaystyle\lim_{n\to\infty}\frac{n-1}{n}=1$ 이므로, 구하려는 극한은 다음과 같이 정적분으로 나타난다.

$$\lim_{n\to\infty}\sum_{i=0}^{n-1}\frac{1}{1+x_i}\Delta x = \int_0^1 \frac{1}{1+x}dx$$

예제 5.1.2

정적분의 정의를 이용하여, $\int_{-2}^{3}(x+3)\,dx$를 구하여라.

풀이 $[-2, 3]$을 n 등분하면

$$\Delta x = \frac{5}{n},\quad x_i = -2 + i\,\Delta x = -2 + \frac{5i}{n}$$

이므로

$$\int_{-2}^{3}(x+3)\,dx = \lim_{\Delta x\to 0}\sum_{i=1}^{n}(x_i+3)\,\Delta x$$

$$= \lim_{n\to\infty}\sum_{i=1}^{n}\left(1+\frac{5i}{n}\right)\cdot\frac{5}{n}$$

$$= \lim_{n\to\infty}\left\{5+\frac{25}{2}\left(1+\frac{1}{n}\right)\right\} = \frac{35}{2}$$

5.1 연습문제

1. 다음 극한을 정적분으로 나타내어라.

(1) $\displaystyle\lim_{n\to\infty}\sum_{i=0}^{n-1}\frac{3}{n+i}$

(2) $\displaystyle\lim_{n\to\infty}\sum_{i=0}^{n-1}\frac{\sqrt{n^2-i^2}}{n^2}$

(3) $\displaystyle\lim_{n\to\infty}\sum_{i=1}^{n}\frac{2}{n+2i}$

(4) $\displaystyle\lim_{n\to\infty}\sum_{i=1}^{n}\sin\frac{i\pi}{n}\cdot\frac{\pi}{n}$

2. 정적분의 정의에 의하여, $\int_{1}^{3}(2x-5)\,dx$를 구하여라.

3. 정적분의 정의에 의하여, $\int_{-1}^{3}(2x^2-8)\,dx$를 구하여라.

5.2 정적분의 성질

5.1절에서 구간 $[a, b]$ 에서 연속함수 $f(x)$의 정적분을

$$\int_a^b f(x)\,dx = \lim_{\Delta \to 0} \sum_{i=1}^{n} f(x_i^*)\Delta x_i$$

로 정의하였다. 함수 $f(x)$가 연속임을 가정하면 이 극한은 항상 존재하며, $[a, b]$의 각 부분구간에서 x_i^*를 임의로 선택하더라도 같은 값을 가진다. 그리고 정적분 값은 상수이고 다음과 같이 적분변수에 의존하지 않는다.

$$\int_a^b f(x)\,dx = \int_a^b f(t)\,dt = \int_a^b f(r)\,dr$$

아울러, 다음의 특별한 형태의 정적분을 정의한다.

$$\int_a^a f(x)\,dx = 0\,, \quad \int_a^b f(x)\,dx = -\int_b^a f(x)\,dx$$

다음은 적분에 대한 평균값의 정리이다.

정리 5.2.1 (적분에 대한 평균값의 정리)

함수 $f(x)$가 a와 b를 포함하는 구간에서 연속일 때

$$\int_a^b f(x)\,dx = f(c)(b-a)$$

를 만족하는 c가 a와 b 사이에 존재한다.

증명 $f(x)$가 $[a, b]$에서 연속이므로, 최댓값 M과 최솟값 m을 갖는다. 임의의 $x \in [a, b]$에 대하여 $m \le f(x) \le M$이므로

$$m(b-a) \le \int_a^b f(x)\,dx \le M(b-a)$$

$$\left(\text{또는 } m \le \frac{1}{b-a}\int_a^b f(x)\,dx \le M\right)$$

이 성립한다. 따라서 연속함수에 대한 사이값 정리를 적용하면

$$\frac{1}{b-a}\int_a^b f(x)\,dx = f(c)\ (a \le c \le b)$$

를 만족하는 상수 c가 존재한다(그림 5.2 참조).

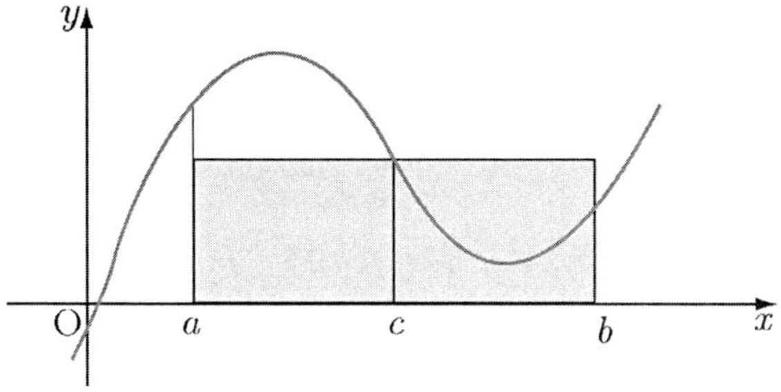

[그림 5.2]

먼저, 다음의 부정적분의 존재정리에 대해 알아보자.

정리 5.2.2 (부정적분의 존재정리)

함수 $f(x)$가 연속일 때, $F(x) = \int_a^x f(t)\,dt$ 이면 $F'(x) = f(x)$ 이다.

증명 $f(x)$가 구간 $[a, b]$에서 연속일 때, $\int_a^x f(t)\,dt$는 유일하게 정해진다. 따라서 $F(x) = \int_a^x f(t)\,dt$는 $[a, b]$에서 x에 관한 함수이다. $[a, b]$에 속하는 x, $x+\Delta x$에 대하여

$$F(x+\Delta x) - F(x) = \int_a^{x+\Delta x} f(t)\,dt - \int_a^x f(t)\,dt = \int_x^{x+\Delta x} f(t)\,dt$$

가 성립한다. 따라서 적분에 대한 평균값의 정리에 의해서

$$\frac{F(x+\Delta x) - F(x)}{\Delta x} = \frac{1}{\Delta x}\int_x^{x+\Delta x} f(t)\,dt = f(c)$$

를 만족하는 c가 x와 $x+\Delta x$ 사이에 존재한다. 한편, $\Delta x \to 0$일 때 $c \to x$이고, $f(x)$는 연속이므로

$$F'(x) = \lim_{\Delta x \to 0} \frac{F(x+\Delta x) - F(x)}{\Delta x} = \lim_{c \to x} f(c) = f(x)$$

이고, 따라서 $F(x)$는 $f(x)$의 부정적분이다.

다음 미적분학의 기본정리는 함수의 부정적분만 알면, 정적분을 쉽게 구할 수 있음을 보여준다.

정리 5.2.3 (미분적분학의 기본정리)

a와 b를 포함하는 구간에서 연속인 함수 $f(x)$의 한 부정적분을 $G(x)$라 하면

$$\int_a^b f(x)\,dx = G(b) - G(a)$$

증명 $F(x) = \int_a^x f(t)\,dt$는 $f(x)$의 한 부정적분이므로

$$F(x) = G(x) + C$$

이다. 한편, $F(a) = \int_a^a f(t)\,dt = 0$, 즉 $G(a) + C = 0$이므로, $C = -G(a)$이다. 따라서

$$\int_a^b f(x)\,dx = F(b) = G(b) - G(a)$$

참고

$G(b) - G(a)$를 기호 $[G(x)]_a^b$로 나타낸다.

예제 5.2.1

함수 $f(x)=3x^2$에 대하여 $\int_0^1 f(x)\,dx$를 구하고, 구간 $[0, 1]$에서 적분에 대한 평균값의 정리를 만족하는 상수 c를 구하여라.

풀이 $\int_0^1 3x^2 dx = [x^3]_0^1 = 1$이므로, $3x^2=1$를 만족하는 $c\in[0, 1]$는 $c=\frac{1}{\sqrt{3}}$이다. ■

예제 5.2.2

$\int_0^{\frac{\pi}{2}} \cos x\,dx$ 를 구하여라.

풀이 $\int \cos x\,dx = \sin x + C$ 이므로

$$\int_0^{\frac{\pi}{2}} \cos x\,dx = [\sin x]_0^{\frac{\pi}{2}} = 1$$

■

예제 5.2.3

$\int_0^{\frac{\pi}{3}} \sec^2 x\,dx$를 구하여라.

풀이 $\int \sec^2 x\,dx = \tan x + C$이므로

$$\int_0^{\frac{\pi}{3}} \sec^2 x\,dx = \left[\tan x\right]_0^{\frac{\pi}{3}} = \sqrt{3}-0 = \sqrt{3}$$

■

예제 5.2.4

$\int_{-2}^{2} \frac{dx}{x^2+4}$ 를 구하여라.

풀이 $\dfrac{1}{x^2+4}$의 한 부정적분은 $\dfrac{1}{2}\tan^{-1}\dfrac{x}{2}$ 이므로

$$\int_{-2}^{2}\frac{dx}{x^2+4} = \left[\frac{1}{2}\tan^{-1}\frac{x}{2}\right]_{-2}^{2} = \frac{1}{2}[\tan^{-1}1-\tan^{-1}(-1)]$$

$$= \frac{1}{2}\left[\frac{\pi}{4}-\left(-\frac{\pi}{4}\right)\right] = \frac{\pi}{4}$$

■

미적분학의 기본정리에 의해, 정적분에서도 부정적분과 같이 다음의 성질들이 성립한다.

정리 5.2.4

정적분에서 다음 성질들이 성립한다.

(1) 두 함수 $f(x)$, $g(x)$가 a와 b를 포함하는 구간에서 연속일 때, 임의의 상수 α와 β에 대하여

$$\int_a^b (\alpha f(x) + \beta g(x))\,dx = \alpha\int_a^b f(x)\,dx + \beta\int_a^b g(x)\,dx$$

(2) 함수 $f(x)$가 a, b, c를 포함하는 구간에서 연속이면

$$\int_a^b f(x)\,dx = \int_a^c f(x)\,dx + \int_c^b f(x)\,dx$$

(3) 구간 $[a, b]$에서 함수 $f(x)$와 $g(x)$가 연속일 때, $f(x) \le g(x)$이면

$$\int_a^b f(x)\,dx \le \int_a^b g(x)\,dx$$

(4) $\left|\displaystyle\int_a^b f(x)\,dx\right| \le \displaystyle\int_a^b |f(x)|\,dx \quad (a < b)$

예제 5.2.5

다음 정적분을 구하여라.

(1) $\displaystyle\int_0^1 (6x^2+4x)\,dx$ (2) $\displaystyle\int_0^{\frac{\pi}{3}} \sin^2 x\,dx$

풀이 (1) $\int_0^1 (6x^2+4x)\,dx = 6\int_0^1 x^2\,dx + 4\int_0^1 x\,dx$

$$= 6\left[\frac{1}{3}x^3\right]_0^1 + 4\left[\frac{1}{2}x^2\right]_0^1 = 4$$

(2) $\int_0^{\frac{\pi}{3}} \sin^2 x\,dx = \int_0^{\frac{\pi}{3}} \frac{1-\cos 2x}{2}\,dx = \frac{1}{2}\left[x - \frac{\sin 2x}{2}\right]_0^{\frac{\pi}{3}}$

$$= \frac{\pi}{6} - \frac{\sqrt{3}}{8}$$

■

예제 5.2.6

$\int_{-1}^{1} |x|\,dx$를 구하여라.

풀이

$$\int_{-1}^{1} |x|\,dx = \int_{-1}^{0} |x|\,dx + \int_0^1 |x|\,dx$$

$$= \int_{-1}^{0} (-x)\,dx + \int_0^1 x\,dx = \frac{1}{2} + \frac{1}{2} = 1$$

■

예제 5.2.7

다음의 함수 $f(x)$에 대하여, $\int_{-1}^{2} f(x)\,dx$를 구하여라.

$$f(x) = \begin{cases} x^2 & (-1 \le x \le 1) \\ 2x - x^2 & (1 \le x \le 2) \end{cases}$$

풀이 $[-1, 1]$과 $[1, 2]$에서 $f(x)$가 나타내는 식이 다르므로, 다음과 같이 구간을 나누어 정적분을 구한다.

$$\int_{-1}^{2} f(x)\,dx = \int_{-1}^{1} x^2 dx + \int_{1}^{2} (2x - x^2)\,dx$$

$$= \left[\frac{x^3}{3}\right]_{-1}^{1} + \left[x^2 - \frac{x^3}{3}\right]_{1}^{2} = \frac{4}{3}$$

■

예제 5.2.8

$a \le b$ 일 때, $\int_a^b \sin x^2\,dx \le b-a$ 임을 보여라.

풀이 $a=b$ 이면 증명하려는 부등식은 $0=0$ 으로 부등식은 성립한다. $a<b$ 이면 구간 $[a, b]$ 에서 $\sin x^2 \le |\sin x^2| \le 1$ 이므로

$$\int_a^b \sin x^2\,dx \le \int_a^b |\sin x^2|\,dx \le \int_a^b 1\,dx = b-a$$

■

5.2 연습문제

1. 다음 함수의 x에 관한 도함수를 구하여라.

(1) $\int_1^x \sqrt{4t^2+t^6}\,dt$

(2) $\int_0^x t^2 \cos t\,dt$

(3) $\int_0^x \sqrt{1+t^2}\,dt$

(4) $\int_1^{x^2} \sqrt{1-t^2}\,dt \quad (|x| \le 1)$

2. 다음 정적분을 구하여라.

(1) $\int_{-1}^{3} (3x^2 - x + 2)\,dx$

(2) $\int_{-1}^{1} (2x^5 - x^2 + 3x)\,dx$

(3) $\int_1^2 (2 - e^{-t})\,dt$

(4) $\int_1^9 \frac{(\sqrt{x}+1)^3}{x}\,dx$

3. 다음 정적분을 구하여라.

(1) $\displaystyle\int_{-\pi}^{\pi} (2\sin x - \cos x)\,dx$ (2) $\displaystyle\int_{0}^{\frac{\pi}{2}} \sin^2 x\,dx$

(3) $\displaystyle\int_{\frac{\pi}{4}}^{\frac{\pi}{2}} \csc^2 t\,dt$ (4) $\displaystyle\int_{0}^{2} |e^x - 3|\,dx$

4. 어느 날, 시각 t 에서 기온 T는 $T(t) = 10 + 3\sin\frac{\pi}{6}(t-6)$으로 주어진다고 하자. 오전 6 시부터 오후 6 시 사이의 평균기온을 구하고, 적분에 대한 평균값의 정리를 설명하여라.

5.3 정적분의 계산

연속함수에 대한 미분적분학의 기본정리에 의해, 정적분 계산은 부정적분을 이용하여 쉽게 구할 수 있었다. 여기서는 치환적분법과 부분적분법 등을 이용하여, 정적분을 구하는 방법에 대해 알아본다.

5.3.1 치환적분법

정리 5.3.1 (치환적분법)

함수 $f(x)$가 연속이고 $x=\varphi(t)$가 미분가능일 때, $a=\varphi(\alpha)$, $b=\varphi(\beta)$이면

$$\int_a^b f(x)\,dx = \int_\alpha^\beta f(\varphi(t))\,\varphi'(t)\,dt$$

증명 함수 $f(x)$의 한 부정적분을 $F(x)$라 하고, 미분가능인 함수 $x=\varphi(t)$로 치환하면

$$F'(\varphi(t)) = f(\varphi(t))\,\varphi'(t)$$

이므로

$$\begin{aligned}\int_a^b f(x)\,dx &= F(b)-F(a)=F(\varphi(\beta))-F(\varphi(\alpha))\\ &= \int_\alpha^\beta f(\varphi(t))\,\varphi'(t)\,dt\end{aligned}$$

이와 같이, 정적분의 치환적분법은 부정적분의 치환적분법에서 적분구간을 치환식에 의해 바꾸면 편리하게 사용할 수 있다.

예제 5.3.1

다음 정적분을 구하여라.

(1) $\displaystyle\int_1^2 (3x-2)^2\,dx$ (2) $\displaystyle\int_1^2 \frac{x}{\sqrt{2x+1}}\,dx$

(3) $\displaystyle\int_0^{\frac{\pi}{2}} (1-\cos^2 x)\sin x\,dx$ (4) $\displaystyle\int_0^{\frac{\pi}{2}} \frac{\cos x}{1+2\sin x}\,dx$

풀이 (1) $3x-2=t$라 두면, $3dx=dt$이고 $x=1$일 때 $t=1$, $x=2$일 때 $t=4$이므로

$$\int_1^2 (3x-2)^2 dx = \frac{1}{3}\int_1^4 t^2 dt = \frac{1}{9}[t^3]_1^4 = 7$$

(2) $\sqrt{2x+1}=t$ 라 두면, $2x+1=t^2$, $x=\frac{1}{2}(t^2-1)$, $dx=t\,dt$ 이므로

$$\int_1^2 \frac{x}{\sqrt{2x+1}}dx = \int_{\sqrt{3}}^{\sqrt{5}} \frac{t^2-1}{2t} \cdot t\,dt = \frac{1}{2}\int_{\sqrt{3}}^{\sqrt{5}} (t^2-1)\,dt$$

$$= \frac{1}{2}\left[\frac{t^3}{3}-t\right]_{\sqrt{3}}^{\sqrt{5}} = \frac{\sqrt{5}}{3}$$

(3) $\cos x=t$ 라 두면, $-\sin x\,dx=dt$ 이므로

$$\int_0^{\frac{\pi}{2}} (1-\cos^2 x)\sin x\,dx = \int_1^0 (1-t^2)(-dt)$$

$$= \int_0^1 (1-t^2)dt = \left[t-\frac{t^3}{3}\right]_0^1 = \frac{2}{3}$$

(4) $\sin x=t$ 라 두면, $\cos x\,dx=dt$ 이므로

$$\int_0^{\frac{\pi}{2}} \frac{\cos x}{1+2\sin x}dx = \int_0^1 \frac{dt}{1+2t}$$

$$= \frac{1}{2}[\ln|1+2t|]_0^1 = \frac{1}{2}\ln 3$$

또는

$$\int_0^{\frac{\pi}{2}} \frac{\cos x}{1+2\sin x}dx = \frac{1}{2}\int_0^{\frac{\pi}{2}} \frac{2\cos x}{1+2\sin x}dx$$

$$= \frac{1}{2}[\ln|1+2\sin x|]_0^{\frac{\pi}{2}} = \frac{1}{2}\ln 3$$

예제 5.3.2

다음 정적분을 구하여라.

(1) $\displaystyle\int_0^{\frac{\pi}{4}} \tan x\,dx$ (2) $\displaystyle\int_0^{\frac{\pi}{6}} \frac{1}{\cos x}\,dx$

풀이 (1) $\tan x = \dfrac{\sin x}{\cos x}$에서 $\cos x = t$라 두면, $-\sin x\,dx = dt$이고, $x=0$일 때 $t=1$, $x=\dfrac{\pi}{4}$일 때 $t=\dfrac{1}{\sqrt{2}}$이므로

$$\int_0^{\frac{\pi}{4}} \tan x\,dx = \int_0^{\frac{\pi}{4}} \frac{\sin x}{\cos x}\,dx = -\int_1^{\frac{1}{\sqrt{2}}} \frac{1}{t}\,dt$$

$$= -\left[\ln t\right]_1^{\frac{1}{\sqrt{2}}} = \ln\sqrt{2}$$

(2) $\displaystyle\int_0^{\frac{\pi}{6}} \frac{1}{\cos x}\,dx = \int_0^{\frac{\pi}{6}} \frac{\cos x}{\cos^2 x}\,dx = \int_0^{\frac{\pi}{6}} \frac{\cos x}{1-\sin^2 x}\,dx$ 에서 $\sin x = t$라 두면, $\cos x\,dx = dt$이고, $x=0$일 때 $t=0$, $x=\dfrac{\pi}{6}$일 때 $t=\dfrac{1}{2}$이므로

$$\int_0^{\frac{\pi}{6}} \frac{1}{\cos x}\,dx = \int_0^{\frac{1}{2}} \frac{1}{1-t^2}\,dt = \frac{1}{2}\int_0^{\frac{1}{2}} \left(\frac{1}{1-t} + \frac{1}{1+t}\right)dt$$

$$= \frac{1}{2}\left[\ln\frac{1+t}{1-t}\right]_0^{\frac{1}{2}} = \ln\sqrt{3}$$

■

우함수 또는 기함수와 같은 대칭함수의 정적분은 다음의 성질을 갖는다.

정리 5.3.2 (대칭함수의 정적분)

(1) $f(x)$가 우함수이면, $\displaystyle\int_{-a}^{a} f(x)\,dx = 2\int_0^a f(x)\,dx$ 이다.

(2) $f(x)$가 기함수이면, $\displaystyle\int_{-a}^{a} f(x)\,dx = 0$ 이다.

증명 $\displaystyle\int_{-a}^{a} f(x)\,dx = \int_{-a}^{0} f(x)\,dx + \int_0^a f(x)\,dx$ 에서 $x=-t$로 치환하면

$$\int_{-a}^{0} f(x)\,dx = \int_{a}^{0} f(-t)(-1)\,dt = \int_{0}^{a} f(-x)\,dx$$

이므로

$$\int_{-a}^{a} f(x)\,dx = \int_{0}^{a} \left(f(-x) + f(x)\right) dx$$

이다. 여기서, $f(x)$가 우함수이면 $f(-x)+f(x)=2f(x)$이고, $f(x)$가 기함수이면 $f(-x)+f(x)=0$이 되어 정리가 성립한다.

예제 5.3.3

다음 정적분을 구하여라.

(1) $\displaystyle\int_{-2}^{2} |2x|\,dx$ (2) $\displaystyle\int_{-2}^{2} (e^{x}-e^{-x})\,dx$

풀이 (1) $|2x|$는 우함수이므로

$$\int_{-2}^{2} |2x|\,dx = 2\int_{0}^{2} 2x\,dx = 2\left[x^2\right]_0^2 = 8$$

(2) $f(x)=e^{x}-e^{-x}$라고 두면, $f(-x)= e^{-x}-e^{x}= -(e^{x}-e^{-x})= -f(x)$에서 $f(x)$는 기함수이므로

$$\int_{-2}^{2} (e^{x}-e^{-x})\,dx = 0$$

5.3.2 부분적분법

정리 5.3.3 (부분적분법)

구간 $[a,b]$에서 함수 $f(x)$, $g(x)$가 연속이고, 그 도함수도 연속일 때

$$\int_{a}^{b} f(x)g'(x)\,dx = \left[f(x)g(x)\right]_a^b - \int_{a}^{b} f'(x)g(x)\,dx$$

증명 구간 $[a, b]$에서 함수 $f(x)$, $g(x)$가 연속이고, 또 연속인 도함수를 가질 때

$$(f(x)g(x))' = f'(x)g(x) + f(x)g'(x)$$

이므로

$$\int_a^b \big(f(x)g'(x) + f'(x)g(x)\big)dx = [f(x)g(x)]_a^b$$

가 성립한다. 따라서 정적분의 선형성으로부터 정리의 결과를 얻는다.

예제 5.3.4

$\int_0^1 x e^x dx$를 구하여라.

풀이 $f(x) = x$, $g'(x) = e^x$이라 두면, $f'(x) = 1$, $g(x) = e^x$이므로

$$\int_0^1 x e^x dx = [x e^x]_0^1 - \int_0^1 e^x dx$$

$$= (e-0) - (e-1) = 1$$

■

예제 5.3.5

다음 정적분을 구하여라.

(1) $\int_0^\pi e^x \sin x\, dx$ (2) $\int_0^1 \tan^{-1} x\, dx$

풀이 (1) $f(x) = \sin x$, $g'(x) = e^x$이라 두면, $f'(x) = \cos x$, $g(x) = e^x$이므로

$$\int_0^\pi e^x \sin x\, dx = [e^x \sin x]_0^\pi - \int_0^\pi e^x \cos x\, dx = -\int_0^\pi e^x \cos x\, dx$$

이고, 한편

$$\int_0^\pi e^x \cos x\, dx = -[e^x \cos x]_0^\pi - \int_0^\pi e^x \sin x\, dx$$

$$= e^\pi + 1 - \int_0^\pi e^x \sin x\, dx$$

이므로

$$\int_0^{\pi} e^x \sin x\, dx = \frac{1}{2}(e^{\pi}+1)$$

(2) $f(x)=\tan^{-1}x$, $g'(x)=1$이라 두면 $f'(x)=\dfrac{1}{1+x^2}$, $g(x)=x$이므로

$$\int_0^1 \tan^{-1}x\, dx = \left[x\tan^{-1}x\right]_0^1 - \int_0^1 \frac{x}{1+x^2}\, dx$$

$$= (\tan^{-1}1 - 0) - \frac{1}{2}\left[\ln(1+x^2)\right]_0^1$$

$$= \frac{\pi}{4} - \ln\sqrt{2}$$

■

예제 5.3.6

다음 정적분을 구하여라.

(1) $\displaystyle\int_1^e x\ln x\, dx$ (2) $\displaystyle\int_e^{e^2} (\ln x)^2 dx$

풀이 (1) $f(x)=\ln x$, $g'(x)=x$라 두면, $f'(x)=\dfrac{1}{x}$, $g(x)=\dfrac{1}{2}x^2$이므로

$$\int_1^e x\ln x\, dx = \frac{1}{2}[x^2\ln x]_1^e - \frac{1}{2}\int_1^e x\, dx$$

$$= \frac{1}{2}e^2 - \frac{1}{4}[x^2]_1^e$$

$$= \frac{1}{4}(e^2+1)$$

(2) $f(x)=(\ln x)^2$, $g'(x)=1$이라 두면, $f'(x)=\dfrac{2\ln x}{x}$, $g(x)=x$이고, 예제 4.2.9(1)에 의해 $\int \ln x\, dx = x\ln x - x + C$이므로

$$\int_e^{e^2} (\ln x)^2 dx = [x(\ln x)^2]_e^{e^2} - 2\int_e^{e^2} \ln x\, dx$$

$$= 4e^2 - e - 2[x\ln x - x]_e^{e^2}$$

$$= e(2e-1)$$

■

5.3 연습문제

1. 치환적분법으로, 다음 정적분을 구하여라.

(1) $\displaystyle\int_0^1 x\sqrt{1-x}\,dx$　　(2) $\displaystyle\int_0^5 \frac{1}{\sqrt{9-x}}\,dx$

(3) $\displaystyle\int_0^{\sqrt{3}} \frac{x}{\sqrt{1+x^2}}\,dx$　　(4) $\displaystyle\int_0^2 \frac{3x}{\sqrt{3x^2+4}}\,dx$

(5) $\displaystyle\int_0^1 \frac{1}{\sqrt{x}+\sqrt{x^3}}\,dx$　　(6) $\displaystyle\int_{\ln 3}^2 \frac{1}{e^x-e^{-x}}\,dx$

2. 부분적분법으로, 다음 정적분을 구하여라.

(1) $\displaystyle\int_0^{\frac{\pi}{3}} \sin^2 x\,dx$　　(2) $\displaystyle\int_0^{\frac{\pi}{3}} \sin^3 x\,dx$

(3) $\displaystyle\int_0^1 x e^{3x}\,dx$　　(4) $\displaystyle\int_0^{\frac{\pi}{2}} e^x \sin x\,dx$

3. 부분적분법으로, $\displaystyle\int_{\frac{\pi}{3}}^{\frac{\pi}{2}} \csc^3\theta\,d\theta$ 를 구하여라.

4. 함수 $f(x)$ 가 연속일 때, $\displaystyle\int_0^a f(x)\,dx = \int_0^a f(a-x)\,dx$ 임을 증명하여라.

5. 함수 $f(x)=ax^2+bx+1\ (a\neq 0)$이 $\displaystyle\int_{-\pi}^{\pi} f(x)\sin x\,dx=0$ 을 만족하고 곡선 $y=f(x)$가 직선 $y=x$에 접할 때, 상수 a, b의 값을 구하여라.

5.4 이상적분

정적분의 정의에서 피적분함수 $f(x)$는 유한인 폐구간 $[a, b]$에서 연속임을 가정하였다. 따라서 구간이 $[a, \infty)$, $(-\infty, b]$, $(-\infty, \infty)$ 등으로 주어지면 정적분을 적용할 수 없다. 또한, 주어진 구간에서 불연속점을 포함하는 피적분함수에 대해서도 정적분을 정의할 수 없다. 이러한 경우에 다음과 같이 정의되는 적분을 이상적분(improper integral)이라 한다. 각 경우에 정의된 이상적분이 유한확정인 값이면 수렴한다(converge)고 하고, 그렇지 않으면 발산한다(diverge)고 정의한다.

■ **정적분의 범위가 무한인 경우**

정적분의 범위가 무한인 각각의 경우, 이상적분을 다음과 같이 정의한다.

(1) 함수 $f(x)$가 구간 $[a, \infty)$에서 연속일 때, 이상적분 $\int_a^\infty f(x)\,dx$는

$$\int_a^\infty f(x)\,dx = \lim_{b\to\infty}\int_a^b f(x)\,dx$$

(2) 함수 $f(x)$가 구간 $(-\infty, b]$에서 연속일 때, 이상적분 $\int_{-\infty}^b f(x)\,dx$는

$$\int_{-\infty}^b f(x)\,dx = \lim_{a\to-\infty}\int_a^b f(x)\,dx$$

(3) 함수 $f(x)$가 구간 $(-\infty, \infty)$에서 연속이고, 두 이상적분 $\int_{-\infty}^0 f(x)\,dx$와 $\int_0^\infty f(x)\,dx$가 수렴할 때, 이상적분 $\int_{-\infty}^\infty f(x)\,dx$는

$$\int_{-\infty}^\infty f(x)\,dx = \int_{-\infty}^0 f(x)\,dx + \int_0^\infty f(x)\,dx$$

예제 5.4.1

다음 이상적분을 구하여라.

(1) $\displaystyle\int_2^{\infty} \frac{1}{x^2}\,dx$ (2) $\displaystyle\int_0^{\infty} \frac{1}{1+x^2}\,dx$

(3) $\displaystyle\int_0^{\infty} \frac{1}{(1+x)^2}\,dx$ (4) $\displaystyle\int_2^{\infty} \frac{1}{x}\,dx$

풀이 (1) $\displaystyle\int_2^{\infty} \frac{1}{x^2}\,dx = \lim_{b\to\infty}\int_2^{b} \frac{1}{x^2}\,dx = \lim_{b\to\infty}\left[-\frac{1}{x}\right]_2^b$

$$= -\lim_{b\to\infty}\left(\frac{1}{b}-\frac{1}{2}\right) = \frac{1}{2}$$

(2) $\displaystyle\int_0^{\infty} \frac{1}{1+x^2}\,dx = \lim_{b\to\infty}\int_0^{b} \frac{1}{1+x^2}\,dx = \lim_{b\to\infty}\left[\tan^{-1}x\right]_0^b$

$$= \lim_{b\to\infty}\left(\tan^{-1}b - \tan^{-1}0\right) = \frac{\pi}{2}$$

(3) $\displaystyle\int_0^{\infty} \frac{1}{(1+x)^2}\,dx = \lim_{b\to\infty}\int_0^{b} \frac{1}{(1+x)^2}\,dx = \lim_{b\to\infty}\left[\frac{-1}{x+1}\right]_0^b$

$$= \lim_{b\to\infty}\left(\frac{-1}{b+1}+1\right) = 1$$

(4) $\displaystyle\int_2^{\infty} \frac{1}{x}\,dx = \lim_{b\to\infty}\int_2^{b} \frac{1}{x}\,dx = \lim_{b\to\infty}(\ln b - \ln 2) = \infty$ (발산)

■ **피적분함수가 불연속인 경우**

피적분함수가 주어진 구간에서 불연속인 점을 가지는 경우에, 이상적분은 다음과 같이 정의한다.

(1) 함수 $f(x)$가 $x=a$를 제외한 구간 $[a,\ b]$의 모든 점에서 연속일 때, 이상적분 $\displaystyle\int_a^b f(x)\,dx$ 는

$$\int_a^b f(x)\,dx = \lim_{s\to a^+}\int_s^b f(x)\,dx$$

(2) 함수 $f(x)$가 $x=b$를 제외한 구간 $[a,\ b]$의 모든 점에서 연속일 때, 이상적분 $\int_a^b f(x)\,dx$는

$$\int_a^b f(x)\,dx = \lim_{t\to b^-}\int_a^t f(x)\,dx$$

(3) 함수 $f(x)$가 $x=c\ (a<c<b)$를 제외한 구간 $[a,\ b]$의 모든 점에서 연속이고, 이상적분 $\int_a^c f(x)\,dx$와 $\int_c^b f(x)\,dx$가 모두 수렴하면, 이상적분 $\int_a^b f(x)\,dx$는

$$\int_a^b f(x)\,dx = \int_a^c f(x)\,dx + \int_c^b f(x)\,dx$$

예제 5.4.2

다음 이상적분을 구하여라.

(1) $\displaystyle\int_0^1 \frac{1}{x}\,dx$ (2) $\displaystyle\int_1^3 \frac{x}{(x^2-1)^{1/3}}\,dx$

풀이 (1) $$\int_0^1 \frac{1}{x}\,dx = \lim_{s\to 0^+}\int_s^1 \frac{1}{x}\,dx = \lim_{s\to 0^+}\left[\ln|x|\right]_s^1$$
$$= \lim_{s\to 0^+}(\ln 1 - \ln s) = \infty$$

(2) $$\int_1^3 \frac{x}{(x^2-1)^{1/3}}\,dx = \lim_{s\to 1^+}\int_s^3 \frac{x}{(x^2-1)^{1/3}}\,dx$$
$$= \lim_{s\to 1^+}\left[\frac{3}{4}(x^2-1)^{2/3}\right]_s^3 = 3$$

■

예제 5.4.3

다음 이상적분을 구하여라.

(1) $\displaystyle\int_{-2}^0 \frac{1}{(x+1)^2}\,dx$ (2) $\displaystyle\int_0^5 \frac{1}{\sqrt{|x-1|}}\,dx$

풀이 (1) $\displaystyle\int_{-2}^{0}\frac{1}{(x+1)^2}\,dx=\int_{-2}^{-1}\frac{1}{(x+1)^2}\,dx+\int_{-1}^{0}\frac{1}{(x+1)^2}\,dx$

$$=\lim_{t\to-1^-}\int_{-2}^{t}\frac{1}{(x+1)^2}\,dx+\lim_{s\to-1^+}\int_{s}^{0}\frac{1}{(x+1)^2}\,dx$$

$$=\lim_{t\to-1^-}\left[-\frac{1}{x+1}\right]_{-2}^{t}+\lim_{s\to-1^+}\left[-\frac{1}{x+1}\right]_{s}^{0}=\infty$$

(2) $\displaystyle\int_{0}^{5}\frac{1}{\sqrt{|x-1|}}\,dx=\int_{0}^{1}\frac{1}{\sqrt{1-x}}\,dx+\int_{1}^{5}\frac{1}{\sqrt{x-1}}\,dx$

$$=\lim_{t\to1^-}\int_{0}^{t}\frac{1}{\sqrt{1-x}}\,dx+\lim_{s\to1^+}\int_{s}^{5}\frac{1}{\sqrt{x-1}}\,dx$$

$$=2\lim_{t\to1^-}\left[-\sqrt{1-x}\right]_{0}^{t}+2\lim_{s\to1^+}\left[\sqrt{x-1}\right]_{s}^{5}$$

$$=2+4=6$$

참고

(1) $\displaystyle\int_{0}^{1}\frac{1}{x}\,dx=[\ln x]_0^1=\ln 0$에서 $\ln 0$는 값을 갖지 않으므로, 이상적분으로 구하여야 한다. 실제로, 피적분함수 $f(x)=\dfrac{1}{x}$는 $x=0$에서 불연속이다.

(2) $\displaystyle\int_{-2}^{0}\frac{1}{(x+1)^2}\,dx=\left[-\frac{1}{x+1}\right]_{-2}^{0}=-1-1=-2$는 옳지 않다.

이는 $[-2, 0]$에서 항상 $\dfrac{1}{(x+1)^2}>0$이므로 모순이다. 실제로, 주어진 구간에 속하는 $x=-1$에서 피적분함수는 불연속이다.

5.4 연습문제

1. 다음 이상적분을 구하여라.

(1) $\displaystyle\int_{-\infty}^{\infty} \frac{dx}{x^2+4}$　　(2) $\displaystyle\int_{-\infty}^{0} e^x\,dx$

(3) $\displaystyle\int_{0}^{\infty} \cos x\,dx$　　(4) $\displaystyle\int_{0}^{\infty} x^3\,dx$

(5) $\displaystyle\int_{-\infty}^{\infty} \frac{x}{(x^2+3)^2}\,dx$　　(6) $\displaystyle\int_{4}^{\infty} \frac{2}{x^2-1}\,dx$

2. 다음 이상적분을 구하여라.

(1) $\displaystyle\int_{0}^{1} \ln x\,dx$　　(2) $\displaystyle\int_{0}^{1} \frac{1}{\sqrt{1-x^2}}\,dx$

(3) $\displaystyle\int_{-2}^{0} \frac{1}{x^2}\,dx$　　(4) $\displaystyle\int_{0}^{9} \frac{1}{\sqrt{x}}\,dx$

(5) $\displaystyle\int_{1}^{4} \frac{dx}{(x-2)^{2/3}}$　　(6) $\displaystyle\int_{0}^{\frac{\pi}{2}} \frac{\cos x}{\sqrt{1-\sin x}}\,dx$

3. 확률분포함수들 중에 표준정규분포(standard normal distribution) 함수는

$$f(x) = \frac{1}{\sqrt{2\pi}} e^{-\frac{x^2}{2}}$$

으로 정의한다. 즉

$$\int_{-\infty}^{\infty} f(x)\,dx = \frac{1}{\sqrt{2\pi}} \int_{-\infty}^{\infty} e^{-\frac{x^2}{2}}\,dx = 1$$

을 만족한다. 여기서는 직접 계산이 어려우며, 제8장에서 소개하는 중적분을 이용하여 구할 수 있다. 이를 이용하여, 다음을 증명하여라.

(1) $\displaystyle\frac{1}{\sqrt{2\pi}} \int_{-\infty}^{\infty} x e^{-\frac{x^2}{2}}\,dx = 0$ (평균)　　(2) $\displaystyle\frac{1}{\sqrt{2\pi}} \int_{-\infty}^{\infty} x^2 e^{-\frac{x^2}{2}}\,dx = 1$ (분산)

5.5 정적분의 활용

정적분은 다양하게 활용되고 있지만, 여기서는 평면도형의 넓이와 입체도형의 부피를 구하는 비교적 간단한 응용에 대해 알아본다.

5.5.1 평면도형의 넓이

함수 $f(x)$가 구간 $[a, b]$에서 연속이고 $f(x) \geq 0$일 때, 곡선 $y=f(x)$, 직선 $x=a$, $x=b$와 x축으로 둘러싸인 영역의 넓이는 정적분

$$\int_a^b f(x)\,dx$$

로 구할 수 있다. 따라서 평면도형의 넓이는 다음의 방법으로 계산할 수 있다.

(1) 함수 $f(x)$가 구간 $[a, b]$에서 연속일 때, 곡선 $y=f(x)$, 직선 $x=a$, $x=b$와 x축으로 둘러싸인 영역의 넓이 S는

$$S=\int_a^b |f(x)|\,dx$$

이다. 가령, 그림 5.3에서와 같이 함수 $f(x)$와 x축으로 둘러싸인 영역이 D_1, D_2, D_3의 세 부분으로 이루어진 경우, 이 전체 영역의 넓이 S는

$$S=\int_a^b |f(x)|\,dx=\int_a^c f(x)dx-\int_c^d f(x)\,dx+\int_d^b f(x)\,dx$$

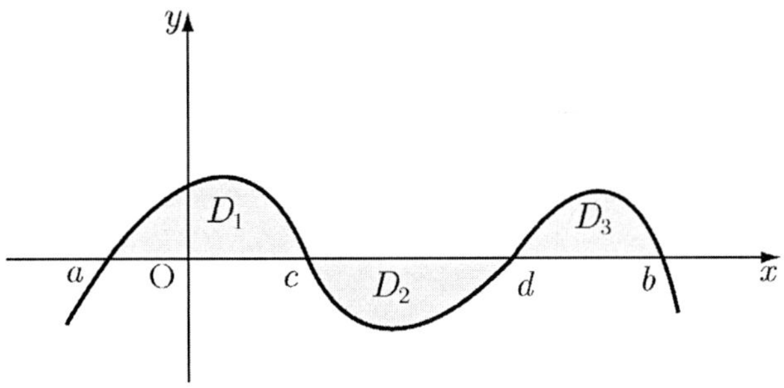

[그림 5.3]

(2) 두 함수 $y=f(x)$, $y=g(x)$가 구간 $[a, b]$에서 연속일 때, 곡선 $y=f(x)$, $y=g(x)$와 직선 $x=a$, $x=b$로 둘러싸인 영역의 넓이 S는

$$S=\int_a^b |f(x)-g(x)|dx$$

마찬가지로, y에 관한 함수 $x=f(y)$가 y의 구간 $[c, d]$에서 연속일 때, 곡선 $x=f(y)$, 직선 $y=c$, $y=d$와 y축으로 둘러싸인 영역의 넓이 S는

$$S=\int_c^d |f(y)|dy$$

또한, 함수 $x=f(y)$, $x=g(y)$가 y의 구간 $[c, d]$에서 연속일 때, 곡선 $x=f(y)$, $x=g(y)$와 직선 $y=c$, $y=d$로 둘러싸인 영역의 넓이 S는

$$S=\int_c^d |f(y)-g(y)|dy$$

예제 5.5.1

곡선 $y=x^3-2x^2-x+2$와 x축으로 둘러싸인 도형의 넓이를 구하여라.

풀이 $y=x^3-2x^2-x+2=(x+1)(x-1)(x-2)$이므로, x축과의 교점의 좌표는 -1, 1, 2이다. 따라서 구하려는 넓이 S는

$$\begin{aligned}
S&=\int_{-1}^2 |x^3-2x^2-x+2|\,dx\\
&=\int_{-1}^1 (x^3-2x^2-x+2)\,dx-\int_1^2 (x^3-2x^2-x+2)\,dx\\
&=\left[\frac{x^4}{4}-\frac{2x^3}{3}-\frac{x^2}{2}+2x\right]_{-1}^1-\left[\frac{x^4}{4}-\frac{2x^3}{3}-\frac{x^2}{2}+2x\right]_1^2\\
&=\frac{8}{3}+\frac{5}{12}=\frac{37}{12}
\end{aligned}$$

■

예제 5.5.2

두 포물선 $y=x^2$과 $y=-x^2+4x$으로 둘러싸인 영역의 넓이를 구하여라.

풀이 먼저, 두 포물선의 교점을 구하기 위하여, 두 방정식을 연립하여 풀면

$$x^2=-x^2+4x \quad \text{또는} \quad x^2=2x$$

에서 $x(x-2)=0$이므로 $x=0$ 또는 $x=2$이다. 따라서 교점의 좌표는 $(0, 0)$과 $(2, 4)$이다. 그러므로 구하려는 넓이 S는

$$S=\int_0^2 |x^2-(-x^2+4x)|\,dx=-2\int_0^2 (x^2-2x)\,dx$$

$$=-2\left[\frac{x^3}{3}-x^2\right]_0^1=-2\left(\frac{1}{3}-1\right)=\frac{4}{3}$$

■

예제 5.5.3

직선 $y=x-1$과 포물선 $y^2=2x+6$으로 둘러싸인 영역의 넓이를 구하여라.

풀이 주어진 직선과 포물선의 교점의 좌표는 $(-1, -2)$와 $(5, 4)$를 얻는다. 따라서 구하려는 넓이 S는

$$S=\int_{-2}^4 \left|(y+1)-\left(\frac{1}{2}y^2-3\right)\right|dy=\int_{-2}^4 \left(-\frac{y^2}{2}+y+4\right)dy$$

$$=\left[-\frac{y^3}{6}+\frac{y^2}{2}+4y\right]_{-2}^4$$

$$=-\left(\frac{32}{3}+8+16\right)-\left(\frac{4}{3}+2-8\right)=18$$

■

예제 5.5.4

타원 $\dfrac{x^2}{a^2}+\dfrac{y^2}{b^2}=1$ $(a>0,\ b>0)$의 넓이를 구하여라.

풀이 그림 5.4와 같이, 주어진 타원은 x축과 y축에 대칭이고, $y = \pm\dfrac{b}{a}\sqrt{a^2 - x^2}$ 이므로, 타원의 넓이 S는 제1사분면 넓이의 4배이다. 따라서

$$S = \frac{4b}{a}\int_0^a \sqrt{a^2 - x^2}\,dx$$

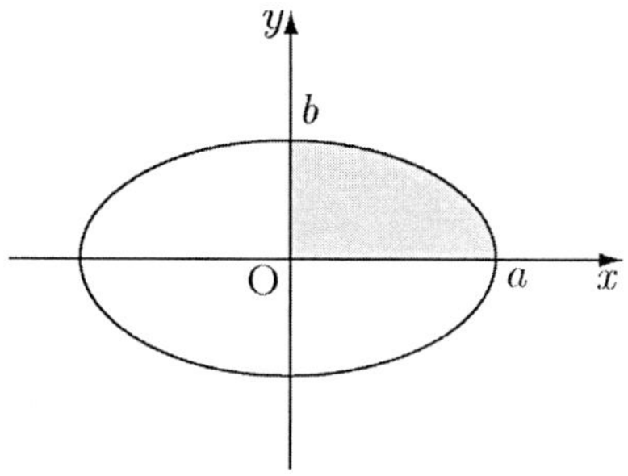

[그림 5.4]

이다. 여기서, $x = a\sin\theta$ 라 두면, $dx = a\cos\theta\, d\theta$, $\sqrt{a^2 - x^2} = a\cos\theta$ 이므로

$$\int_0^a \sqrt{a^2 - x^2}\,dx = a^2\int_0^{\frac{\pi}{2}} \cos^2\theta\, d\theta = a^2\int_0^{\frac{\pi}{2}} \frac{1 + \cos 2\theta}{2}\, d\theta$$

$$= \frac{a^2}{2}\left[\theta + \frac{\sin 2\theta}{2}\right]_0^{\frac{\pi}{2}} = \frac{\pi a^2}{4}$$

이고, 따라서 구하려는 타원의 넓이 S는

$$S = \frac{4b}{a}\cdot\frac{\pi a^2}{4} = \pi ab$$

5.5.2 입체도형의 부피

다음으로, 두 평면 $x = a$, $x = b$ 사이에 주어진 입체의 부피를 구하는 방법에 대해서 알아보자.

정리 5.5.1 (입체도형의 부피)

입체를 x축에 수직인 평면으로 잘랐을 때, 단면의 넓이 $D(x)$가 구간 $[a, b]$에서

연속이면 구간 $[a, b]$ 사이에 있는 이 입체의 부피 V는

$$V = \int_a^b D(x)\,dx$$

증명 그림 5.5에서와 같이, 구간 $[a, x]$에서의 입체의 부피를 $V(x)$라 두고, $D(x)$의 $[x, x+h]$상에서의 최댓값과 최솟값을 각각 M, m이라고 하면

$$m \le \frac{V(x+h) - V(x)}{h} \le M$$

이다. 여기서, $D(x)$는 연속함수이므로 $h \to 0$일 때, $m \to D(x)$이고 $M \to D(x)$이다. 따라서 $V'(x) = D(x)$이고 $V(a) = 0$, $V(b) = V$이므로

$$V = \int_a^b D(x)\,dx$$

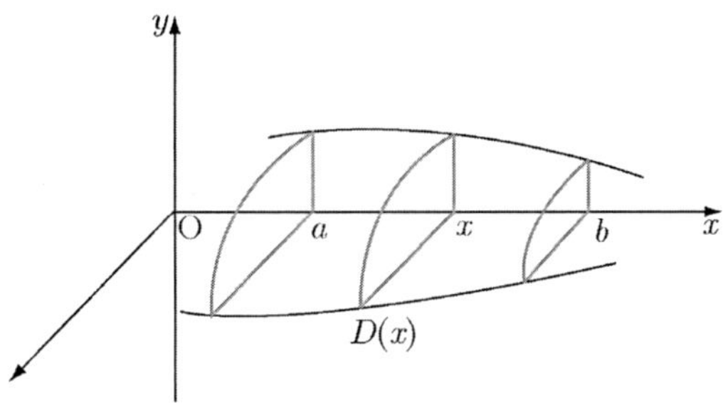

[그림 5.5]

마찬가지로, 입체를 y축에 수직인 평면으로 잘랐을 때, 단면의 넓이 $D(y)$가 y의 구간 $[c, d]$에서 연속이면 구간 $[c, d]$ 사이에 있는 이 입체의 부피 V는

$$V = \int_c^d D(y)\,dy$$

예제 5.5.5

반지름이 3인 원기둥을 원기둥의 축에 수직인 평면 π_1과, 원기둥의 중심에서 평면 π_1을 45°로 만나는 평면 π_2에 의해 절단된 입체의 부피를 구하여라.

풀이 주어진 입체를 그림 5.6과 같은 위치에 두고, 평면 $X = x$로 잘랐을 때 단면의 넓이 $D(x)$는 $D(x) = 2x\sqrt{3^2 - x^2}$이므로, 구하려는 부피 V는

$$V = \int_0^3 D(x)\,dx = 2\int_0^3 x\sqrt{9 - x^2}\,dx$$

$$= -\frac{2}{3}\left[(9 - x^2)^{\frac{3}{2}}\right]_0^3 = 18$$

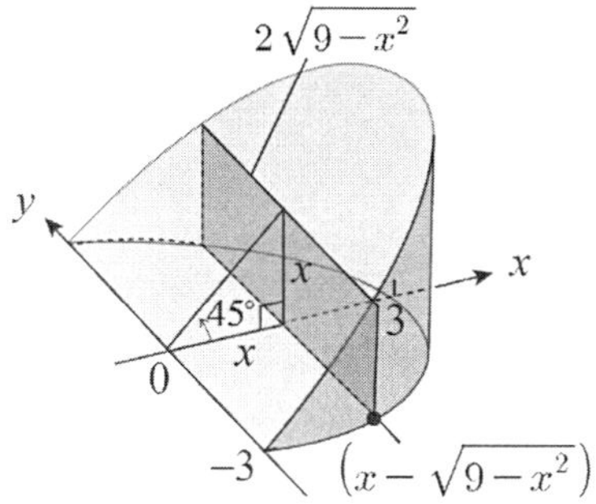

[그림 5.6]

예제 5.5.6

다음 그림에서와 같이, 높이가 4이고 한 변이 3인 정사각형 모양의 바닥으로 이루어진 역피라미드 모양의 입체가 있다. 이 입체의 부피를 구하여라.

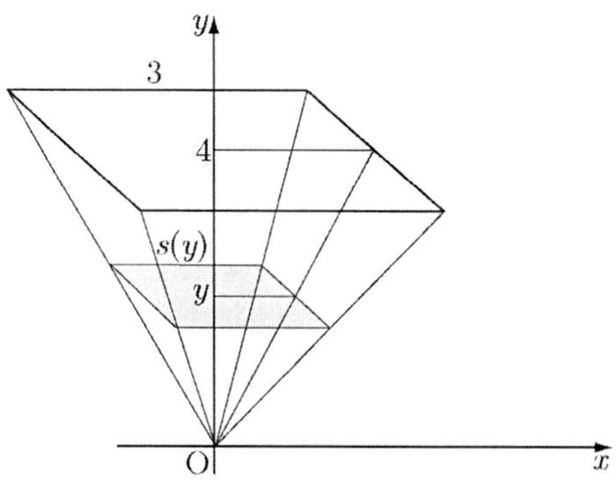

[그림 5.7]

풀이 그림 5.7에서와 같이 피라미드를 거꾸로 뒤집어 꼭짓점을 원점으로, 피라미드의 축을 y축으로 정하자. 그러면 피라미드의 y축은 0에서 4까지 변하고, 구간 $[0, 4]$에서 y에서의 절단면은 정사각형이 된다. 닮은 삼각형에서 높이 y에 대한

정사각형의 한 변의 길이 $s(y)$는

$$\frac{s(y)}{3} = \frac{y}{4} \quad \text{또는} \quad s(y) = \frac{3}{4}y$$

이므로, 높이 y에서의 단면의 넓이는

$$D(y) = (s(y))^2 = \frac{9}{16}y^2$$

으로 주어진다. 따라서 구하려는 부피 V는

$$V = \int_0^4 \frac{9}{16}y^2\,dy = \frac{9}{16}\left[\frac{1}{3}y^3\right]_0^4 = 12$$

■

이제, 회전체의 부피를 구하는 방법에 대해서 알아보자.

x축과 x축의 위쪽에 있는 곡선으로 둘러싸인 영역을 x축 둘레로 회전하여 생기는 입체의 부피는 다음 정리를 이용하여 구할 수 있다.

정리 5.5.2 (회전체의 부피)

다음 그림에서와 같이, 함수 $f(x)$가 구간 $[a, b]$에서 연속일 때, 곡선 $y = f(x)$, 직선 $x = a$, $x = b$ $(a < b)$와 x축으로 둘러싸인 영역을 x축 둘레로 회전하여 생기는 입체의 부피 V는

$$V = \pi\int_a^b \{f(x)\}^2\,dx$$

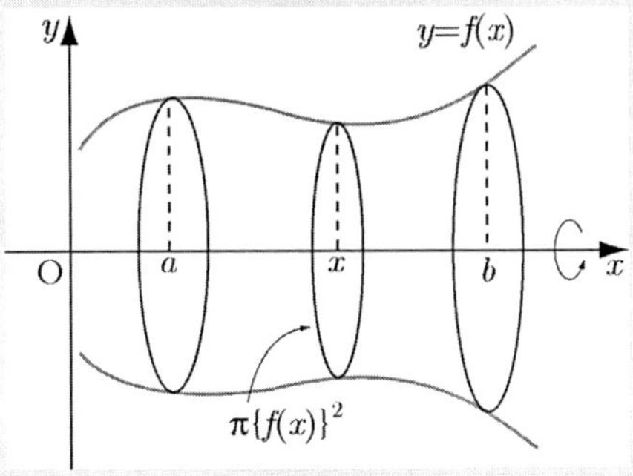

[그림 5.8]

증명 단면의 넓이는 $D(x) = \pi\,(f(x))^2$이므로, 정리가 성립한다.

마찬가지로, 곡선 $x = g(y)$, 직선 $y = c$, $y = d$ $(c < d)$와 y축으로 둘러싸인 영역을 y축 둘레로 회전하여 생기는 입체의 부피 V는

$$V = \pi \int_{c}^{d} \{g(y)\}^2 dy$$

예제 5.5.7

포물선 $y^2 = 4px$를 x축의 둘레로 회전하여 생기는 포물면과 평면 $x = a$로 둘러싸인 입체의 부피를 구하여라. (단, a, $p > 0$)

풀이

$$V = \pi \int_{0}^{a} 4px\, dx = 2\pi p \left[x^2\right]_{0}^{a} = 2\pi p a^2$$

예제 5.5.8

곡선 $y = \sin x$ $(0 \le x \le \pi)$와 x축으로 둘러싸인 영역을 x축 둘레로 회전하여 생기는 입체의 부피를 구하여라.

풀이 구하려는 부피 V는

$$\begin{aligned} V &= \pi \int_{0}^{\pi} y^2 dx = \pi \int_{0}^{\pi} \sin^2 x\, dx \\ &= \frac{\pi}{2} \int_{0}^{\pi} (1 - \cos 2x) dx \\ &= \frac{\pi}{2} \left[x - \frac{\sin 2x}{2} \right]_{0}^{\pi} = \frac{\pi^2}{2} \end{aligned}$$

예제 5.5.9

반지름이 a인 구의 부피를 구하여라.

풀이 반지름 a인 구는 반원 $x^2 + y^2 = a^2$ $(y \ge 0)$을 x축 둘레로 회전하여 생기는 입체이므로, 구하려는 부피 V는

$$V=\pi\int_{-a}^{a}y^2\,dx=2\pi\int_0^a(a^2-x^2)\,dx$$

$$=2\pi\left[a^2x-\frac{x^3}{3}\right]_0^a=\frac{4}{3}\pi a^3$$

■

두 함수 $f(x)$, $g(x)$가 구간 $[a,b]$에서 연속이고 $f(x)\ge g(x)$일 때, 두 곡선 $y=f(x)$, $y=g(x)$와 직선 $x=a$, $x=b$로 둘러싸인 영역을 직선 $y=c$를 중심으로 회전하여 생기는 회전체의 부피 V를 구하여 보자. 회전체의 단면은 반지름이 각각 $|f(x)-c|$와 $|g(x)-c|$인 동심원으로 둘러싸인 영역이므로, 단면의 넓이는

$$D(x)=\pi|(f(x)-c)^2-(g(x)-c)^2|$$

이다. 따라서 구하려는 회전체의 부피 V는

$$V=\pi\int_a^b|(f(x)-c)^2-(g(x)-c)^2|\,dx$$

■

예제 5.5.10

곡선 $y=-x^2+2$와 x축으로 둘러싸인 영역을 직선 $y=-1$을 중심으로 회전하여 생기는 입체의 부피를 구하여라.

풀이 x축에 수직인 평면으로 회전체를 잘랐을 때, 단면의 넓이 $D(x)$는

$$D(x)=\pi|(y+1)^2-(0+1)^2|=\pi|y^2+2y|$$

$$=\pi|(-x^2+2)^2+2(-x^2+2)|$$

$$=\pi|x^4-6x^2+8|$$

이므로, 구하려는 회전체의 부피 V는

$$V=2\pi\int_0^{\sqrt{2}}(x^4-6x^2+8)\,dx$$

$$=2\pi\left[\frac{x^5}{5}-2x^3+8x\right]_0^{\sqrt{2}}=\frac{48\sqrt{2}\,\pi}{5}$$

■

5.5 연습문제

1. 다음 각 영역의 넓이를 구하여라.

(1) 포물선 $y=4x-x^2$와 x축으로 둘러싸인 영역

(2) 곡선 $y=\dfrac{x}{1+\sqrt{x}}$와 직선 $y=0,\ x=4$로 둘러싸인 영역

2. 다음 각 영역의 넓이를 구하여라.

(1) 두 곡선 $x=y^2-4y$와 $x=2y-y^2$로 둘러싸인 영역

(2) 포물선 $y^2=4ax$와 직선 $x=b$로 둘러싸인 영역 $(a,\ b>0)$

(3) 곡선 $y=\sqrt{2-\sqrt{x}}$와 x축, y축으로 둘러싸인 영역

(4) 두 곡선 $y=x^n$과 $y=x^{2n}$으로 둘러싸인 영역 (n은 자연수)

3. 다음 주어진 곡선들로 둘러싸인 영역을 x축을 중심으로 회전하였을 때, 생기는 입체의 부피를 구하여라.

(1) $y=x^2,\ y=4-x^2$

(2) $y=x^2+1,\ x=-1,\ x=1$

4. 어떤 그릇에 물을 채우려고 하는데, 물의 깊이 x cm와 부피 $V\text{cm}^3$ 사이에는 $V=x^3+4x^2+3x$의 관계가 성립한다. 물의 깊이가 2 cm일 때, 수면의 넓이를 구하여라.

5. 직선 $y=1-x$와 x축, y축으로 둘러싸인 영역을 밑면으로 하고, x축에 수직인 평면으로 자른 단면이 정삼각형인 입체의 부피를 구하여라.

6. 똑바로 세워져 있는 원추모양의 컵에 빨대를 꽂아 매초 4 cm^3의 물을 마시고 있다. 컵의 높이는 12 cm이고 윗부분의 반지름이 6 cm일 때, 수면의 높이가 4 cm가 되는 순간에 수면의 높이가 낮아지는 속도를 구하여라.

5장 종합문제

1. 다음 극한을 정적분으로 나타내어라.

(1) $\lim\limits_{n\to\infty}\sum\limits_{i=1}^{n}\left(\frac{i}{n}\right)^3\frac{1}{n}$

(2) $\lim\limits_{n\to\infty}\sum\limits_{i=0}^{n-1}\frac{2}{n+i}$

(3) $\lim\limits_{n\to\infty}\sum\limits_{i=0}^{n}\left(\frac{3i}{n}\right)^2\frac{3}{n}$

(4) $\lim\limits_{n\to\infty}\sum\limits_{k=1}^{n}\frac{n}{(n+k)(3n+k)}$

2. 다음 함수의 x에 관한 도함수를 구하여라.

(1) $\int_1^x \sqrt{4+t^6}\,dt$

(2) $\int_0^x (x-t)\cos t\,dt$

(3) $\int_1^x (2-\ln t)\,dt \quad (x>0)$

(4) $\int_0^x (3t^2-12t+9)\,dt$

3. 임의의 x에 대해서, $x^2f(x)=4x^6+x^4+2\int_1^x t\,f(t)\,dt$를 만족하는 미분가능 함수 $f(x)$를 구하여라.

4. 두 함수 $f(x)=ax+b$와 $g(x)=e^x$가 다음을 만족할 때, $f(x)$를 구하여라.

$$f(g(x))=\int_0^x f(t)g(t)\,dt - xe^x+3$$

5. 다음 정적분을 구하여라.

(1) $\int_{-1}^{1}(5x^5-x^2+3x)\,dx$

(2) $\int_1^2 (5-e^{-t})\,dt$

(3) $\int_{-\pi}^{\pi}(5\sin x-\cos x)\,dx$

(4) $\int_0^{\frac{\pi}{2}} 2\sin^2 x\,dx$

(5) $\displaystyle\int_1^2 \frac{x}{x^2-x-6}\,dx$　　(6) $\displaystyle\int_0^2 |e^x-3|\,dx$

6. 치환적분법으로, 다음 정적분을 구하여라.

(1) $\displaystyle\int_0^2 x\sqrt{1+2x^2}\,dx$　　(2) $\displaystyle\int_0^{\pi} 3\sin x\cos^2 x\,dx$

(3) $\displaystyle\int_0^{\frac{3}{2}} \frac{1}{\sqrt{9-x^2}}\,dx$　　(4) $\displaystyle\int_0^{\sqrt{\frac{\pi}{2}}} 6x\cos(x^2)\,dx$

7. 부분적분법을 이용하여, 다음 정적분을 구하여라.

(1) $\displaystyle\int_0^{\frac{\pi}{4}} x\cos 2x\,dx$　　(2) $\displaystyle\int_0^{\frac{\pi}{3}} \cos^3 x\,dx$

(3) $\displaystyle\int_1^{e} (1+x)e^x\ln x\,dx$　　(4) $\displaystyle\int_0^1 \sin^{-1}x\,dx$

8. 부분적분법을 이용하여, $I_n=\displaystyle\int_0^{\frac{\pi}{2}} \sin^n x\,dx$ (n은 양의 정수)를 구하여라.

9. 음이 아닌 정수 n에 대하여, $I_n=\displaystyle\int_0^{\frac{\pi}{4}} \tan^n x\,dx$라 할 때, $I_{n+1}+I_{n-1}=\dfrac{1}{n}$임을 증명하여라.

10. 이상적분 $\displaystyle\int_0^{\infty} x e^{-x}\,dx$를 구하여라.

11. 이상적분 $\displaystyle\int_0^{4} \frac{1}{x^2-2x-3}\,dx$를 구하여라.

12. 다음의 곡선 또는 직선으로 둘러싸인 영역의 넓이를 구하여라.

(1) $y=\dfrac{1}{x^2}$, $y=-x^2$, $x=1$, $x=2$　　(2) $y=x^2+1$, $y=2x^2-8$

(3) $y^2 = -x$, $x - y = 4$, $y = -1$, $y = 2$ (4) $y = x$, $y = 3x$, $x + y = 4$

13. 곡선 $y = x^2 - 1$과 점 $(1, 0)$에서의 접선 및 y축으로 둘러싸인 영역의 넓이를 구하여라.

14. 곡선 $y = x^3 - 6x^2 + 9x$와 직선 $y = ax$로 둘러싸인 두 영역의 넓이가 같을 때, 상수 a의 값을 구하여라.

15. 밑면은 반지름이 a인 원이고 밑면의 한 지름에 수직인 평면으로 잘랐을 때의 단면이 정사각형인 입체의 부피를 구하여라.

16. 다음에 주어진 곡선들로 둘러싸인 영역을 x축을 중심으로 회전하였을 때, 생기는 입체의 부피를 구하여라.

(1) $y = \dfrac{1}{x}$, $x = 1$, $x = 2$ (2) $y = \sqrt{x}$, $y = x^2$

17. 다음에 주어진 곡선들로 둘러싸인 영역을 y축을 중심으로 회전하였을 때, 생기는 입체의 부피를 구하여라.

(1) $y = x^2$, $y = 0$, $y = 2$ (2) $y = 2x$, $y = 4x^2$

(3) $x + y = 1$, $y = x + 1$, $x = 2$

18. 곡선 $y = 9 - x^2$과 x축으로 둘러싸인 영역을 다음 각 직선을 중심으로 회전하여 생기는 입체의 부피를 구하여라.

(1) y축 (2) 직선 $y = -1$ (3) 직선 $x = 5$

■ 길이를 나타내는 단위들

기원전 3,000년 경, 피라미드와 스핑크스를 만든 이집트인들은 길이의 단위로 큐빗(cubit)을 사용하였다. 1큐빗은 팔을 구부렸을 때 팔꿈치 모서리에서 가운데 손가락 끝까지의 길이를 나타낸 것으로, 그 당시 1큐빗은 약 52.4cm(또는 46.4cm)이었다. 그 이후에 큐빗은 고대 사회에서 보편화되었으며, 약 45.7cm에 해당하는 길이로 사용되었다.

과거 우리나라에서는 길이의 단위로 뼘, 발, 자 등을 사용하였는데, 뼘은 엄지와 인지를 쭉 폈을 때의 길이(약 20cm)이며, 발은 두 팔을 잔뜩 벌린 길이를 말한다. 자는 엄지와 중지를 쭉 폈을 때의 길이에서 비롯되었으며, 자의 한자어인 척(尺)은 손바닥을 펼쳐서 길이를 재는 형상에서 온 상형문자이다. 고려 및 조선시대 초기까지는 1자를 32.21cm로 하였으나, 세종 12년에 31.22cm로 바꾸어 사용해 오다가 1902년부터는 약 30.3cm로 통용되었다. 1963년 계량법이 제정되면서 현재는 자를 거래나 증명 등의 계산단위로 사용하지 않게 되었다. 그리고 토지나 건물 등의 넓이를 나타낼 때 주로 사용하는 평(坪)은 가로와 세로가 6자인 정사각형의 넓이를 뜻하며 약 $3.3m^2$이다. 이 또한, 법률상 사용이 금지되었으나 아직도 일상생활에서는 널리 사용되고 있다.

현재, 세계적으로 통용되는 길이의 단위는 미터(m)이다. 미터는 역사적으로는 북극점에서 파리를 통과해 적도에 이르는 지구 사분원의 10,000,000분의 1의 값으로 1791년 프랑스 과학 아카데미에서 정하였다. 빛의 파장까지도 측정할 수 있는 기술이 개발되어 인공물에 의존하지 않고 더 정확하고 쉬운 표준을 설정할 수 있게 되어, 1983년에 1m를 빛이 1초 동안에 이동하는 거리의 299,792,458분의 1로 바꾸었다. 미터를 기본 단위로 하여 킬로미터, 센티미터, 밀리미터, 미크론(미터의 백만 분의 1), 밀리미크론(미터의 십억 분의 1), 옹그스트롱(미터의 백억 분의 1) 등의 다양한 단위의 길이를 사용하고 있다. 1광년은 빛이 1년 동안 걸려서 가는 거리로서, 빛은 1초 동안에 약 30만 킬로미터를 진행하므로 1년 동안이면 엄청난 거리가 되는데, 이를 미터로 바꾸면 약 9,460조 8천억 미터가 된다. 우리가 잘 알고 있는 북극성까지의 거리는 무려 800광년이나 된다.

미국을 비롯한 영어권의 국가에서는 길이의 단위로 피트(feet)와 야드(yard) 등을 사용하고 있다. 로마인들도 길이를 재는 단위가 없었을 때, 흔히 자기 자신의 신체 길이를 단위로 사용하였다. 그러나 이는 사람마다 크기가 다르므로 불편한 점이 많았다. 피트 역시 사람의 발의 길이로 측정하였기 때문에 재는 사람의 발의 크기에 따라 25~34cm로 다양하였다. 지금은 미터법을 사용하는 나라가 대부분이며, 피트 단위를 사용하는 나라에서도 피트의 길이를 미터로 환산해 사용하고 있다. 미국에서는 1893년 피트를 미터로 환산해서 사용하기 시작하였는데, 1959년부터는 1피트를 30.48cm로 정하여 사용하고 있다. 야드는 지금으로부터 800여년 전, 영국 헨리 1세가 정한 길이의 단위로서, 왕의 코에서부터 한쪽 팔을 쭉 뻗은 손가락 끝까지 길이로 약 91.44cm이고, 인치는 어른 엄지손가락 길이를 나타내는데 약 2.54cm이다.

거리를 나타내는 또 다른 단위로 마일(mile)이 있다. 1마일은 5,280피트에 해당하며 약 1,609.3m이다. 마일은 로마어의 1,000걸음(millc passus)에서 나온 말로서 로마의 5,000피트와 영국의 4,840피트와 같은 값이다. 해운이나 항공운송에서 보편적으로 사용되는 거리의 단위로는 해리(nautical mile)가 있다. 해리는 지구의 둘레를 분(1°/60) 단위로 나눈 값, 즉 지구둘레를 360°로 놓고 1분에 해당하는 길이를 1해리로 정하였는데, 1해리는 1,852m에 해당한다. 그리고 배의 속도를 나타내는 1노트(knot)는 1시간에 1해리를 가는 속도를 뜻한다.

다음 표는 앞에서 기술한 길이에 관한 단위의 설정기준과 그 길이를 미터법으로 환산하여 나타낸 것이다.

단위	설정 기준	미터법 환산
미터	빛이 1초 동안에 이동하는 거리의 299,792,458분의 1	
뼘	엄지손가락과 집게손가락을 쭉 폈을 때의 길이	20cm
자	엄지손가락과 가운데 손가락을 쭉 폈을 때의 길이	30.3cm
큐빗	팔을 구부렸을 때 팔꿈치 모서리에서 가운데 손가락 끝까지의 길이	45.7cm
피트	발의 길이	30.48cm
야드	코에서부터 한쪽 팔을 쭉 뻗은 손가락 끝까지의 길이	91.44cm
인치	어른 엄지손가락의 길이	2.54cm
해리	각도 1분에 해당하는 지구 둘레의 길이	1,852m

제6장

무한급수와 멱급수

▶▷▶ 이 장에서는 무한급수와 함수의 멱급수 전개 등에 대해 공부한다. 응용과학 분야에서 많이 등장하는 여러 특수함수들은 무한급수의 합으로 정의되기 때문에, 무한급수의 수렴에 대한 기본개념을 명확히 이해하여야 한다. 또한, 함수를 멱급수로 전개하면 수용할 정도의 근삿값을 구할 수 있다는 관점에서도 멱급수에 대한 지식은 매우 중요하다.

6.1 무한급수의 수렴과 성질

주어진 수열 $\{a_n\}$에 대해서

$$\sum_{n=1}^{\infty} a_n = a_1 + a_2 + \cdots + a_n + \cdots$$

을 무한급수(infinite series) 또는 급수(series)라 하고, 각 a_n은 급수 $\sum_{n=1}^{\infty} a_n$의 항(term)이라고 정의한다. 급수의 합을 정의하기 위해

$$S_1 = a_1$$
$$S_2 = a_1 + a_2$$
$$\vdots$$
$$S_n = a_1 + a_2 + \cdots + a_n = \sum_{k=1}^{n} a_k$$

라고 두었을 때, S_n을 급수의 제n부분합(nth partial sum)이라 하고, 부분합들로 이루어진 수열 $\{S_n\}$이 수렴하면 급수 $\sum_{n=1}^{\infty} a_n$이 수렴한다(converge)고 하고, $\{S_n\}$이 발산하면 $\sum_{n=1}^{\infty} a_n$도 발산한다(diverge)고 한다. 만약, 수열 $\{S_n\}$이 S에 수렴하면, S를 급수의 합(sum)이라 하고 $\sum_{n=1}^{\infty} a_n = S$로 나타낸다.

예제 6.1.1

$\frac{1}{3} + \frac{1}{9} + \frac{1}{27} + \frac{1}{81} + \cdots = \frac{1}{2}$임을 보여라.

풀이 제n부분합 $S_n = \frac{1}{3} + \frac{1}{3^2} + \cdots + \frac{1}{3^n}$에서

$$\frac{1}{3}S_n = \frac{1}{3^2} + \frac{1}{3^3} + \cdots + \frac{1}{3^{n+1}}$$

이므로

$$S_n - \frac{1}{3}S_n = \frac{1}{3} - \frac{1}{3^{n+1}}, \quad \text{즉 } S_n = \frac{1}{2}\left(1 - \frac{1}{3^n}\right)$$

이 성립한다. 따라서

$$S = \lim_{n \to \infty} S_n = \frac{1}{2}$$

■

예제 6.1.2

급수 $\frac{1}{2} - \frac{1}{2} + \frac{1}{2} - \frac{1}{2} + \cdots$은 발산함을 보여라.

풀이 각 부분합은

$$S_1 = \frac{1}{2}$$

$$S_2 = \frac{1}{2} - \frac{1}{2} = 0$$

$$S_3 = \frac{1}{2} - \frac{1}{2} + \frac{1}{2} = \frac{1}{2}$$

$$S_4 = \frac{1}{2} - \frac{1}{2} + \frac{1}{2} - \frac{1}{2} = 0$$

$$\vdots$$

이므로, 부분합들로 이루어진 수열 $\left\{\frac{1}{2}, 0, \frac{1}{2}, 0, \ldots\right\}$은 발산한다. 따라서 주어진 급수는 발산한다.

■

예제 6.1.2에서와 같이, $\lim_{n\to\infty} S_n$이 부정이면 주어진 급수는 진동한다(oscillate)고 한다.

예제 6.1.3

무한등비급수 $a + ar + ar^2 + \cdots + ar^{n-1} + \cdots \ (a \neq 0)$에서 $|r| < 1$이면 주어진 급수는 수렴하고, $|r| \geq 1$이면 발산한다.

풀이 먼저, $r = 1$이면, 주어진 등비급수는 $a + a + a + \cdots$이고, 제 n 부분합 $S_n = na$에 대해서

$$\lim_{n\to\infty} S_n = \lim_{n\to\infty} na = \pm\infty$$

가 되어 발산한다. 여기서, 부호는 a의 부호에 따라 정해진다. 만일, $r = -1$이면, 급수는 $a - a + a - a + \cdots$이므로 부분합들로 이루어진 수열 $\{a, 0, a, 0, \ldots\}$은 진동하므로 역시 발산한다. $|r| \neq 1$인 경우, 제 n 부분합은

$$S_n = a + ar + ar^2 + \cdots + ar^{n-1}$$

이고

$$rS_n = ar + ar^2 + ar^3 + \cdots + ar^n$$

이므로, $S_n - rS_n = a - ar^n$이다. 따라서

$$S_n = \frac{a - ar^n}{1-r} = a\left(\frac{1}{1-r} - \frac{r^n}{1-r}\right)$$

을 얻는다. 여기서, $|r|<1$이면 $\lim_{n\to\infty} S_n = \frac{a}{1-r}$가 되어 주어진 급수는 수렴하고, $r>1$이면 $\lim_{n\to\infty} S_n = \pm\infty$ (a의 부호에 따라 결정)이고, $r<-1$이면 S_n이 진동하므로 주어진 급수는 발산한다.

■

예제 6.1.4

급수 $3 - \frac{9}{4} + \frac{27}{16} - \frac{81}{64} + \cdots$의 합을 구하여라.

풀이 주어진 급수의 첫째 항은 $a=3$이고 등비는 $r=-\frac{3}{4}$이다. 따라서 $|r| = \frac{3}{4} < 1$이므로, 이 급수는 수렴하고 그 합은

$$3 - \frac{9}{4} + \frac{27}{16} - \frac{81}{64} + \cdots = \frac{3}{1-\left(-\frac{3}{4}\right)} = \frac{12}{7}$$

■

이제, 수렴하는 급수의 성질에 대해 살펴보자.

정리 6.1.1

급수 $\sum_{n=1}^{\infty} a_n$이 수렴하면, $\lim_{n\to\infty} a_n = 0$이다.

증명 S_n을 제 n부분합이라 하고, $\lim_{n\to\infty} S_n = S$라 하자. 한편, 일반항 a_n은

$$a_n = S_n - S_{n-1}$$

이므로

$$\lim_{n\to\infty} a_n = \lim_{n\to\infty}(S_n - S_{n-1}) = S - S = 0$$

참고

정리 6.1.1은 $\lim_{n\to\infty} a_n \neq 0$이면, 급수 $\sum_{n=1}^{\infty} a_n$이 발산함을 보여준다.

예제 6.1.5

급수 $\sum_{n=1}^{\infty} \frac{2n^2}{3n^2+2}$은 발산함을 보여라.

풀이 $\lim_{n\to\infty} a_n = \lim_{n\to\infty} \frac{2n^2}{3n^2+2} = \lim_{n\to\infty} \frac{2}{3+2/n^2} = \frac{2}{3} \neq 0$이므로, 주어진 급수는 발산한다.

다음의 예제는 정리 6.1.1의 역이 성립하지 않음을 보여준다.

예제 6.1.6

조화급수(harmonic series) $\sum_{n=1}^{\infty} \frac{1}{n} = 1 + \frac{1}{2} + \frac{1}{3} + \cdots$은 발산함을 보여라.

풀이

$$
\begin{gathered}
1 + \frac{1}{2} > \frac{1}{2} \\
\frac{1}{3} + \frac{1}{4} > \frac{1}{2} \\
\frac{1}{5} + \frac{1}{6} + \frac{1}{7} + \frac{1}{8} > \frac{1}{2} \\
\frac{1}{9} + \frac{1}{10} + \cdots + \frac{1}{16} > \frac{8}{16} = \frac{1}{2} \\
\vdots
\end{gathered}
$$

이므로

$$
\begin{aligned}
S_{2^n} &= 1 + \frac{1}{2} + \frac{1}{3} + \cdots + \frac{1}{2^n} \\
&= \left(1 + \frac{1}{2}\right) + \left(\frac{1}{3} + \frac{1}{4}\right) + \cdots + \left(\frac{1}{2^{n-1}+1} + \frac{1}{2^{n-1}+2} + \cdots + \frac{1}{2^n}\right) \\
&> \frac{1}{2} + \frac{1}{2} + \cdots + \frac{1}{2} = \frac{n}{2}
\end{aligned}
$$

이 되어, 주어진 급수는 발산한다.

정리 6.1.2

무한급수 $\sum_{n=1}^{\infty} a_n$, $\sum_{n=1}^{\infty} b_n$이 수렴하면, 다음이 성립한다.

(1) $\sum_{n=1}^{\infty}(a_n+b_n)=\sum_{n=1}^{\infty} a_n+\sum_{n=1}^{\infty} b_n$

(2) $\sum_{n=1}^{\infty} ka_n=k\sum_{n=1}^{\infty} a_n$ (k는 상수)

증명 $\sum_{n=1}^{\infty} a_n=A$, $\sum_{n=1}^{\infty} b_n=B$라 하고

$$A_n=a_1+a_2+\cdots+a_n,\quad B_n=b_1+b_2+\cdots+b_n$$

이라 두면

$$\lim_{n\to\infty} A_n=A,\quad \lim_{n\to\infty} B_n=B$$

가 성립한다.

(1) 한편

$$\begin{aligned} A_n+B_n &= (a_1+b_1)+(a_2+b_2)+\cdots+(a_n+b_n) \\ &= (a_1+a_2+\cdots+a_n)+(b_1+b_2+\cdots+b_n) \end{aligned}$$

이므로

$$\lim_{n\to\infty}(A_n+B_n)=\lim_{n\to\infty} A_n+\lim_{n\to\infty} B_n=A+B$$

이다. 따라서

$$\sum_{n=1}^{\infty}(a_n+b_n)=\sum_{n=1}^{\infty} a_n+\sum_{n=1}^{\infty} b_n$$

(2) $kA_n=k(a_1+a_2+\cdots+a_n)=ka_1+ka_2+\cdots+ka_n$이므로

$$\lim_{n\to\infty} kA_n=k\lim_{n\to\infty} A_n=kA$$

이고, 따라서

$$\sum_{n=1}^{\infty} ka_n=k\sum_{n=1}^{\infty} a_n$$

예제 6.1.7

급수 $\sum_{n=1}^{\infty} \frac{2}{(2n-1)(2n+1)} = \frac{2}{1 \cdot 3} + \frac{2}{3 \cdot 5} + \frac{2}{5 \cdot 7} + \frac{2}{7 \cdot 9} + \cdots$의 수렴, 발산 여부를 알아보고, 만일 수렴하면 그 합을 구하여라.

풀이 n 번째 항은

$$a_n = \frac{2}{(2n-1)(2n+1)} = \frac{1}{2n-1} - \frac{1}{2n+1}$$

이므로, 제 n 부분합은

$$\begin{aligned} S_n &= \sum_{k=1}^{n} \left(\frac{1}{2k-1} - \frac{1}{2k+1} \right) \\ &= \left(1 - \frac{1}{3}\right) + \left(\frac{1}{3} - \frac{1}{5}\right) + \left(\frac{1}{5} - \frac{1}{7}\right) + \cdots + \left(\frac{1}{2n-1} - \frac{1}{2n+1}\right) \\ &= 1 - \frac{1}{2n+1} \end{aligned}$$

이다. 따라서 주어진 급수는 수렴하고

$$\sum_{n=1}^{\infty} \frac{2}{(2n-1)(2n+1)} = 1$$

■

예제 6.1.8

급수 $\sum_{n=1}^{\infty} \left(\frac{3}{(n+1)(n+2)} - \frac{1}{3^n} \right)$을 구하여라.

풀이 급수 $\sum_{n=1}^{\infty} \frac{1}{(n+1)(n+2)}$의 n 번째 항

$$a_n = \frac{1}{(n+1)(n+2)} = \frac{1}{n+1} - \frac{1}{n+2}$$

에서, 제 n 부분합은

$$S_n = \sum_{k=1}^{n} \left(\frac{1}{k+1} - \frac{1}{k+2} \right)$$

$$= \left(\frac{1}{2} - \frac{1}{3}\right) + \left(\frac{1}{3} - \frac{1}{4}\right) + \left(\frac{1}{4} - \frac{1}{5}\right) + \cdots + \left(\frac{1}{n+1} - \frac{1}{n+2}\right)$$

$$= \frac{1}{2} - \frac{1}{n+2}$$

이므로 $\sum_{n=1}^{\infty} \frac{1}{(n+1)(n+2)} = \frac{1}{2}$ 이다. 한편, $\sum_{n=1}^{\infty} \frac{1}{3^n}$ 은 초항 $a = \frac{1}{3}$, 등비 $r = \frac{1}{3}$ 인 무한등비급수이므로

$$\sum_{n=1}^{\infty} \frac{1}{3^n} = \frac{\frac{1}{3}}{1 - \frac{1}{3}} = \frac{1}{2}$$

이다. 그러므로 정리 6.1.2에 의해, 주어진 급수는 수렴하고

$$\sum_{n=1}^{\infty} \left(\frac{3}{(n+1)(n+2)} - \frac{1}{3^n}\right) = \frac{3}{2} - \frac{1}{2} = 1$$

■

6.1 연습문제

1. 다음 급수의 수렴, 발산 여부를 알아보고, 만일 수렴하면 그 합을 구하여라.

(1) $\sum_{n=1}^{\infty} \left(-\frac{1}{2}\right)^n$

(2) $\sum_{n=1}^{\infty} \left(-\frac{3}{4}\right)^{n-1}$

(3) $\sum_{n=1}^{\infty} (-1)^{n-1} \frac{7}{6^{n-1}}$

(4) $\sum_{n=1}^{\infty} \left(-\frac{3}{2}\right)^{n+1}$

(5) $\sum_{n=1}^{\infty} \frac{1}{(n+2)(n+3)}$

(6) $\sum_{n=1}^{\infty} \frac{1}{9n^2 + 3n - 2}$

6.2 급수의 수렴판정법

이 절에서는 급수의 수렴 또는 발산 여부를 판정하는데 유용하게 사용되는 적분판정법, 비교판정법, 비례판정법 및 Root판정법 등에 대해서 알아본다.

정리 6.2.1 (적분판정법(integral test))

함수 $f(x)$가 $1 \le x < \infty$에서 양의 감소함수로서 $f(n) = a_n \quad (n = 1, 2, \ldots)$일 때, $\sum_{n=1}^{\infty} a_n$이 수렴할 필요충분조건은 $\int_1^{\infty} f(x)\,dx$가 수렴할 때이다.

증명 $\int_1^{\infty} f(x)dx$가 L에 수렴한다고 하자. 다음 그림 6.1에서와 같이

$$a_1 + a_2 + \cdots + a_n \le a_1 + \int_1^n f(x)\,dx$$

이므로

$$S_n = a_1 + a_2 + a_3 + \cdots + a_n \le a_1 + \int_1^n f(x)dx$$

$$< a_1 + \int_1^{\infty} f(x)\,dx = a_1 + L$$

이 되어 $\{S_n\}$은 수렴한다.

역으로, $\sum_{n=1}^{\infty} a_n$이 A에 수렴한다고 하면, 그림 6.2에서

$$\int_1^{n+1} f(x)dx \le a_1 + a_2 + \cdots + a_n = S_n < \sum_{n=1}^{\infty} a_n = A$$

이므로, $\int_1^{\infty} f(x)\,dx$도 수렴한다.

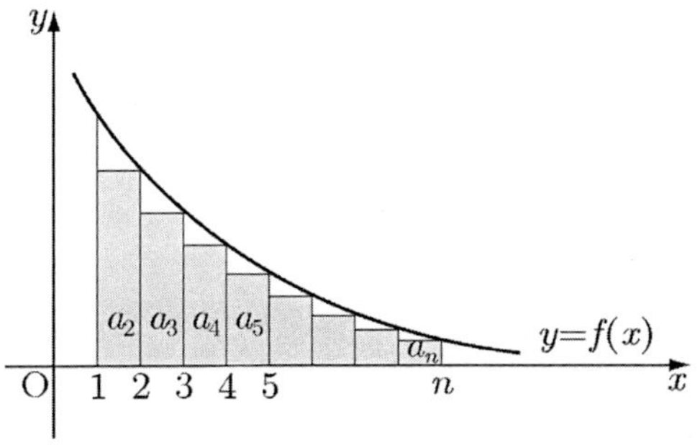

[그림 6.1]

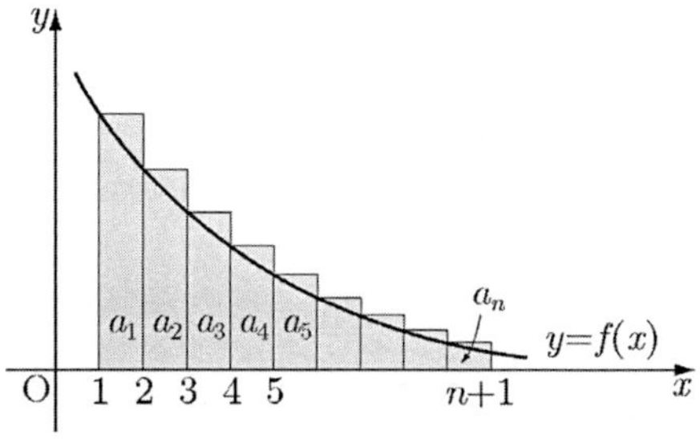

[그림 6.2]

예제 6.2.1

p -급수(p-series) $\sum_{n=1}^{\infty}\frac{1}{n^p}=1+\frac{1}{2^p}+\frac{1}{3^p}+\cdots+\frac{1}{n^p}+\cdots$은 $p>1$이면 수렴하고, $0<p\leq 1$이면 발산한다.

풀이 $f(x)=\frac{1}{x^p}$이라 두면, 함수 $f(x)$는 구간 $[1,\infty)$상에서 양의 감소함수이고 $f(n)=\frac{1}{n^p}$이므로 적분판정법을 이용하자. $p\neq 1$이면

$$\begin{aligned}\int_1^{\infty}f(x)\,dx &= \lim_{b\to\infty}\int_1^b x^{-p}\,dx = \lim_{b\to\infty}\left[\frac{1}{1-p}x^{1-p}\right]_1^b \\ &= \lim_{b\to\infty}\left(\frac{b^{1-p}}{1-p}-\frac{1}{1-p}\right)\end{aligned}$$

이므로, $0<p<1$이면 $\int_1^{\infty}f(x)\,dx=\infty$로부터 발산하고, $1<p$이면 $\int_1^{\infty}f(x)\,dx=\frac{1}{p-1}$로부터 수렴한다. 또한, $p=1$인 경우는

$$\begin{aligned}\int_1^{\infty}f(x)\,dx &= \lim_{b\to\infty}\int_1^b\frac{1}{x}\,dx = \lim_{b\to\infty}[\ln x]_1^b \\ &= \lim_{b\to\infty}(\ln b)=\infty\end{aligned}$$

이므로, 주어진 급수는 발산한다.

급수 $\sum_{n=1}^{\infty} a_n$ 에서 항 a_n 이 모두 양수일 때, $\sum_{n=1}^{\infty} a_n$ 을 양항급수(positive series)라고 한다.

정리 6.2.2 (비교판정법(comparison test))

두 양항급수 $\sum_{n=1}^{\infty} a_n$ 과 $\sum_{n=1}^{\infty} b_n$ 이 $a_n \le kb_n$ (k는 상수, $n=1, 2, \ldots$)을 만족한다고 하자. 이때

(1) $\sum_{n=1}^{\infty} b_n$ 이 수렴하면, $\sum_{n=1}^{\infty} a_n$ 도 수렴한다.

(2) $\sum_{n=1}^{\infty} a_n$ 이 발산하면, $\sum_{n=1}^{\infty} b_n$ 도 발산한다.

증명 (1) $\sum_{n=1}^{\infty} b_n = B$라 하면, 임의의 n에 대해

$$\begin{aligned} a_1 + a_2 + \cdots + a_n &\le kb_1 + kb_2 + \cdots + kb_n \\ &= k(b_1 + b_2 + \cdots + b_n) \\ &< k\sum_{n=1}^{\infty} b_n = kB \end{aligned}$$

이므로, $\sum_{n=1}^{\infty} a_n$ 은 수렴한다.

(2) 만일 $\sum_{n=1}^{\infty} b_n$ 이 수렴한다면, (1)에 의해 $\sum_{n=1}^{\infty} a_n$ 도 수렴하는데 이는 가정에 모순이다.

예제 6.2.2

급수 $\sum_{n=1}^{\infty} \frac{1}{2n^2+1} = \frac{1}{3} + \frac{1}{9} + \frac{1}{19} + \frac{1}{33} + \cdots$ 의 수렴, 발산 여부를 비교판정법으로 판정하여라.

풀이 $\frac{1}{2n^2+1} \le \frac{1}{n^2}$ $(n = 1, 2, \ldots)$ 이고 $\sum_{n=1}^{\infty} \frac{1}{n^2}$ 이 수렴하므로(예제 6.2.1 참조), 비교판정법에 의해 주어진 급수도 수렴한다. ■

예제 6.2.3

비교판정법을 이용하여, 급수 $\sum_{n=1}^{\infty} \frac{n+2}{n(n+1)}$ 의 수렴, 발산 여부를 판정하여라.

풀이 일반항은

$$a_n = \frac{n+2}{n(n+1)} = \frac{n+2}{n+1} \cdot \frac{1}{n} > \frac{1}{n}$$

이고, 조화급수

$$\sum_{n=1}^{\infty} \frac{1}{n} = \frac{1}{1} + \frac{1}{2} + \frac{1}{3} + \cdots$$

은 발산하므로(예제 6.1.6, 예제 6.2.1 참조), 주어진 급수도 발산한다. ■

정리 6.2.3 (극한 비교판정법(limit comparison test))

두 양항급수 $\sum_{n=1}^{\infty} a_n$ 과 $\sum_{n=1}^{\infty} b_n$ 에서 $\lim_{n\to\infty} \frac{a_n}{b_n} = c$ 이고 c가 양의 상수이면, 이 급수들은 모두 수렴하거나, 모두 발산한다.

예제 6.2.4

급수 $\sum_{n=1}^{\infty} \frac{1}{3^n+2}$ 의 수렴, 발산 여부를 판정하여라.

풀이 $a_n = \frac{1}{3^n+2}$, $b_n = \frac{1}{3^n}$ 이라 두면

$$\lim_{n\to\infty} \frac{a_n}{b_n} = \lim_{n\to\infty} \frac{3^n}{3^n+2} = \lim_{n\to\infty} \frac{1}{1+(2/3^n)} = 1 > 0$$

이다. 한편, $\sum_{n=1}^{\infty}\frac{1}{3^n}$은 수렴하는 등비급수이므로, 극한비교판정법에 의하여 주어진 급수는 수렴한다.

■

정리 6.2.4 (비례판정법(ratio test))

$\sum_{n=1}^{\infty}a_n$이 양항급수이고 $\lim_{n\to\infty}\frac{a_{n+1}}{a_n}=r$이라고 할 때

(1) $r<1$이면, $\sum_{n=1}^{\infty}a_n$은 수렴한다.

(2) $r>1$이면, $\sum_{n=1}^{\infty}a_n$은 발산한다.

증명 (1) $\rho=\frac{1}{2}(1+r)$이라 두면, $r<\rho<1$이다. 한편, $\lim_{n\to\infty}\frac{a_{n+1}}{a_n}=r$이므로 $n\geq N$이면 $\frac{a_{n+1}}{a_n}<\rho$을 만족시키는 자연수 N이 존재한다. 따라서

$$\begin{aligned}&a_{N+1}<\rho a_N\\&a_{N+2}<\rho a_{N+1}<\rho^2 a_N\\&\quad\vdots\\&a_{N+P}<\rho a_{N+P-1}<\rho^P a_N\end{aligned}$$

이 성립한다. 여기서

$$\sum_{n=N+1}^{\infty}a_n\leq\sum_{n=1}^{\infty}\rho^n a_N=a_N\sum_{n=1}^{\infty}\rho^n=\frac{\rho}{1-\rho}a_N$$

이므로, 비교판정법에 의해 급수 $\sum_{n=1}^{\infty}a_n$은 수렴한다.

(2) $\lim_{n\to\infty}\frac{a_{n+1}}{a_n}=r>1$일 때, $n\geq N$이면 $\frac{a_{n+1}}{a_n}>1$을 만족하는 자연수 N이 존재하므로, $\lim_{n\to\infty}a_n\neq 0$이다. 따라서 $\sum_{n=1}^{\infty}a_n$은 발산한다.

참고

두 양항급수 $\sum_{n=1}^{\infty}\frac{1}{n}$과 $\sum_{n=1}^{\infty}\frac{1}{n^2}$은 모두 $r=1$이지만, 예제 6.2.1에서 $\sum_{n=1}^{\infty}\frac{1}{n}$은 발산하고 $\sum_{n=1}^{\infty}\frac{1}{n^2}$은 수렴하므로, $r=1$인 경우에는 비례판정법으로 수렴, 발산 여부를 판정할 수 없다.

예제 6.2.5

급수 $\sum_{n=1}^{\infty}\frac{3^n}{n!}$의 수렴, 발산 여부를 판정하여라.

풀이 $r=\lim_{n\to\infty}\frac{a_{n+1}}{a_n}=\lim_{n\to\infty}\frac{n!\cdot 3^{n+1}}{(n+1)!\cdot 3^n}=\lim_{n\to\infty}\frac{3}{n+1}=0<1$이므로, 비례판정법에 의해 주어진 급수는 수렴한다.

■

예제 6.2.6

급수 $\sum_{n=1}^{\infty}\frac{n^n}{n!}$이 발산함을 보여라.

풀이

$$r=\lim_{n\to\infty}\frac{a_{n+1}}{a_n}=\lim_{n\to\infty}\frac{(n+1)^{n+1}}{(n+1)!}\cdot\frac{n!}{n^n}=\lim_{n\to\infty}\left(\frac{n+1}{n}\right)^n$$

$$=\lim_{n\to\infty}\left(1+\frac{1}{n}\right)^n=e>1$$

이므로, 비례판정법에 의해 주어진 급수는 발산한다.

■

정리 6.2.5 (Root판정법(root test))

양항급수 $\sum_{n=1}^{\infty}a_n$에서 $\lim_{n\to\infty}\sqrt[n]{a_n}=r$이라고 할 때, $r<1$이면 급수 $\sum_{n=1}^{\infty}a_n$은 수렴하고, $r>1$이면 발산한다.

Root판정법에 대한 증명은 비례판정법과 같은 방법으로 할 수 있으므로 생략한다.

참고

Root판정법에서 $r=1$인 경우는 주어진 급수의 수렴, 발산을 판정할 수 없다. 예로, 두 급수 $\sum_{n=1}^{\infty}\frac{1}{n}$과 $\sum_{n=1}^{\infty}\frac{1}{n^2}$은 모두 $r=\lim_{n\to\infty}\sqrt[n]{a_n}=1$이지만, $\sum_{n=1}^{\infty}\frac{1}{n}$은 발산하고 $\sum_{n=1}^{\infty}\frac{1}{n^2}$은 수렴한다.

예제 6.2.7

급수 $\sum_{n=1}^{\infty}\left(\frac{2n+5}{3n-1}\right)^n$은 수렴함을 보여라.

풀이 Root판정법에 의해서

$$r=\lim_{n\to\infty}\sqrt[n]{a_n}=\lim_{n\to\infty}\frac{2n+5}{3n-1}=\frac{2}{3}<1$$

이므로, 주어진 급수는 수렴한다.

■

예제 6.2.8

급수 $\sum_{n=1}^{\infty}\frac{(2n^2+3)^n}{n^{2n}}$의 수렴, 발산 여부를 판정하여라.

풀이 Root판정법에 의해서

$$r=\lim_{n\to\infty}\sqrt[n]{a_n}=\lim_{n\to\infty}\frac{2n^2+3}{n^2}=2>1$$

이므로, 주어진 급수는 발산한다.

■

6.2 연습문제

1. 적분판정법을 이용하여, 다음 급수의 수렴, 발산 여부를 판정하여라.

(1) $\sum_{n=1}^{\infty} \frac{1}{n^2+1}$ (2) $\sum_{n=1}^{\infty} \frac{1}{\sqrt{n+5}}$

(3) $\sum_{n=1}^{\infty} ne^{-n}$ (4) $\sum_{n=1}^{\infty} n^2 e^{-n^2}$

(5) $\sum_{n=1}^{\infty} \frac{1}{n+6}$ (6) $\sum_{n=1}^{\infty} \frac{1}{1+9n^2}$

2. 비교판정법을 이용하여, 다음 급수의 수렴, 발산 여부를 판정하여라.

(1) $\sum_{n=1}^{\infty} \frac{1}{n \cdot 2^n}$ (2) $\sum_{n=1}^{\infty} \frac{1}{(2n)^n}$

(3) $\sum_{n=1}^{\infty} \frac{1}{2n^2-n}$ (4) $\sum_{n=1}^{\infty} \frac{1}{\sqrt{2n}}$

(5) $\sum_{n=1}^{\infty} \frac{1}{n(n+2)}$ (6) $\sum_{n=1}^{\infty} \frac{1}{2^n-1}$

3. 비례판정법을 이용하여, 다음 급수의 수렴, 발산 여부를 판정하여라.

(1) $\sum_{n=1}^{\infty} \frac{n!}{10^{2n-1}}$ (2) $\sum_{n=1}^{\infty} \frac{(2n)!}{(n!)^2}$

(3) $\sum_{n=1}^{\infty} \frac{n+1}{3^n}$ (4) $\sum_{n=1}^{\infty} \frac{x^n}{n}\ (x>0)$

(5) $\sum_{n=1}^{\infty} \frac{3^n}{n^2}$ (6) $\sum_{n=1}^{\infty} \frac{n^3}{3^n}$

4. Root판정법을 이용하여, 다음 급수의 수렴, 발산 여부를 판정하여라.

(1) $\sum_{n=1}^{\infty} \left(\frac{3n+2}{2n-1}\right)^n$ (2) $\sum_{n=1}^{\infty} \left(\frac{n}{100}\right)^n$

(3) $\sum_{n=1}^{\infty} \frac{n}{5^n}$ (4) $\sum_{n=1}^{\infty} \frac{2^n}{n^3}$

(5) $\sum_{n=1}^{\infty} \left(1-\frac{1}{n}\right)^{n^2}$ (6) $\sum_{n=1}^{\infty} \frac{n^2}{2^n}$

6.3 교대급수와 절대수렴

각 항의 부호가 교대로 바뀌는 급수를 교대급수(alternating series)라고 한다. 즉, 각 b_n $(n=1, 2, 3, \ldots)$이 양수일 때

$$\sum_{n=1}^{\infty}(-1)^{n+1}b_n = b_1 - b_2 + b_3 - \cdots + (-1)^{n+1}b_n \cdots$$

또는

$$\sum_{n=1}^{\infty}(-1)^{n}b_n = -b_1 + b_2 - b_3 + \cdots + (-1)^{n}b_n \cdots$$

과 같은 형태이다.

정리 6.3.1 (교대급수판정법(alternating series test))

교대급수 $\sum_{n=1}^{\infty}(-1)^{n+1}a_n$에서 $a_1 \geq a_2 \geq a_3 \geq \cdots \geq a_n \geq \cdots$이고 $\lim_{n\to\infty} a_n = 0$이면, 주어진 교대급수는 수렴한다.

증명 먼저

$$\begin{aligned} S_{2n} &= a_1 - a_2 + a_3 - a_4 + \cdots + a_{2n-1} - a_{2n} \\ &= (a_1 - a_2) + (a_3 - a_4) + \cdots + (a_{2n-1} - a_{2n}) \end{aligned}$$

이므로, 수열 $\{S_{2n}\}$은 증가수열이고, 임의의 n에 대해서

$$S_{2n} = a_1 - (a_2 - a_3) - \cdots - (a_{2n-2} - a_{2n-1}) - a_{2n} \leq a_1$$

이므로, 위로 유계이다. 따라서 수열 $\{S_{2n}\}$은 수렴한다.

한편, $S_{2n+1} = S_{2n} + a_{2n+1}$이므로, $\lim_{n\to\infty} S_{2n} = S$라 하면

$$\lim_{n\to\infty} S_{2n+1} = \lim_{n\to\infty} S_{2n} + \lim_{n\to\infty} a_{2n+1} = S + 0 = S$$

가 되어 $\lim_{n\to\infty} S_n = S$이다. 따라서 주어진 급수는 수렴한다.

예제 6.3.1

교대조화급수 $\sum_{n=1}^{\infty}(-1)^{n+1}\frac{1}{n}$은 수렴함을 보여라.

풀이 $\sum_{n=1}^{\infty}(-1)^{n+1}\frac{1}{n}$은 $1>\frac{1}{2}>\frac{1}{3}>\cdots$이고 $\lim_{n\to\infty}a_n=\lim_{n\to\infty}\frac{1}{n}=0$이므로, 교대급수판정법에 의해서 수렴한다.

예제 6.3.2

교대급수 $\sum_{n=1}^{\infty}(-1)^{n+1}\frac{1}{n!}$의 수렴, 발산 여부를 판정하여라.

풀이 $\frac{a_{n+1}}{a_n}=\frac{n!}{(n+1)!}=\frac{1}{n+1}<1$이므로, $a_n>a_{n+1}$이다. 또한, $\lim_{n\to\infty}a_n=\lim_{n\to\infty}\frac{1}{n!}=0$이므로, 교대급수판정법에 의해 주어진 급수는 수렴한다.

참고

교대급수판정법의 두 번째 조건을 만족하지 않으면 정리 6.1.1에 의해 급수는 발산하지만, 첫 번째 조건을 만족하지 않는 경우에는 수렴, 발산 여부를 교대급수판정법으로는 알 수 없다.

예제 6.3.3

교대급수 $\sum_{n=1}^{\infty}\frac{(-1)^n n^2}{n^2+2}$은 발산함을 보여라.

풀이 $\lim_{n\to\infty}\frac{n^2}{n^2+2}=1$이므로, 교대급수판정법의 두 번째 조건을 만족하지 않는다. 따라서 주어진 급수는 발산한다.

급수 $\sum_{n=1}^{\infty} a_n$에서 $\sum_{n=1}^{\infty} |a_n|$가 수렴할 때, $\sum_{n=1}^{\infty} a_n$은 절대수렴(absolute convergence)한다고 한다.

예제 6.3.4

급수 $\sum_{n=1}^{\infty} \frac{\sin n}{n^2}$에서 $\left|\frac{\sin n}{n^2}\right| \le \frac{1}{n^2}$이므로, 비교판정법에 의해서 주어진 급수는 절대수렴한다.

■

정리 6.3.2

절대수렴하는 급수는 수렴한다.

증명 급수 $\sum_{n=1}^{\infty} a_n$에 대해서 $\sum_{n=1}^{\infty} |a_n|$가 수렴한다고 가정하고 $\sum_{n=1}^{\infty} |a_n| = S$라 하자.
이때, $S_n = a_1 + a_2 + \cdots + a_n$이라 두고, 이 중에서 양항의 합을 P_n, 음항의 절댓값의 합을 Q_n이라 하면 $S_n = P_n - Q_n$이다. 그런데

$$P_n \le \sum_{k=1}^{n} |a_k| \le S, \quad Q_n \le \sum_{k=1}^{n} |a_k| \le S$$

이므로, 두 증가수열 $\{P_n\}$과 $\{Q_n\}$은 수렴한다.
따라서 $\lim_{n\to\infty} P_n = P$, $\lim_{n\to\infty} Q_n = Q$라 두면

$$\lim_{n\to\infty} S_n = \lim_{n\to\infty} (P_n - Q_n) = P - Q$$

이므로, 급수 $\sum_{n=1}^{\infty} a_n$은 수렴한다.

예제 6.3.5

급수 $\sum_{n=1}^{\infty} (-1)^n \frac{(n+1)^3}{2^n}$의 절대수렴 여부를 판정하여라.

풀이 $a_n = (-1)^n \frac{(n+1)^3}{2^n}$에서, $b_n = |a_n| = \frac{(n+1)^3}{2^n}$에 비례판정법을 적용하면

$$\lim_{n\to\infty}\frac{b_{n+1}}{b_n}=\lim_{n\to\infty}\frac{(n+2)^3}{2^{n+1}}\cdot\frac{2^n}{(n+1)^3}=\lim_{n\to\infty}\frac{(n+2)^3}{2(n+1)^3}$$

$$=\frac{1}{2}\lim_{n\to\infty}\left(1+\frac{1}{n+1}\right)^3=\frac{1}{2}<1$$

이므로, 주어진 급수는 절대수렴한다.

참고

$\sum_{n=1}^{\infty}(-1)^{n+1}\frac{1}{n}$ 은 수렴하지만, 절대수렴하지 않으므로 정리 6.3.2의 역은 성립하지 않는다.

위 참고에서와 같이, 급수 $\sum_{n=1}^{\infty} a_n$은 수렴하지만 $\sum_{n=1}^{\infty} |a_n|$은 발산할 때, 급수 $\sum_{n=1}^{\infty} a_n$은 조건부수렴(conditional convergence)한다고 한다.

예제 6.3.6

급수 $\sum_{n=1}^{\infty}\frac{(-1)^n}{\sqrt{n+2}}$ 은 조건부수렴한다.

풀이 먼저, $b_n=\frac{1}{\sqrt{n+2}}$ 에 대해

$$b_{n+1}=\frac{1}{\sqrt{n+3}}<\frac{1}{\sqrt{n+2}}=b_n$$

이므로, $b_n > b_{n+1}$ 이고

$$\lim_{n\to\infty} b_n=\lim_{n\to\infty}\frac{1}{\sqrt{n+2}}=0$$

이므로, 교대급수판정법에 의해서 $\sum_{n=1}^{\infty}\frac{(-1)^n}{\sqrt{n+2}}$ 은 수렴한다. 그러나 급수

$$\sum_{n=1}^{\infty}\left|\frac{(-1)^n}{\sqrt{n+2}}\right|=\sum_{n=1}^{\infty}\frac{1}{\sqrt{n+2}}$$

에 대하여 적분판정법을 적용하면

$$\int_1^{\infty} \frac{1}{\sqrt{x+2}}dx = \lim_{b\to\infty}\int_1^{b} \frac{1}{\sqrt{x+2}}dx = \lim_{b\to\infty}\left[2\sqrt{x+2}\,\right]_1^b = \infty$$

이므로, $\sum_{n=1}^{\infty}\left|\frac{(-1)^n}{\sqrt{n+2}}\right|$은 발산한다. 즉, $\sum_{n=1}^{\infty}\frac{(-1)^n}{\sqrt{n+2}}$은 조건부수렴한다.

6.3 연습문제

1. 교대급수판정법을 이용하여, 다음 급수의 수렴, 발산 여부를 판정하여라.

(1) $\sum_{n=1}^{\infty}\frac{(-1)^{n+1}}{2n+1}$

(2) $\sum_{n=1}^{\infty}(-1)^{n+1}\frac{n}{3^n}$

(3) $\sum_{n=1}^{\infty}(-1)^{n+1}\frac{n+1}{3n+1}$

(4) $\sum_{n=1}^{\infty}(-1)^{n}e^{-n}$

(5) $\sum_{n=1}^{\infty}(-1)^{n+1}\frac{n}{2n-1}$

(6) $\sum_{n=2}^{\infty}(-1)^{n+1}\frac{1}{\ln n}$

2. 다음 급수의 절대수렴, 조건부수렴 및 발산 여부를 판정하여라.

(1) $\sum_{n=1}^{\infty}\frac{(-1)^{n+1}}{3^n}$

(2) $\sum_{n=1}^{\infty}\frac{(-4)^{n}}{n^2}$

(3) $\sum_{n=1}^{\infty}\frac{\sin n}{n^3}$

(4) $\sum_{n=1}^{\infty}\frac{(-1)^{n-1}}{n^2}$

3. $\sum_{n=1}^{\infty}a_n$은 절대수렴하고, 모든 n에 대해서 $a_n \neq 0$이면, $\sum_{n=1}^{\infty}\frac{1}{|a_n|}$은 발산함을 보여라.

6.4 멱급수

앞에서는 상수를 항으로 갖는 급수의 수렴에 대해서 알아보았다. 이제, 변수를 항으로 갖는 멱급수의 수렴에 대해 생각해보자.

$a_0, a_1, a_2, \ldots$ 이 상수이고 x가 변수일 때

$$\sum_{n=0}^{\infty} a_n x^n = a_0 + a_1 x + a_2 x^2 + \cdots + a_n x^n + \cdots$$

와 같은 형태의 급수를 멱급수(power series)라 한다. 여기서, $x=0$이면, 멱급수는 항상 수렴한다.

정리 6.4.1

멱급수 $\sum_{n=0}^{\infty} a_n x^n$에서 $\lim_{n\to\infty}\left|\frac{a_{n+1}}{a_n}\right| = r \quad (0<r<\infty)$이라 하자. 이때

(1) $r|x|<1$인 x에 대해서 $\sum_{n=0}^{\infty} a_n x^n$은 절대수렴한다.

(2) $r|x|>1$인 x에 대해서는 $\sum_{n=0}^{\infty} a_n x^n$은 발산한다.

증명 비례판정법을 이용하여 증명해 보자.

급수 $\sum_{n=0}^{\infty} |a_n x^n|$에 대해서, $\lim_{n\to\infty}\left|\frac{a_{n+1} x^{n+1}}{a_n x^n}\right| = r|x|$이므로, 비례판정법에 의하여

(1) $r|x|<1$이면, $\sum_{n=0}^{\infty} |a_n x^n|$가 수렴하므로, 주어진 급수 $\sum_{n=0}^{\infty} a_n x^n$은 절대수렴한다.

(2) $r|x|>1$이면, 극한의 정의에 의해 충분히 큰 자연수 n에 대해서는

$$\left|\frac{a_{n+1}\,x^{n+1}}{a_n\,x^n}\right|>1$$

이므로

$$|a_n\,x^n|<|a_{n+1}\,x^{n+1}|<|a_{n+2}\,x^{n+2}|<\cdots$$

이고, 따라서 $\lim_{n\to\infty} a_n\,x^n \neq 0$이므로, 주어진 급수는 발산한다.

정리 6.4.2

멱급수 $\sum_{n=0}^{\infty} a_n\,x^n$에 대해서, c가 0이 아닌 상수일 때

(1) $x=c$에서 수렴하면, $|x|<|c|$인 모든 x에 대해서 주어진 멱급수는 절대수렴한다.

(2) $x=c$에서 발산하면, $|x|>|c|$인 모든 x에 대해 주어진 멱급수는 발산한다.

증명 (1) 멱급수 $\sum_{n=0}^{\infty} a_n\,x^n$이 $x=c$에서 수렴하므로

$$\lim_{n\to\infty} a_n c^n = 0$$

이다. 따라서 극한의 정의에 의해, $n \geq N$인 모든 n에 대해서 $|a_n\,c^n|<1$을 만족하는 자연수 N이 존재한다. 만일 $|x|<|c|$이면, $n \geq N$에 대해서

$$|a_n\,x^n|=\left|a_n\,c^n\cdot\frac{x^n}{c^n}\right|=|a_n\,c^n|\cdot\left|\frac{x}{c}\right|^n<\left|\frac{x}{c}\right|^n$$

이다. 한편, $\sum_{n=N}^{\infty}\left|\frac{x}{c}\right|^n$이 수렴하므로 비교판정법에 의해 $\sum_{n=N}^{\infty}|a_n\,x^n|$은 수렴한다. 따라서 $\sum_{n=0}^{\infty} a_n\,x^n$은 절대수렴한다.

(2) 만약 $|x|>|c|$인 어떤 x에 대해서 주어진 멱급수가 수렴한다고 가정하면, (1)에 의해서 $x=c$에서 수렴해야 하는데 이는 가정에 모순이다.

한 멱급수 $\sum_{n=0}^{\infty} a_n x^n$에 대해, $|x|<R$이면 멱급수가 수렴하고, $|x|>R$일 때 발산한다면 R을 주어진 멱급수의 수렴반경(radius of convergence)이라 한다.

멱급수 $\sum_{n=0}^{\infty} a_n x^n$의 수렴반경은 정리 6.4.1에서

$$R = \frac{1}{\lim_{n\to\infty}\left|\frac{a_{n+1}}{a_n}\right|} = \frac{1}{r} \quad (0<r<\infty)$$

임을 쉽게 알 수 있다. 또한, $r=0$이면 수렴반경은 $R=\infty$이고, $r=\infty$이면 수렴반경은 $R=0$이 된다. 그리고 멱급수가 수렴하는 모든 x로 이루어진 집합을 수렴역(domain of convergence) 또는 수렴구간(interval of convergence)이라 한다.

예제 6.4.1

멱급수 $\sum_{n=0}^{\infty}(-1)^n \frac{x^n}{n^2}$의 수렴반경과 수렴역을 구하여라.

풀이 $r=\lim_{n\to\infty}\left|\frac{a_{n+1}}{a_n}\right| = \lim_{n\to\infty}\left|\frac{n^2}{(n+1)^2}\right| = 1$이므로, 수렴반경은 $R=1$이다. 따라서 $|x|<1$일 때 주어진 멱급수는 수렴하고, $|x|>1$이면 발산한다. 또한, $x=1$인 경우 주어진 급수는

$$\sum_{n=1}^{\infty}\frac{(-1)^n}{n^2} = -1+\frac{1}{4}-\frac{1}{9}+\frac{1}{16}-\cdots$$

이므로, 교대급수판정법에 의하여 수렴한다. $x=-1$이면 주어진 급수는

$$\sum_{n=1}^{\infty}\frac{1}{n^2} = 1+\frac{1}{4}+\frac{1}{9}+\frac{1}{16}+\cdots$$

이므로, p-급수판정법에 의해 주어진 급수는 수렴한다. 따라서 수렴역은 $\{x \mid -1 \le x \le 1\}$이다.

■

예제 6.4.2

멱급수 $\sum_{n=0}^{\infty} \frac{x^n}{n!}$ 의 수렴반경과 수렴역을 구하여라.

풀이 $r = \lim_{n\to\infty} \left| \frac{a_{n+1}}{a_n} \right| = \lim_{n\to\infty} \left| \frac{n!}{(n+1)!} \right| = \lim_{n\to\infty} \frac{1}{n+1} = 0$ 이므로, 구하려는 수렴반경은 $R = \infty$ 이고, 모든 실수 x 에 대해서 수렴하므로, 수렴역은 실수 전체이다.

■

참고

예제 6.4.2에서 멱급수 $\sum_{n=0}^{\infty} \frac{x^n}{n!}$ 이 항상 수렴하므로, 모든 실수 x 에 대해서 $\lim_{n\to\infty} \frac{x^n}{n!} = 0$ 임을 알 수 있다.

예제 6.4.3

멱급수 $\sum_{n=0}^{\infty} \frac{(2n)!}{n!} x^n$ 의 수렴반경과 수렴역을 구하여라.

풀이

$$\begin{aligned} r &= \lim_{n\to\infty} \left| \frac{a_{n+1}}{a_n} \right| = \lim_{n\to\infty} \left| \frac{(2n+2)!}{(n+1)!} \cdot \frac{n!}{(2n)!} \right| \\ &= \lim_{n\to\infty} \frac{(2n+2)(2n+1)}{n+1} = \infty \end{aligned}$$

이므로, 수렴반경은 $R = 0$ 이고 수렴역은 $\{0\}$ 이다.

■

6.4 연습문제

1. 다음 멱급수의 수렴반경과 수렴역을 구하여라.

(1) $\sum_{n=0}^{\infty} \frac{x^n}{n+1}$

(2) $\sum_{n=0}^{\infty} \frac{(-1)^n x^n}{n!}$

(3) $\sum_{n=1}^{\infty} \frac{5^n}{n^2} \cdot x^n$

(4) $\sum_{n=0}^{\infty} \frac{x^n}{1+n^2}$

(5) $\sum_{n=0}^{\infty} (-1)^n \frac{x^{2n}}{(2n)!}$

(6) $\sum_{n=0}^{\infty} \frac{x^n}{n(n+1)}$

2. 멱급수 $\sum_{n=0}^{\infty} a_n x^n$의 수렴반경이 r이면, 멱급수 $\sum_{n=0}^{\infty} a_n x^{2n}$의 수렴반경은 $\sqrt{r}$임을 증명하여라.

3. $\lim_{n\to\infty} \sqrt[n]{|a_n|} = L\ (L \neq 0)$이면, 멱급수 $\sum_{n=0}^{\infty} a_n x^n$의 수렴반경은 $\frac{1}{L}$임을 보여라.

6.5 멱급수전개

$x=a$ 를 포함하는 한 구간에서 함수 $f(x)$ 가 계속하여 적어도 n 번 미분가능일 때, $x=a$ 를 중심으로 하는 충분히 작은 구간에서 $f(x)$ 와 가장 가까운 n 차 다항식을 구해보자.

먼저, 모든 $k=0, 1, \ldots, n$ 에 대하여 $x=a$ 에서 제 k계 미분계수가 $f^{(k)}(a)$ 인 n 차 다항식 $p_n(x)$ 를 결정하기 위하여

$$p_n(x) = a_0 + a_1(x-a) + a_2(x-a)^2 + \cdots + a_n(x-a)^n$$

이라 두면, $p_n^{(k)}(a) = f^{(k)}(a)$ 이므로

$$a_k = \frac{f^{(k)}(a)}{k!}$$

이다. 따라서

$$p_n(x) = f(a) + \frac{f'(a)}{1!}(x-a) + \frac{f''(a)}{2!}(x-a)^2 + \cdots + \frac{f^{(n)}(a)}{n!}(x-a)^n$$

임을 알 수 있다. 특히, $n=1$ 이면

$$p_1(x) = f(a) + \frac{f'(a)}{1!}(x-a)$$

인데, 이는 $x=a$ 에서 곡선 $y=f(x)$ 에 접하는 1차 다항식을 의미한다. 마찬가지로 $n=2$ 인 경우

$$p_2(x) = f(a) + \frac{f'(a)}{1!}(x-a) + \frac{f''(a)}{2!}(x-a)^2$$

은 $x=a$ 에서 곡선 $y=f(x)$ 에 접하는 2차 다항식이다. 따라서 $p_n(x)$ 는 $x=a$ 에서 곡선 $y=f(x)$ 에 접하는 n 차 다항식으로, $x=a$ 를 중심으로 하는 충분히 작은 구간에서 $f(x)$ 와 가장 가까운 n 차 다항식을 의미한다. 이와 같이, 정의된 다항식 $p_n(x)$ 를 $x=a$ 에서 $f(x)$ 의 n 차 **Taylor 다항식**(Taylor's polynomial)이라 부른다. 특히, $f(x)$ 가 n 차 이하의 다항식일 때, $x=a$ 에서 $f(x)$ 의 n 차 Taylor 다항식은 $f(x)$ 자신과 같음을 알 수 있다.

예제 6.5.1

Taylor 다항식을 이용하여, x^3-2x^2+x-1 을 $x-2$ 의 다항식으로 나타내어라.

풀이 $f(x)=x^3-2x^2+x-1$ 이라 두면, $f(x)$ 는 3 차 다항식이므로 $x=2$ 에서 $f(x)$ 의 3 차 Taylor 다항식은 $f(x)$ 이다. 따라서

$$f(x)=f(2)+\frac{f'(2)}{1!}(x-2)+\frac{f''(2)}{2!}(x-2)^2+\frac{f'''(2)}{3!}(x-2)^3$$

에서 $f(2)=1,\ f'(2)=5,\ f''(2)=8,\ f'''(2)=6$ 이므로, 구하려는 다항식은

$$\begin{aligned} f(x) &= 1+5(x-2)+\frac{8}{2!}(x-2)^2+\frac{6}{3!}(x-2)^3 \\ &= (x-2)^3+4(x-2)^2+5(x-2)+1 \end{aligned}$$

■

예제 6.5.2

$x=-1$ 에서 $f(x)=e^x$ 의 n 차 Taylor 다항식을 구하여라.

풀이 모든 자연수 n 에 대해 $f^{(n)}(x)=e^x$ 이므로

$$f(-1)=f'(-1)=f''(-1)=\cdots=f^{(n)}(-1)=e^{-1}$$

이다. 따라서 구하려는 n 차 Taylor 다항식 $p_n(x)$ 는

$$p_n(x)=\frac{1}{e}\left\{1+(x+1)+\frac{1}{2!}(x+1)^2+\cdots+\frac{1}{n!}(x+1)^n\right\}$$

■

$x=a$ 를 포함하는 구간에서 함수 $f(x)$ 가 적어도 n 번 계속 미분가능일 때, $x=a$ 를 중심으로 하는 충분히 작은 구간에서 $f(x)$ 와 가장 가까운 n 차 Taylor 다항식을 구하였다. 이를 이용하여, 평균값 정리의 일반화인 다음의 Taylor의 정리를 증명할 수 있다. 그 증명은 생략한다.

정리 6.5.1 (Taylor의 정리)

$x=a$를 포함하는 구간에서 함수 $f(x)$가 n번 계속 미분가능이면, 이 구간의 임의의 점 x에 대하여 다음 관계가 성립한다.

$$f(x) = f(a) + \frac{f'(a)}{1!}(x-a) + \frac{f''(a)}{2!}(x-a)^2 + \cdots$$

$$+ \frac{f^{(n-1)}(a)}{(n-1)!}(x-a)^{n-1} + R_n$$

$$\text{단, } R_n = \frac{f^{(n)}\left(a+\theta(x-a)\right)}{n!}(x-a)^n \quad (0<\theta<1)$$

Taylor의 정리 결과 식을 $x=a$에서 $f(x)$의 Taylor 전개(Taylor's expansion), R_n은 Lagrange 나머지항(Lagrange's remainder term)이라 한다. 특히, $a=0$이면

$$f(x) = f(0) + \frac{f'(0)}{1!}x + \frac{f''(0)}{2!}x^2 + \cdots$$

$$+ \frac{f^{(n-1)}(0)}{(n-1)!}x^{n-1} + \frac{f^{(n)}(\theta x)}{n!}x^n \ (0<\theta<1)$$

이 성립하는데, 이를 $f(x)$의 Maclaurin 전개(Maclaurin's expansion)라 한다.

예제 6.5.3

$x=1$에서 $f(x)=e^x$의 Taylor 전개를 구하여라.

풀이 모든 자연수 n에 대해 $f^{(n)}(x)=e^x$이므로

$$f(1) = f'(1) = f''(1) = \cdots = e$$

이고, 따라서 구하려는 Taylor 전개는

$$f(x) = e\left(1 + (x-1) + \frac{(x-1)^2}{2!} + \cdots + \frac{(x-1)^{n-1}}{(n-1)!}\right) + R_n$$

$$R_n = \frac{e^{1+\theta(x-1)}}{n!}(x-1)^n \qquad (0<\theta<1)$$

■

$f(x)$ 가 한 점 $x=a$ 를 포함하는 어떤 구간에서 무한히 계속 미분가능이라 하고, 임의의 n 에 대해 $x=a$ 에서 $f(x)$ 의 n 차 Taylor 다항식을 $p_n(x)$ 라 하자. 이때, 급수 $\lim_{n\to\infty} p_n(x)$ 를 $x=a$ 에서 $f(x)$ 의 Taylor 급수(Taylor's series)라 한다. 여기서, Taylor 급수 $\lim_{n\to\infty} p_n(x)$ 가 수렴하더라도 $f(x)$ 와 항상 일치하는 것은 아니다. Taylor의 정리로부터 $f(x)=\lim_{n\to\infty} p_n(x)$ 일 필요충분조건은 Lagrange 나머지항 R_n 이 0 에 수렴하는 것임을 바로 알 수 있다. 이를 정리하면 다음과 같다.

정리 6.5.2 (Taylor 급수전개)

함수 $f(x)$가 $x=a$ 를 포함하는 구간 I 에서 무한히 계속 미분가능이고 $\lim_{n\to\infty} R_n=0$ 이면, 임의의 $x\in I$에 대하여

$$f(x)=f(a)+\frac{f'(a)}{1!}(x-a)+\frac{f''(a)}{2!}(x-a)^2+\cdots+\frac{f^{(n)}(a)}{n!}(x-a)^n+\cdots$$

정리 6.5.2의 결과 식을 $x=a$ 에서 $f(x)$ 의 Taylor 급수전개(Taylor's series expansion)라 한다. 특히, $a=0$ 일 때, $\lim_{n\to\infty}\frac{f^{(n)}(\theta x)}{n!}x^n=0$ 이면

$$f(x)=f(0)+\frac{f'(0)}{1!}x+\frac{f''(0)}{2!}x^2+\cdots+\frac{f^{(n)}(0)}{n!}x^n+\cdots$$

이 성립하는데, 이를 $f(x)$ 의 Maclaurin 급수전개(Maclaurin's series expansion)라 한다.

예제 6.5.4

$f(x)=e^x$ 의 Maclaurin 급수전개를 구하여라.

풀이 모든 자연수 n 에 대해서 $f^{(n)}(x)=e^x$ 이므로, $f(x)=e^x$ 는 무한히 계속 미분가능이고

$$R_n = \frac{f^{(n)}(\theta x)}{n!}x^n = \frac{e^{\theta x}}{n!}x^n \quad (0 < \theta < 1)$$

이다. 한편, $0 \le |R_n| \le \left|\frac{x^n}{n!}\right| e^{|x|}$ 이고, 예제 6.4.2의 참고에서 $\lim_{n\to\infty}\frac{x^n}{n!} = 0$ 이므로

$$\lim_{n\to\infty} R_n = \lim_{n\to\infty}\frac{x^n}{n!}e^{\theta x} = 0$$

을 만족한다. 따라서

$$f(x) = f(0) + \frac{f'(0)}{1!}x + \frac{f''(0)}{2!}x^2 + \cdots + \frac{f^{(n)}(0)}{n!}x^n + \cdots$$

즉, 모든 실수 x 에 대해

$$e^x = 1 + \frac{x}{1!} + \frac{x^2}{2!} + \cdots + \frac{x^n}{n!} + \cdots$$

■

예제 6.5.5

$f(x) = \sin x$ 의 Maclaurin 급수전개를 구하여라.

풀이 모든 자연수 n 에 대해서 $f^{(n)}(x) = \sin\left(x + \frac{n\pi}{2}\right)$ 이므로, $f(x) = \sin x$ 는 무한히 계속 미분가능이고

$$R_{2m+1} = \frac{\sin\left(\theta x + \frac{(2m+1)\pi}{2}\right)}{(2m+1)!}x^{2m+1} \quad (0 < \theta < 1)$$

이다. 한편, $0 \le |R_{2m+1}| \le \left|\frac{x^{2m+1}}{(2m+1)!}\right|$ 이고 $\lim_{n\to\infty}\frac{x^n}{n!} = 0$ 이므로

$$\lim_{m\to\infty} R_{2m+1} = 0$$

을 만족한다. 따라서

$$\sin x = x - \frac{x^3}{3!} + \frac{x^5}{5!} - \frac{x^7}{7!} + \cdots \quad (-\infty < x < \infty)$$

■

예제 6.5.6

$f(x) = \cosh x$ 의 Maclaurin 급수전개를 구하여라.

풀이 모든 자연수 n 에 대하여

$$f^{(n)}(x) = \begin{cases} \sinh x & (n\text{은 홀수}) \\ \cosh x & (n\text{은 짝수}) \end{cases}$$

에서 $f(x) = \cosh x$ 는 무한히 계속 미분가능이고

$$R_n = \frac{f^{(n)}(\theta x)}{n!}\, x^n = \begin{cases} \dfrac{x^n}{n!} \sinh \theta x & (n\text{은 홀수}) \\ \dfrac{x^n}{n!} \cosh \theta x & (n\text{은 짝수}) \end{cases}$$

에서 $\lim_{n \to \infty} R_n = 0$ 이므로, $f(x) = \cosh x$ 의 Maclaurin 급수전개는

$$\begin{aligned} \cosh x &= 1 + \frac{x^2}{2!} + \frac{x^4}{4!} + \frac{x^6}{6!} + \cdots + \frac{x^{2n}}{(2n)!} + \cdots \\ &= \sum_{n=0}^{\infty} \frac{1}{(2n)!} x^{2n} \quad (-\infty < x < \infty) \end{aligned}$$

■

멱급수 전개 가능한 함수의 도함수와 부정적분도 멱급수 전개가 가능하다. 다음 정리와 같이, 급수의 항별 미분 또는 항별 적분을 이용하여 도함수와 부정적분의 멱급수 전개를 얻을 수 있다. 정리의 증명은 생략하고 그 응용만을 다룬다.

정리 6.5.3 (급수의 항별 미분과 적분)

$f(x) = \sum_{n=0}^{\infty} a_n x^n$ 의 수렴반경이 R 일 때, $|x| < R$ 인 모든 x 에 대해서, 다음 식이 성립한다.

(1) $f'(x) = \sum_{n=1}^{\infty} n a_n x^{n-1}$ (2) $\int_0^x f(t)\,dt = \sum_{n=0}^{\infty} \int_0^x a_n t^n\,dt$

예제 6.5.7

예제 6.5.5에서 $\sin x = x - \frac{x^3}{3!} + \frac{x^5}{5!} - \frac{x^7}{7!} + \cdots \quad (-\infty < x < \infty)$ 이므로

$$\cos x = (\sin x)' = 1 - \frac{x^2}{2!} + \frac{x^4}{4!} - \frac{x^6}{6!} + \cdots \quad (-\infty < x < \infty)$$

예제 6.5.8

예제 6.5.6에서 $\cosh x = 1 + \frac{x^2}{2!} + \frac{x^4}{4!} + \frac{x^6}{6!} + \cdots \quad (-\infty < x < \infty)$이므로

$$\begin{aligned}\sinh x &= \int_0^x \cosh t\, dt \\ &= \int_0^x dt + \int_0^x \frac{1}{2!}t^2\, dt + \int_0^x \frac{1}{4!}t^4\, dt + \int_0^x \frac{1}{6!}t^6\, dt + \cdots \\ &= x + \frac{1}{3!}x^3 + \frac{1}{5!}x^5 + \frac{1}{7}x^7 + \cdots \quad (-\infty < x < \infty)\end{aligned}$$

예제 6.5.9

적분을 이용하여, $\tan^{-1} x$ 의 Maclaurin 급수를 구하여라.

풀이 $\frac{1}{1+x} = 1 - x + x^2 - x^3 + \cdots \quad (|x| < 1)$에서

$$\frac{1}{1+x^2} = 1 - x^2 + x^4 - x^6 + \cdots$$

이므로, 다음 식을 구할 수 있다.

$$\begin{aligned}\tan^{-1} x &= \int_0^x \frac{1}{1+t^2}dt = x - \frac{x^3}{3} + \frac{x^5}{5} - \frac{x^7}{7} + \cdots \\ &= \sum_{n=0}^{\infty} \frac{(-1)^n x^{2n+1}}{2n+1} \quad (|x| < 1)\end{aligned}$$

예제 6.5.10

$\int_0^1 \frac{\tan^{-1}x}{x}dx$ 의 근삿값을 구하여라.

풀이

$$\begin{aligned}\int_0^1 \frac{\tan^{-1}x}{x}dx &= \int_0^1 \frac{1}{x}\left(x - \frac{x^3}{3} + \frac{x^5}{5} - \frac{x^7}{7} + \cdots\right)dx \\ &\approx \int_0^1 \left(1 - \frac{x^2}{3} + \frac{x^4}{5}\right)dx \\ &= \left[x - \frac{1}{9}x^3 + \frac{1}{25}x^5\right]_0^1 = \frac{209}{225}\end{aligned}$$

■

6.5 연습문제

1. 다음 전개식을 증명하여라.

(1) $\frac{1}{1+x} = 1 - x + x^2 - x^3 + \cdots + (-1)^n x^n + \cdots \quad (|x| < 1)$

(2) $\tan x = x + \frac{1}{3}x^3 + \frac{2}{15}x^5 + \frac{17}{315}x^7 + \cdots \quad \left(|x| < \frac{\pi}{2}\right)$

(3) $\ln(1+x) = x - \frac{x^2}{2} + \frac{x^3}{3} - \cdots + (-1)^{n+1}\frac{x^n}{n} + \cdots \quad (-1 < x \le 1)$

(4) $\cos x^2 = 1 - \frac{x^4}{2!} + \frac{x^8}{4!} - \frac{x^{12}}{6!} + \cdots + (-1)^n \frac{x^{4n}}{(2n)!} + \cdots \quad (-\infty < x < \infty)$

(5) $\frac{1}{2}(e^x + e^{-x}) = 1 + \frac{x^2}{2!} + \frac{x^4}{4!} + \frac{x^6}{6!} + \cdots + \frac{x^{2n}}{(2n)!} + \cdots \quad (-\infty < x < \infty)$

2. $\frac{1}{1-x}$ 의 Maclaurin 급수전개를 이용하여, $\frac{1}{(1-x)^2}$ 의 Maclaurin 급수를 구하여라.

3. $x\sin x$ 의 Maclaurin 급수전개를 이용하여, $\sin x + x\cos x$ 의 Maclaurin 급수를 구하여라.

4. 적분을 이용하여, $\ln\cos x$ 의 Maclaurin 급수를 구하여라.

5. $\int_0^{\frac{1}{2}} \frac{1}{1+x^3}$ 의 값을 소수점 이하 4자리까지 구하여라.

6장 종합문제

1. 급수 $\sum_{n=1}^{\infty} \frac{\ln n}{2n^2-1}$ 의 수렴, 발산 여부를 판정하여라.

2. 다음 급수의 수렴, 발산 여부를 판정하여라.

(1) $\sum_{n=1}^{\infty} n^4 e^{(-n^2)}$ (2) $\sum_{n=1}^{\infty} \sin^3\left(\frac{1}{n}\right)$

(3) $\sum_{n=2}^{\infty} \frac{1}{n\ln n}$ (4) $\sum_{n=1}^{\infty} \frac{n+\sqrt{n}}{2n^3+1}$

3. 급수 $\frac{\sin\sqrt{1}}{1^{3/2}} - \frac{\sin\sqrt{2}}{2^{3/2}} + \frac{\sin\sqrt{3}}{3^{3/2}} - \cdots$ 의 수렴, 발산 여부를 판정하여라.

4. $\frac{\pi}{4} = 1 - \frac{1}{3} + \frac{1}{5} - \frac{1}{7} + \cdots$ 임을 증명하여라.

5. 다음 급수의 수렴역을 구하여라.

(1) $\sum_{n=1}^{\infty} \frac{1}{2n-1}\left(\frac{x+2}{x-1}\right)^n$ (2) $\sum_{n=1}^{\infty} \frac{1}{(x+n)(x+n-1)}$

6. $a_n = \begin{cases} n/2^n & (n\text{은 홀수}) \\ 1/2^n & (n\text{은 짝수}) \end{cases}$ 일 때, $\sum_{n=1}^{\infty} a_n$ 의 수렴, 발산 여부를 판정하여라.

7. $\lim_{n\to\infty}\left(1 + \frac{1}{2} + \frac{1}{3} + \frac{1}{4} + \cdots - \ln n\right)$ 이 존재함을 증명하여라.

8. $\int_0^{1/2} \sqrt{1+x^4}\,dx$ 의 근삿값을 구하여라.

9. 다음에 주어진 r에 대해, 급수 $1+2r+r^2+2r^2+r^4+2r^5+\cdots$ 의 수렴성을 조사하여라.

(1) $r=\dfrac{2}{3}$ (2) $r=-\dfrac{2}{3}$ (3) $r=\dfrac{4}{3}$

10. 다음 급수의 수렴, 발산 여부를 판정하여라.

(1) $\displaystyle\sum_{n=1}^{\infty}\frac{n}{(n+1)^2}$ (2) $\displaystyle\sum_{n=1}^{\infty}\frac{1}{n^3+1}$

(3) $\displaystyle\sum_{n=1}^{\infty}\frac{1}{\sqrt{n}+1}$ (4) $\displaystyle\sum_{n=1}^{\infty}\frac{1}{n^n}$

11. 다음 급수의 수렴, 발산 여부를 판정하여라.

(1) $\displaystyle\sum_{n=1}^{\infty}\left(1-\cos\frac{a}{n}\right)$ (2) $\displaystyle\sum_{n=1}^{\infty}\frac{n-1}{n(n+1)}$

(3) $\displaystyle\sum_{n=1}^{\infty}\frac{n}{n^3+1}$ (4) $\displaystyle\sum_{n=1}^{\infty}\frac{\sqrt{n}}{2n^2+n+2}$

12. 다음 급수가 절대수렴함을 밝혀라.

(1) $1-\dfrac{1}{\sqrt{2^3}}+\dfrac{1}{\sqrt{3^3}}-\dfrac{1}{\sqrt{4^3}}+\cdots$

(2) $\dfrac{1}{1\cdot 2}-\dfrac{1}{2\cdot 3}+\dfrac{1}{3\cdot 4}-\cdots$

13. 다음 등식을 증명하여라.

(1) $x+2x^2+3x^3+\cdots+nx^n+\cdots=\dfrac{x}{(1-x)^2}\quad(|x|<1)$

(2) $1+3x+7x^2+\cdots+(2^n-1)x^{n-1}+\cdots=\dfrac{1}{1-3x+2x^2}\quad\left(|x|<\dfrac{1}{2}\right)$

14. 다음 급수의 수렴반경과 수렴역을 구하여라.

(1) $\displaystyle\sum_{n=0}^{\infty}\sqrt{n}\,x^n$ (2) $\displaystyle\sum_{n=0}^{\infty}n(n-1)x^{n-1}$

■ Taylor와 Maclaurin의 생애와 업적

수학을 나타내는 영어 단어인 'mathematics'(간단히 'math'라 부름)의 어원에 대해 살펴보자.

고대 그리스에서 자연과학의 연구와 자기 인식에 몰두한 피타고라스의 뛰어난 제자들은 '모든 것을 연구하는 사람들'의 뜻으로 마테마테코이(mathe- matekoi)라 불리었다. 마테마(mathema)는 '일반적인 배움'을 뜻하며, '깨닫다'라는 고대 영어 mathein과 '깨우치다'라는 뜻의 고대 독일어 munthen의 어원이 되었다. 이에 따르면 수학의 본질은 우주 만물에 대하여 스스로 깨닫고 그 깨달은 것을 다른 사람에게 깨우쳐 주는 행위라고 할 수 있다.

영국의 수학자 Brook Taylor(1685-1731)가 수렴성에 대한 고찰 없이 다음 전개정리(expansion theorem)

$$f(a+h)=f(a)+hf'(a)+\frac{h^2}{2!}f''(a)+\cdots$$

를 발표한 해는 1715년이었다. 1717년 Taylor는 그의 급수를 다음과 같이 수치방정식의 해에 응용시켰다. a를 $f(x)=0$의 근에 대한 한 근삿값이라 하고

$$f(a)=k,\ f'(a)=k',\ f''(a)=k''$$

와 $x=a+h$라 두자. $0=f(a+h)$를 급수 전개하여 h에 대한 3차 이상의 항은 버리고, k, k', k''의 값을 대입한 후 h에 대하여 풀어보아라. 이 과정을 계속 반복하여 보다 근접한 근삿값을 얻을 수 있다. 원근법에 관한 Taylor의 일부 논문은 비행기에서 촬영한 사진으로 측량하는 사진측량법(photogrammetry)의 수학적 처리에 응용되고 있다.

1755년에서야 비로소 Taylor 급수의 중요성이 인정되었다. 왜냐하면, Euler가 Taylor 급수를 그의 미분법에 적용하였으며, 그 후 Lagrange(1736-1813)는 그의 함수이론의 기초로 나머지를 갖는 급수를 이용하였기 때문이다. Taylor는 Cambridge대학의 St. John 단과대학에서 교육받았으며, 일찍이 수학에 뛰어난 소질을 보였다. 그는 영국 학술원회원이 되었으나 저술 활동에 전념하기 위해서 34살에 사임하였다.

스코틀랜드 출신의 수학자 Colin Maclaurin(1698-1746)은 18세기 유능한 수학자 중의 한 사람이다. Maclaurin 전개는 앞에서 언급한 Taylor 전개에서 $a=0$인 경우이다. 그는 기하학, 특히 고차원 평면곡선에 대한 연구에서 훌륭한 논문을 발표하였으며, 고전기하학을 물리문제에 응용하는데 큰 공헌을 하였다. 응용수학에 관해서도 많은 논문을 발표하여 조수의 수학적 이론에 관한 연구로 수상하기도 하였다. 유율법 연구에서는 두 회전 타원체의 상호 인력에 관한 그의 고찰이 실려 있다.

제 7 장

편미분법

▶▷▶ 지금까지 우리는 독립변수가 한 개인 일변수함수만을 공부하였다. 변수가 두 개 이상인 함수를 일반적으로 다변수함수라고 한다. 이 장에서는 일변수함수에 대하여 공부한 바와 같이 다변수함수의 도함수와 여러 성질들을 소개한다.

7.1 다변수함수

xy-평면의 한 부분집합 D가 주어져서 D의 각 원소 (x, y)에 대해 하나의 실수 z가 대응할 때, 이 대응을

$$f : (x, y) \to z \quad (x, y) \in D$$

로 나타내고, f를 x, y에 관한 이변수함수(function of two variables)라고 한다. 이때, D를 함수 f의 정의역(domain), z를 (x, y)에 대한 f의 함숫값(value)이라 하고, $z = f(x, y)$로 표시한다.

일반적으로, n개의 실수의 쌍 $(x_1, x_2, \ldots, x_n)$을 원소로 하는 집합 D의 각 원소에 대하여 하나의 실수 z가 대응할 때, 이 대응 f를 변수 $x_1, x_2, \ldots, x_n$의 n변수함수(function of n-variable)라 하고, 이 함수를

$$z = f(x_1, x_2, \ldots, x_n)$$

으로 나타낸다. 또한, 함수 $z = f(x_1, x_2, \ldots, x_n)$에서

$$G_f = \{(x_1, x_2, \ldots, x_n, z) \mid z = f(x_1, x_2, \ldots, x_n),\ (x_1, x_2, \ldots, x_n) \in D\}$$

를 이 함수의 그래프(graph)라고 한다.

이와 같이, 두 개 이상의 변수를 갖는 함수를 다변수함수(function of several variables)라고 한다. 이변수함수에 관한 이론은 다변수함수로 확장할 수 있으므로, 이 책에서는 주로 이변수함수에 관해서 다룬다.

예제 7.1.1

함수 $f(x,\ y)=\sqrt{1-x^2-y^2}$ 에서 f의 정의역 D는 $D=\{(x,\ y)\mid x^2+y^2\le 1\}$ 이고, f의 그래프 G_f는

$$G_f=\{(x,\ y,\ z)\mid x^2+y^2+z^2=1,\ z\ge 0\}$$

이다. 즉, 그래프는 원점을 중심으로 하고 반지름이 1인 구면에서 xy-평면의 위쪽에 있는 부분이다.

예제 7.1.2

$f(x,\ y)=8-2x-4y$로 주어진 함수 f의 그래프를 그려 보아라.

풀이 f의 그래프는 $x,\ y,\ z$에 관한 일차방정식으로 한 평면을 나타내고, 이 평면은 세 점 $(4,\ 0,\ 0)$, $(0,\ 2,\ 0)$, $(0,\ 0,\ 8)$을 지나므로, 그래프는 그림 7.1과 같다.

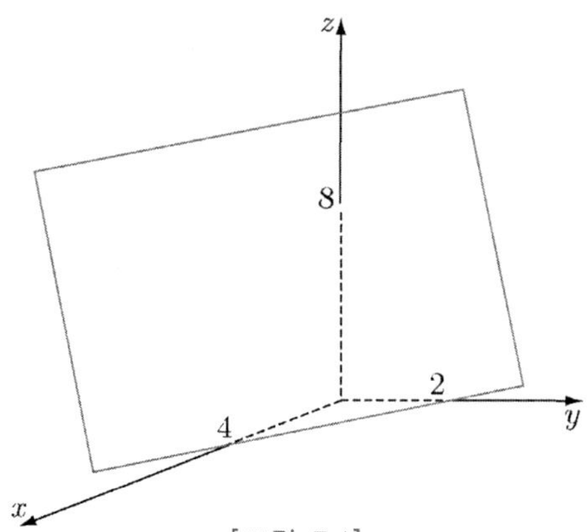

[그림 7.1]

예제 7.1.3

타원포물면 $f(x, y)=x^2+y^2$과 쌍곡포물면 $f(x, y)=x^2-y^2$의 그래프를 그려 보아라.

풀이 다음의 그림 7.2(a)는 타원포물면 $f(x, y)=x^2+y^2$, 그림 7.2(b)는 쌍곡포물면 $f(x, y)=x^2-y^2$을 영역

$$D=\{(x, y)|-2 \le x \le 2, -2 \le y \le 2\}$$

상에서 Mathematica 프로그램을 이용하여 그린 것이다.

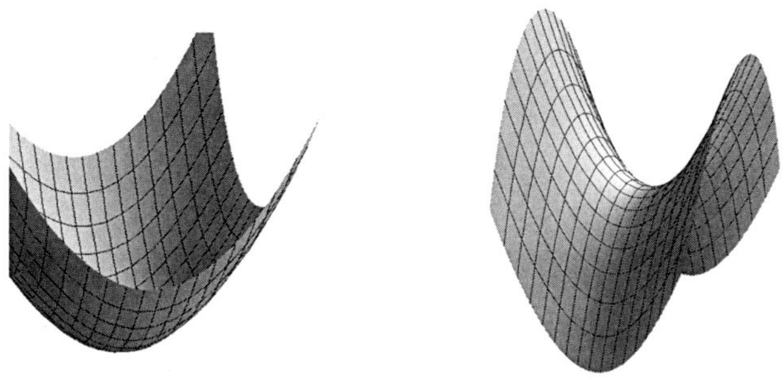

(a) (b)

[그림 7.2]

7.2 극한과 연속

일변수함수 $f(x)$에서 함수의 극한

$$\lim_{x \to x_0} f(x)=L$$

은 $x \neq x_0$이면서 x가 x_0에 한없이 가까이 갈 때, $f(x)$가 L에 임의로 한없이 가까이 접근한다는 것을 의미한다.

같은 관점에서, 이변수함수 $f(x, y)$에서도

$$\lim_{(x,\, y) \to (x_0,\, y_0)} f(x,\, y) = L$$

은 $(x,\, y) \neq (x_0,\, y_0)$이면서 $(x,\, y)$가 $(x_0,\, y_0)$에 한없이 가까이 갈 때, $f(x,\, y)$가 L에 임의로 한없이 가까이 접근함을 의미한다. 이는 $\epsilon - \delta$형식으로 다음과 같이 표현할 수 있다.

「임의로 주어진 $\epsilon > 0$에 대하여, 적당한 $\delta > 0$가 존재하여

$$0 < \sqrt{(x - x_0)^2 + (y - y_0)^2} < \delta \text{이면, } |f(x,\, y) - L| < \epsilon$$

이 성립한다.」

이때, $f(x,\, y)$는 점 $(x_0,\, y_0)$에서 L에 수렴한다(converge)고 하고, L을 $f(x,\, y)$의 극한(limit)이라 한다(그림 7.3 참조).

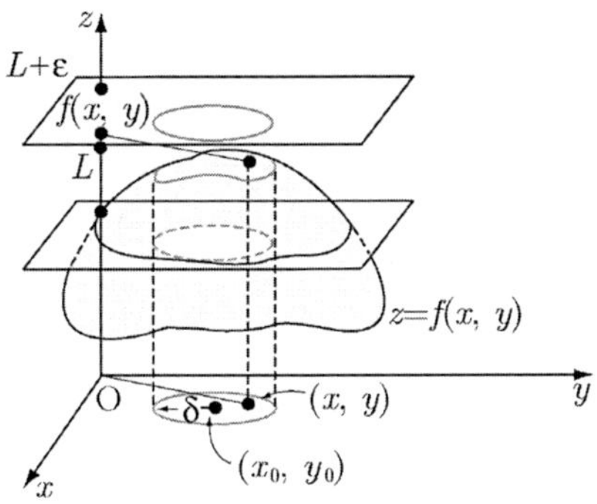

[그림 7.3]

예제 7.2.1

$(x,\, y) \to (0,\, 0)$일 때, $f(x,\, y) = \dfrac{x - y}{x + y}$의 극한을 조사하여라.

풀이 x축$(y = 0)$을 따라 $(x,\, y) \to (0,\, 0)$이면

$$\lim_{(x,y) \to (0,0)} \frac{x - y}{x + y} = \lim_{x \to 0} \frac{x}{x} = 1$$

이지만, y축$(x = 0)$을 따라 $(x,\, y) \to (0,\, 0)$이면

$$\lim_{(x,y)\to(0,0)} \frac{x-y}{x+y} = \lim_{y\to 0} \frac{-y}{y} = -1$$

이다, 따라서 원점 $(0,0)$의 아무리 작은 근방을 취하더라도 그 내부에서 $f(x, y)$가 일정한 수 L에 가까워질 수 없으므로, $\lim_{(x,\,y)\to(0,\,0)} f(x, y)$는 존재하지 않는다.

다음 예제를 $\epsilon-\delta$형식의 정의를 이용하여 증명해보자.

예제 7.2.2

$\lim_{(x,\,y)\to(0,0)} \dfrac{2xy^2}{x^2+y^2} = 0$ 임을 보여라.

풀이 임의의 $\epsilon > 0$에 대하여, $\delta = \dfrac{\epsilon}{2}$로 택하자. 이때, $0 < \sqrt{x^2+y^2} < \delta$이면

$$\left|\frac{2xy^2}{x^2+y^2} - 0\right| = \frac{2|x|y^2}{x^2+y^2} \le 2|x| = 2\sqrt{x^2}$$

$$\le 2\sqrt{x^2+y^2} < 2\delta = \epsilon$$

이므로, $\lim_{(x,\,y)\to(0,0)} \dfrac{2xy^2}{x^2+y^2} = 0$임이 증명된다.

일변수함수에서와 마찬가지로

$$\lim_{(x,y)\to(x_0,y_0)} f(x, y) = f(x_0, y_0)$$

일 때, $f(x, y)$는 점 (x_0, y_0)에서 연속(continuous)이라 한다. 이변수함수 $f(x, y)$가 xy-평면의 한 영역 D의 각 점에서 연속이면, $f(x, y)$는 D상에서 연속함수(continuous function)라고 정의한다.

예제 7.2.3

다음 함수는 원점 (0, 0)에서 연속이 되는지 조사하여라.

$$f(x,\ y) = \begin{cases} \dfrac{x^2+y^2}{2xy} & (x,\ y) \neq (0,\ 0) \\ 0 & (x,\ y) = (0,\ 0) \end{cases}$$

풀이 $(x,\ y)$가 $y=x$를 따라 $(0,\ 0)$에 가까이 가면

$$\lim_{(x,\ y)\to(0,\ 0)} \frac{x^2+y^2}{2xy} = \lim_{x\to 0}\frac{x^2+x^2}{2x^2} = 1$$

이고, $(x,\ y)$가 $y=x^2$를 따라 $(0,\ 0)$에 가까이 가면

$$\lim_{(x,\ y)\to(0,\ 0)} \frac{x^2+y^2}{2xy} = \lim_{x\to 0}\frac{x^2+x^4}{2x^3} = \lim_{x\to 0}\frac{1+x^2}{2x} = \pm\infty$$

이므로, 주어진 함수는 $(0,\ 0)$에서 연속이 아니다. ■

7.2 연습문제

1. $f(x,\ y,\ z) = x^2 + \sin(2y+3z)$일 때, $f\left(\dfrac{1}{\sqrt{2}},\ \dfrac{\pi}{4},\ -\dfrac{\pi}{12}\right)$를 구하여라.

2. $(x,\ y)\to(0,\ 0)$일 때, 다음 함수의 극한을 조사하여라.

(1) $f(x,\ y) = \dfrac{3x^2+5y^2}{\sqrt{x^2+y^2}}$

(2) $f(x,\ y) = \dfrac{x^2-y^2}{x^2+y^2}$

(3) $f(x,\ y) = \dfrac{2xy^2}{x^2+y^4}$

(4) $f(x,\ y) = \dfrac{x^3+y^3}{x^2+y^2}$

(5) $f(x,\ y) = \dfrac{\sin xy}{xy}$

(6) $f(x,\ y) = \begin{cases} \dfrac{1}{x}\sin xy & (x \neq 0) \\ y & (x = 0) \end{cases}$

3. 다음 함수의 연속성을 조사하여라.

(1) $f(x, y)=\begin{cases} \dfrac{1}{x}\sin\dfrac{1}{y} & (xy \neq 0) \\ 0 & (xy = 0) \end{cases}$

(2) $f(x, y)=\begin{cases} \dfrac{xy}{x^2+y^2} & (x, y) \neq (0, 0) \\ 0 & (x, y) = (0, 0) \end{cases}$

(3) $f(x, y)=\begin{cases} \dfrac{\sin(x+y)}{x+y} & (x+y \neq 0) \\ 1 & (x+y = 0) \end{cases}$

(4) $f(x, y)=\begin{cases} \dfrac{x+y}{x^2+y^2} & (x, y) \neq (0, 0) \\ 0 & (x, y) = (0, 0) \end{cases}$

4. $(x, y) \to (0, 0)$일 때, $f(x, y)=\dfrac{x^2y}{x^4+y^2}$의 극한을 조사하여라.

7.3 편도함수

이 절에서는 이변수함수의 편도함수에 대해 알아본다.

이변수함수 $f(x, y)$에서 y를 상수 $y=y_0$로 보면 $f(x, y_0)$는 x에 관한 일변수함수가 된다. 이 함수 $f(x, y_0)$가 $x=x_0$에서 미분가능일 때, 그 미분계수

$$f_x(x_0, y_0)=\lim_{\Delta x\to 0}\frac{f(x_0+\Delta x, y_0)-f(x_0, y_0)}{\Delta x}$$

를 (x_0, y_0)에서 $f(x, y)$의 x에 관한 편미분계수(x-partial differential coefficient)라고 한다. 또한, x를 상수 $x=x_0$로 보면 $f(x_0, y)$는 y에 관한 일변수함수이다. 이 함수 $f(x_0, y)$가 $y=y_0$에서 미분가능일 때, 그 도함수

$$f_y(x_0, y_0)=\lim_{\Delta y\to 0}\frac{f(x_0, y_0+\Delta y)-f(x_0, y_0)}{\Delta y}$$

를 (x_0, y_0)에서 $f(x, y)$의 y에 관한 편미분계수(y-partial differential coefficient)라 한다. 그리고 이들 편도함수 $f_x(x_0, y_0)$, $f_y(x_0, y_0)$가 존재할 때, 함수 $f(x, y)$는 (x_0, y_0)에서 x와 y에 관해 편미분가능(partial differentiable)이라고 한다.

이변수함수 $f(x, y)$가 정의역의 각 점 (x, y)에서 편미분가능이면, $f_x(x, y)$와 $f_y(x, y)$도 역시 x와 y의 함수가 된다. 이때, $f_x(x, y)$를 x에 관한 편도함수(x-partial derivative), $f_y(x, y)$를 y에 관한 편도함수(y-partial derivative)라 하고, 편도함수를 구하는 것을 편미분한다고 한다. 실제로, 이변수함수 $f(x, y)$의 각 편도함수는 다음과 같이 정의된다.

$$f_x(x, y)=\lim_{\Delta x\to 0}\frac{f(x+\Delta x, y)-f(x, y)}{\Delta x}$$

$$f_y(x, y)=\lim_{\Delta y\to 0}\frac{f(x, y+\Delta y)-f(x, y)}{\Delta y}$$

이변수함수 $z=f(x, y)$의 각 편도함수는 다음과 같이 다양하게 표기한다.

x에 관한 편도함수 : z_x, f_x, $f_x(x, y)$, $\frac{\partial z}{\partial x}$, $\frac{\partial f}{\partial x}$, $\frac{\partial}{\partial x}f(x, y)$, $D_x f(x, y)$, $D_x f$ 등

y에 관한 편도함수 : z_y, f_y, $f_y(x, y)$, $\dfrac{\partial z}{\partial y}$, $\dfrac{\partial f}{\partial y}$, $\dfrac{\partial}{\partial y}f(x, y)$, $D_y f(x, y)$, $D_y f$ 등

다음 예제에서와 같이, 각 편도함수에 $x = x_0$, $y = y_0$를 대입하여, (x_0, y_0)에서 $f(x, y)$의 편미분계수 $f_x(x_0, y_0)$와 $f_y(x_0, y_0)$를 쉽게 구할 수 있다.

예제 7.3.1

이변수함수 $f(x, y) = 3x^2y^3 - y + 2x$ 에서 $f_x(2, 1)$과 $f_y(2, 1)$을 구하여라.

풀이 $f_x(x, y) = 6xy^3 + 2$, $f_y(x, y) = 9x^2y^2 - 1$이므로, 다음을 얻는다.

$$f_x(2, 1) = 6(2)(1)^3 + 2 = 14$$

$$f_y(2, 1) = 9(2)^2(1)^2 - 1 = 35$$

■

예제 7.3.2

이변수함수 $z = e^x\cos(xy)$의 편도함수 $\dfrac{\partial z}{\partial x}$와 $\dfrac{\partial z}{\partial y}$를 구하여라.

풀이

$$\begin{aligned}\frac{\partial z}{\partial x} &= \frac{\partial}{\partial x}\{e^x\cos(xy)\} = \frac{\partial e^x}{\partial x}\cos(xy) + e^x\frac{\partial\cos(xy)}{\partial x}\\ &= e^x\cos(xy) - e^x\sin(xy)\cdot y = e^x\{\cos(xy) - y\sin(xy)\}\end{aligned}$$

$$\begin{aligned}\frac{\partial z}{\partial y} &= \frac{\partial}{\partial y}\{e^x\cos(xy)\} = \frac{\partial e^x}{\partial y}\cos(xy) + e^x\frac{\partial\cos(xy)}{\partial y}\\ &= 0\cdot\cos(xy) - e^x\sin(xy) = -xe^x\sin(xy)\end{aligned}$$

■

삼변수함수에 대해서도 이변수함수의 편미분법을 확장하여, 각 변수에 대한 편도함수를 구할 수 있다.

예제 7.3.3

삼변수함수 $f(x, y, z)=x\sin(2y+3z^2)$의 편도함수 $\frac{\partial f}{\partial x}$, $\frac{\partial f}{\partial y}$ 및 $\frac{\partial f}{\partial z}$를 구하여라.

풀이 $\frac{\partial f}{\partial x}$는 y, z는 상수로 간주하고 $f(x, y, z)=x\sin(2y+3z^2)$를 x에 대해 미분하면 되므로

$$\frac{\partial f}{\partial x}=\sin(2y+3z^2)$$

이다. 같은 방법으로, $\frac{\partial f}{\partial y}$와 $\frac{\partial f}{\partial z}$를 구하면

$$\frac{\partial f}{\partial y}=2x\cos(2y+3z^2)\ ,\quad \frac{\partial f}{\partial z}=6xz\cos(2y+3z^2)$$

■

예제 7.3.4

다음과 같이, 정의된 이변수함수 f에서 $f_x(0,0)=f_y(0,0)=0$임을 보여라.

$$f(x, y)=\begin{cases}\dfrac{x^3\cos y}{x+y} & (x, y)\neq(0, 0)\\ 0 & (x, y)=(0, 0)\end{cases}$$

풀이 임의의 h에 대하여, $f(h, 0)=h^2$이므로

$$f_x(0, 0)=\lim_{h\to 0}\frac{f(h, 0)-f(0, 0)}{h}=\lim_{h\to 0}\frac{h^2-0}{h}=0$$

이다. 또한, 임의의 k에 대하여 $f(0, k)=0$이므로

$$f_y(0, 0)=\lim_{k\to 0}\frac{f(0, k)-f(0, 0)}{k}=\lim_{k\to 0}\frac{0-0}{k}=0$$

이다. 따라서 $f_x(0,0)=0=f_y(0,0)$이 성립한다.

■

P를 곡면 $z=f(x, y)$상의 한 점이라 하자. 만약 y를 상수 $y=y_0$라 하고 x를 변수로 하면, 점 P는 곡면과 y축에 수직인 평면 $y=y_0$와의 교선 C_1을 따라 움직인다(그

림 7.4(a) 참조). 따라서 편도함수 $f_x(x_0, y_0)$는 점 (x_0, y_0)에서 교선 C_1의 접선의 기울기이다. 이와 반대로, x를 상수 $x=x_0$로 하고 y를 변화시키면, 점 P는 곡면과 x축에 수직인 평면 $x=x_0$와의 교선 C_2를 따라 변한다. 그러므로 편도함수 $f_y(x_0, y_0)$는 점 (x_0, y_0)에서 곡선 C_2에로의 접선의 기울기를 의미한다(그림 7.4(b) 참조).

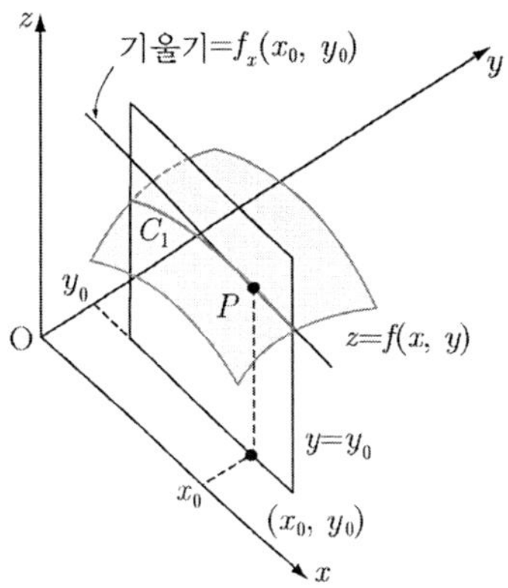

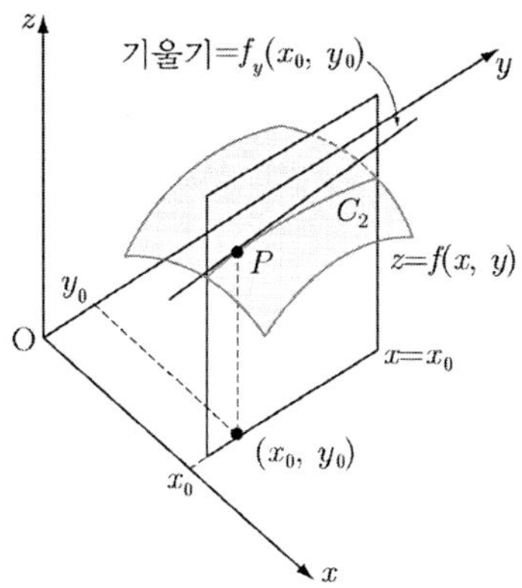

[그림 7.4]

7.3 연습문제

1. 다음 이변수함수의 편도함수를 모두 구하여라.

(1) $f(x, y)=2x^3y^2+2y+4x$

(2) $f(x, y)=\dfrac{x+y}{x-y}$

(3) $f(x, y)=y\cos(x^2+y^2)$

(4) $z=e^{xy}\sin 4y^2$

(5) $z=4e^{x^2y^3}$

(6) $z=x^4\sin(xy^3)$

(7) $z=\tan^{-1}\dfrac{y}{x}$

(8) $u=\ln\sqrt{x^2+y^2+z^2}$

2. $f(x, y) = \begin{cases} \dfrac{xy(x^2 - y^2)}{x^2 + y^2} & (x, y) \neq (0, 0) \\ 0 & (x, y) = (0, 0) \end{cases}$ 일 때, $f_x(0, y)$와 $f_y(x, 0)$을 구하여라.

3. $f(x, y) = \ln(x^2 y - x y^2)$일 때, $f_x(3, 2)$와 $f_y(3, 2)$를 구하여라.

4. 다음을 증명하여라.

(1) $z = \dfrac{x^3 - y^3}{xy}$ 일 때, $x\dfrac{\partial z}{\partial x} + y\dfrac{\partial z}{\partial y} = z$이다.

(2) $u = \dfrac{e^{x+y}}{e^x + e^y}$ 일 때, $\dfrac{\partial u}{\partial x} + \dfrac{\partial u}{\partial y} = u$이다.

5. 다음 각 함수에 대하여, $f_{xy}(x, y) = f_{yx}(x, y)$임을 보여라.

(1) $f(x, y) = 2x^2y^3 - x^3y^5$

(2) $f(x, y) = 3e^{2x}\cos y$

6. 함수 $f(x, y, z) = x^2 + y^2 + z^2$에서 $f_{xx}(x, y, z) + f_{yy}(x, y, z) + f_{zz}(x, y, z)$를 구하여라.

7.4 고계편도함수

이변수함수 $z=f(x,\ y)$의 편도함수 $\dfrac{\partial f}{\partial x},\ \dfrac{\partial f}{\partial y}$도 x와 y의 함수이다. 이 새로운 함수들의 편도함수들을 제2계편도함수(second order partial derivative)라 하고, 각각 다음과 같은 기호로 나타낸다.

$$\frac{\partial}{\partial x}\left(\frac{\partial f}{\partial x}\right)=\frac{\partial^2 f}{\partial x^2}=f_{xx}=\frac{\partial^2 z}{\partial x^2}=z_{xx}$$

$$\frac{\partial}{\partial y}\left(\frac{\partial f}{\partial x}\right)=\frac{\partial^2 f}{\partial y\,\partial x}=f_{xy}=\frac{\partial^2 z}{\partial y\,\partial x}=z_{xy}$$

$$\frac{\partial}{\partial x}\left(\frac{\partial f}{\partial y}\right)=\frac{\partial^2 f}{\partial x\,\partial y}=f_{yx}=\frac{\partial^2 z}{\partial x\,\partial y}=z_{yx}$$

$$\frac{\partial}{\partial y}\left(\frac{\partial f}{\partial y}\right)=\frac{\partial^2 f}{\partial y^2}=f_{yy}=\frac{\partial^2 z}{\partial y^2}=z_{yy}$$

이 제2계편도함수들이 또 다시 편미분가능이면, 이들을 편미분한

$$\frac{\partial}{\partial x}\left(\frac{\partial^2 f}{\partial x^2}\right)=\frac{\partial^3 f}{\partial x^3}=f_{xxx}=\frac{\partial^3 z}{\partial x^3}=z_{xxx}$$

$$\frac{\partial}{\partial x}\left(\frac{\partial^2 f}{\partial x\,\partial y}\right)=\frac{\partial^3 f}{\partial x^2\partial y}=f_{yxx}=\frac{\partial^3 z}{\partial x^2\,\partial y}=z_{yxx}$$

등은 제3계편도함수라고 한다. 마찬가지로, n번 편미분하여 얻은 함수를 제n계편도함수(nth order partial derivative)라고 하며, 2계 이상의 편도함수는 고계편도함수(higher order partial derivative)라 정의한다.

예제 7.4.1

이변수함수 $f(x,\ y)=x^2e^y+2xy^2$의 제2계편도함수를 모두 구하여라.

풀이 $f_x=2xe^y+2y^2,\ f_y=x^2e^y+4xy$에서 제2계편도함수는

$$f_{xx}=2e^y,\quad f_{xy}=2xe^y+4y,\quad f_{yx}=2xe^y+4y,\quad f_{yy}=x^2e^y+4x$$

■

예제 7.4.2

이변수함수 $z=2^{xy}$의 제2계편도함수를 모두 구하여라.

풀이 $z_x = y2^{xy}\ln 2,\ z_y = x2^{xy}\ln 2$에서 제2계편도함수는

$$z_{xx} = y^2 2^{xy}(\ln 2)^2,\quad z_{xy} = 2^{xy}(1+xy\ln 2)\ln 2,$$

$$z_{yx} = 2^{xy}(1+xy\ln 2)\ln 2,\quad z_{yy} = x^2 2^{xy}(\ln 2)^2$$

■

예제 7.4.3

$z=\tan^{-1}\dfrac{y}{x}$ 일 때, $\dfrac{\partial^2 z}{\partial x^2}+\dfrac{\partial^2 z}{\partial x^2}=0$임을 보여라.

풀이 $\dfrac{\partial z}{\partial x} = \dfrac{1}{1+\left(\dfrac{y}{x}\right)^2}\cdot\left(\dfrac{-y}{x^2}\right) = \dfrac{-y}{x^2+y^2}$에서 $\dfrac{\partial^2 z}{\partial x^2} = \dfrac{2xy}{(x^2+y^2)^2}$이고

$\dfrac{\partial z}{\partial y} = \dfrac{1}{1+\left(\dfrac{y}{x}\right)^2}\cdot\left(\dfrac{1}{x}\right) = \dfrac{x}{x^2+y^2}$에서 $\dfrac{\partial^2 z}{\partial y^2} = \dfrac{-2xy}{(x^2+y^2)^2}$이므로

$$\frac{\partial^2 z}{\partial x^2}+\frac{\partial^2 z}{\partial x^2}=0$$

■

예제 7.4.4

다음과 같이, 정의된 이변수함수 $f(x, y)$에서 $f_{xy}(0, 0)$와 $f_{yx}(0, 0)$를 구하여라.

$$f(x, y) = \begin{cases} \dfrac{xy(x^2-y^2)}{x^2+y^2} & (x, y)\neq(0, 0) \\ 0 & (x, y)=(0, 0) \end{cases}$$

풀이 $(x, y)\neq(0, 0)$일 때, $f_x(x, y) = \dfrac{x^4y+4x^2y^3-y^5}{(x^2+y^2)^2}$이다. 한편

$$f_x(0, 0) = \lim_{h\to 0}\frac{f(h, 0)-f(0, 0)}{h} = 0$$

이므로

$$f_{xy}(0, 0) = \lim_{k \to 0} \frac{f_x(0, k) - f_x(0, 0)}{k} = \lim_{k \to 0} \frac{1}{k}\left(\frac{-k^5}{k^4}\right) = -1$$

같은 방법으로, $f_{yx}(0, 0) = 1$임도 구할 수 있다.

제2계편도함수 f_{xy}와 f_{yx}는 x와 y의 어느 쪽을 먼저 편미분하는가의 순서의 차이이다. 다음의 정리는 그 순서를 바꿀 수 있는 충분조건을 제시한다.

정리 7.4.1

f_x, f_y, f_{xy}가 존재하고 연속이면, f_{yx}도 존재하고 $f_{yx} = f_{xy}$이다.

7.4 연습문제

1. 다음 함수의 제2계편도함수를 구하여라.

(1) $f(x, y) = \sqrt{x^2 + y^2}$　　(2) $f(x, y) = \dfrac{x^2 - y^2}{x^2 + y^2}$

(3) $f(x, y) = \ln(x + \sqrt{x^2 + y^2})$　　(4) $f(x, y) = e^x \cos y$

2. $u = \dfrac{1}{\sqrt{x^2 + y^2 + z^2}}$일 때, $u_{xx} + u_{yy} + u_{zz} = 0$임을 보여라.

3. 다음 함수에서 $\dfrac{\partial^2 f}{\partial x^2} + \dfrac{\partial^2 f}{\partial y^2} = 0$ 임을 보여라.

(1) $f(x, y) = e^x \sin y + e^y \sin x$　　(2) $f(x, y) = \tan^{-1}\left(\dfrac{2xy}{x^2 - y^2}\right)$

4. 다음 함수의 $f_{xy}(0,\ 0)$와 $f_{yx}(0,\ 0)$가 만약 존재하면, 그것을 구하여라.

(1) $f(x, y) = \begin{cases} \dfrac{2xy}{x^2 + y^2} & (x, y) \neq (0, 0) \\ 0 & (x, y) = (0, 0) \end{cases}$

(2) $f(x, y) = \begin{cases} \dfrac{x^2 y^2}{x^4 + y^4} & (x, y) \neq (0, 0) \\ 0 & (x, y) = (0, 0) \end{cases}$

7.5 합성함수의 편미분법

이 절에서는 모든 도함수와 편도함수들은 연속이라고 가정한다. 함수 $z=f(x,\ y)$에서 x, y가 각각 다른 변수 t의 함수일 때, z는 t만의 함수가 된다. 따라서 z의 t에 대한 도함수를 생각할 수 있다.

정리 7.5.1 (합성함수의 편미분법)

$z=f(x,\ y)$, $x=x(t)$, $y=y(t)$가 각각 (편)미분가능이면, $z=f(x(t),\ y(t))$는 t의 미분가능인 함수이고 다음의 식이 성립한다.

$$\frac{dz}{dt}=\frac{\partial z}{\partial x}\frac{dx}{dt}+\frac{\partial z}{\partial y}\frac{dy}{dt}$$

증명 평균값의 정리에 의해

$$\Delta z=\frac{\partial z}{\partial x}\Delta x+\frac{\partial z}{\partial y}\Delta y+\epsilon_1\Delta x+\epsilon_2\Delta y\ \left(\lim_{(\Delta x,\Delta y)\to(0,\ 0)}\epsilon_i=0,\ i=1,\ 2\right)$$

이 성립하므로, t의 증분 Δt에 대한 x, y, z의 증분을 각각

$$\Delta x=x(t+\Delta t)-x(t)$$

$$\Delta y=y(t+\Delta t)-y(t)$$

$$\Delta z=f(x+\Delta x,\ y+\Delta y)-f(x,\ y)$$

라 두면

$$\frac{dz}{dt}=\lim_{\Delta t\to 0}\frac{\Delta z}{\Delta t}=\lim_{\Delta t\to 0}\left\{\frac{\partial z}{\partial x}\frac{\Delta x}{\Delta t}+\frac{\partial z}{\partial y}\frac{\Delta y}{\Delta t}+\epsilon_1\frac{\Delta x}{\Delta t}+\epsilon_2\frac{\Delta y}{\Delta t}\right\}$$

이고, $\Delta t\to 0$일 때 $\Delta x\to 0$, $\Delta y\to 0$이므로

$$\lim_{\Delta t\to 0}\epsilon_1=0\ ,\ \lim_{\Delta t\to 0}\epsilon_2=0$$

이다. 따라서

$$\frac{dz}{dt}=\frac{\partial z}{\partial x}\frac{dx}{dt}+\frac{\partial z}{\partial y}\frac{dy}{dt}$$

예제 7.5.1

$z = x^2 \ln y$, $x = t^2$, $y = e^{-t}$일 때, $\dfrac{dz}{dt}$를 구하여라.

풀이 $\dfrac{\partial z}{\partial x} = 2x \ln y$, $\dfrac{\partial z}{\partial y} = \dfrac{x^2}{y}$, $\dfrac{dx}{dt} = 2t$, $\dfrac{dy}{dt} = -e^{-t}$이므로

$$\begin{aligned} \frac{dz}{dt} &= (2x \ln y)2t + \left(\frac{x^2}{y}\right)(-e^{-t}) \\ &= (2t^2 \ln e^{-t})\, 2t + \frac{t^4}{e^{-t}}(-e^{-t}) \\ &= -4t^4 - t^4 = -5t^4 \end{aligned}$$

■

특히, $z = f(x, y)$, $y = y(x)$이면, z는 x만의 함수가 된다. 이 경우는 정리 7.5.1에서 $t = x$로 택하면, 다음의 식이 성립한다.

$$\frac{dz}{dx} = \frac{\partial z}{\partial x} + \frac{\partial z}{\partial y}\frac{dy}{dx}$$

정리 7.5.2 (합성함수의 편미분법)

$z = f(x, y)$, $x = x(u, v)$, $y = y(u, v)$가 각각 편미분가능이면, $z = f(x(u, v), y(u, v))$는 (u, v)에서 편도함수를 가지고 다음 식이 성립한다.

$$\frac{\partial z}{\partial u} = \frac{\partial z}{\partial x}\frac{\partial x}{\partial u} + \frac{\partial z}{\partial y}\frac{\partial y}{\partial u}$$

$$\frac{\partial z}{\partial v} = \frac{\partial z}{\partial x}\frac{\partial x}{\partial v} + \frac{\partial z}{\partial y}\frac{\partial y}{\partial v}$$

증명 v를 상수로 보고 z를 u에 관해 편미분하면, 정리 7.5.1에 의해 첫 번째 식을 얻고, u를 상수로 보고 v에 관해 편미분하면 두 번째 식을 얻는다.

예제 7.5.2

$z=e^{xy}$, $x=2u+v$, $y=\dfrac{u}{v}$ 일 때, $\dfrac{\partial z}{\partial u}$와 $\dfrac{\partial z}{\partial v}$를 구하여라.

풀이

$$\begin{aligned}\frac{\partial z}{\partial u} &= \frac{\partial z}{\partial x}\frac{\partial x}{\partial u}+\frac{\partial z}{\partial y}\frac{\partial y}{\partial u}\\ &= ye^{xy}\cdot 2 + xe^{xy}\cdot\frac{1}{v} = \left(2y+\frac{x}{v}\right)e^{xy}\\ &= \left(\frac{2u}{v}+\frac{2u+v}{v}\right)e^{(2u+v)\left(\frac{u}{v}\right)} = \left(\frac{4u}{v}+1\right)e^{(2u+v)\left(\frac{u}{v}\right)}\end{aligned}$$

$$\begin{aligned}\frac{\partial z}{\partial v} &= \frac{\partial z}{\partial x}\frac{\partial x}{\partial v}+\frac{\partial z}{\partial y}\frac{\partial y}{\partial v}\\ &= ye^{xy}\cdot 1 + xe^{xy}\cdot\left(-\frac{u}{v^2}\right) = \left\{y-x\left(\frac{u}{v^2}\right)\right\}e^{xy}\\ &= \left\{\frac{u}{v}-(2u+v)\left(\frac{u}{v^2}\right)\right\}e^{(2u+v)\left(\frac{u}{v}\right)} = -\frac{2u^2}{v^2}e^{(2u+v)\left(\frac{u}{v}\right)}\end{aligned}$$

■

예제 7.5.3

$z=f\left(\dfrac{x}{y}\right)$일 때, $x\dfrac{\partial z}{\partial x}+y\dfrac{\partial z}{\partial y}=0$임을 보여라.

풀이 $\dfrac{x}{y}=u$라고 두면, $z=f(u)$이다. 따라서

$$\frac{\partial z}{\partial x}=\frac{dz}{du}\frac{\partial u}{\partial x}=\frac{dz}{du}\frac{1}{y},\qquad \frac{\partial z}{\partial y}=\frac{dz}{du}\frac{\partial u}{\partial y}=\frac{dz}{du}\left(-\frac{x}{y^2}\right)$$

로부터

$$x\frac{\partial z}{\partial x}+y\frac{\partial z}{\partial y}=\frac{dz}{du}\left(\frac{x}{y}-\frac{x}{y}\right)=0$$

■

예제 7.5.4

밑변이 12 m, 높이가 5 m 인 삼각형 모양의 땅이 있다. 갑자기 불어난 강물의 퇴적작용에 의해 밑변과 높이가 각각 매시간당 2 m 와 1 m 씩 증가한다고 할 때, 삼각형 모양의 땅의 넓이는 어떻게 변하는가?

풀이 x, y, A, t를 각각 밑변, 높이, 넓이, 시간을 나타내는 변수라고 하자. 여기서, $x=12$, $y=5$, $\dfrac{dx}{dt}=2$, $\dfrac{dy}{dt}=1$일 때에 $\dfrac{dA}{dt}$를 구하는 문제이다. $A=\dfrac{1}{2}xy$에서

$$\frac{dA}{dt} = \frac{\partial A}{\partial x}\frac{dx}{dt} + \frac{\partial A}{\partial y}\frac{dy}{dt} = \frac{y}{2}\frac{dx}{dt} + \frac{x}{2}\frac{dy}{dt}$$

$$= \frac{5}{2}(2) + 6(1) = 11$$

이므로, 넓이는 매시간당 $11\,\text{m}^2$씩 증가한다.

7.5 연습문제

1. 다음 함수에서 $\dfrac{dz}{dt}$를 구하여라.

(1) $z = x^2 - 2xy + y^2$; $x = (t+1)^2$, $y = (t-1)^2$

(2) $z = 3\cos x - \sin xy$; $x = \dfrac{1}{t}$, $y = 3t$

2. 다음 함수에서 $\dfrac{\partial z}{\partial u}$, $\dfrac{\partial z}{\partial v}$를 구하여라.

(1) $z = \dfrac{x}{y}$; $x = 2\cos u$, $y = 3\sin v$

(2) $z = \tan^{-1}(x^2 + y^2)$; $x = e^u \sin v$, $y = e^u \cos v$

3. $z=f(x, y)$, $x=r\cos\theta$, $y=r\sin\theta$일 때, 다음을 증명하여라.

(1) $\dfrac{\partial z}{\partial x}=\dfrac{\partial z}{\partial r}\cos\theta-\dfrac{1}{r}\dfrac{\partial z}{\partial \theta}\sin\theta$

(2) $\left(\dfrac{\partial z}{\partial x}\right)^2+\left(\dfrac{\partial z}{\partial y}\right)^2=\left(\dfrac{\partial z}{\partial r}\right)^2+\dfrac{1}{r^2}\left(\dfrac{\partial z}{\partial \theta}\right)^2$

4. $z=f(x, y)$, $x=a+ht$, $y=b+kt$ 일 때, $\dfrac{d^n z}{dt^n}$를 구하여라. (a, b, h, k는 상수)

5. $z=e^{xy}$, $x=\ln\sqrt{u^2+v^2}$, $y=\tan^{-1}\left(\dfrac{v}{u}\right)$일 때, $\dfrac{\partial z}{\partial u}$와 $\dfrac{\partial z}{\partial v}$를 구하여라.

6. f, g가 편미분가능인 함수이고 $u=f(x, y)$, $v=g(x, y)$, $x=r\cos\theta$, $y=r\sin\theta$일 때, $u_x=v_y$, $u_y=-v_x$이면 $u_r=\dfrac{1}{r}v_\theta$와 $v_r=-\dfrac{1}{r}u_\theta$가 성립함을 보여라.

7. f가 일변수함수이고 $z=f(x+2y)$일 때, $2\dfrac{\partial z}{\partial x}-\dfrac{\partial z}{\partial y}=0$이 성립함을 보여라.

8. $z=f(xy)$의 편도함수가 존재할 때, $x\dfrac{\partial z}{\partial x}-y\dfrac{\partial z}{\partial y}=0$임을 보여라.

9. $f(x, y, z)=2z^3-3(x^2+y^2)z$일 때, $f_{xx}+f_{yy}+f_{zz}=0$임을 보여라.

7장 종합문제

1. 편도함수의 정의에 의하여, (x_0, y_0)에서 함수 $f(x, y) = 2x^2 - xy + y^2$ 의 제1계편도함수를 구하여라.

2. 다음의 함수 $f(x, y)$에 대하여, $f_{xy}(0, 0)$, $f_{yx}(0, 0)$와 $(x, y) \neq (0, 0)$에서의 제2계편도함수를 모두 구하여라.

$$f(x, y) = \begin{cases} \dfrac{xy(x^2 - y^2)}{x^2 + y^2} & (x, y) \neq (0, 0) \\ 0 & (x, y) = (0, 0) \end{cases}$$

3. 다음의 각 식으로 정해지는 x, y의 음함수 z의 제2계편도함수를 모두 구하여라.

(1) $yz + zx + xy = 1$

(2) $\dfrac{x}{y} + \dfrac{y}{z} + \dfrac{z}{x} = 1$

4. 다음의 각 함수관계에서 $\dfrac{du}{dt}$를 구하여라.

(1) $u = \dfrac{x + 2y}{2x - y}$; $x = e^t$, $y = e^{-t}$

(2) $u = e^x(y - z)$; $x = t$, $y = \sin t$, $z = \cos t$

5. 다음을 증명하여라.

(1) $z = \log_y x$일 때, $\dfrac{\partial z}{\partial x} + \dfrac{\partial z}{\partial y} = \dfrac{1}{\ln y}\left(\dfrac{1}{x} - \dfrac{z}{y}\right)$이다.

(2) $u = x^y y^x$일 때, $x\dfrac{\partial u}{\partial x} + y\dfrac{\partial u}{\partial y} = u(x + y) + u \ln u$이다.

6. $z = u^2 - v^2$, $u = 2x + y - 1$, $v = x - 3y + 2$일 때, $\dfrac{\partial z}{\partial x}$, $\dfrac{\partial z}{\partial y}$, $\dfrac{\partial^2 z}{\partial x^2}$, $\dfrac{\partial^2 z}{\partial x \partial y}$, $\dfrac{\partial^2 z}{\partial y^2}$를 구하여라.

7. 다음 각 함수에서 $\dfrac{du}{dt}$를 구하여라.

(1) $u = xy + yz + zx$, $x = \dfrac{1}{t}$, $y = e^t$, $z = e^{-t}$

(2) $u = \tan^{-1}\dfrac{xy}{z}$, $x = t$, $y = e^{at}$, $z = (at+1)^2$

8. $z = f(x, y)$, $x = \varphi(t)$, $y = \phi(t)$에서 $\dfrac{d^2 z}{dt^2}$를 구하여라.

9. 다음 각 함수에 대하여, $z_{xy} = z_{yx}$가 성립함을 보여라.

(1) $z = \tan^{-1}\dfrac{y}{x}$

(2) $z = \sin(x+y)$

(3) $z = x^3 y - 3x^2 y^2$

(4) $z = \sqrt{a^2 - x^2 - y^2}$

■ 수학에서 지구의 자전방향이 왜 양의 방향일까?

고대 이집트에서부터 오늘에 이르기까지 수학사에 이름을 남긴 수학자들은 대부분 북반구에서 태어났다. 왜 일까? 이에 대한 해답은 여러 이유가 있을 수 있겠지만, 바다에 대한 육지의 비가 남반부보다 북반구가 더 크다는 것과 문명발생의 지리적 요인, 즉 고대 4대문명의 중심이 바다보다는 큰 강을 따라 형성되었다는 점이다.

수학적 해답은 다음과 같이 생각할 수 있다. 북반구에서는 지구의 북극을 그 축으로 지구의 자전방향이 시계의 반대방향을 따라 서에서 동으로 움직이지만, 남반구에서는 남극을 축으로 볼 때 완전히 정반대, 즉 시계방향으로 회전한다. 이러한 지구의 자전방향은 고대문명의 부흥과 더불어 북반구에 살고 있었던 옛 자연철학자 또는 수학자들에 의하여 오늘날 수학에서 말하는 '양의 방향'이 자연스럽게 반시계방향으로 정해졌을 것으로 생각한다. 오늘날 육상경기의 트랙을 도는 방향은 어떠한가? 분명히 북반구에서는 반시계방향인 지구의 자전방향이다. 아마도 이는 수학과 마찬가지로 올림픽 역시 북반구에서 시작되었기 때문일 것이다. 가능한 선수들의 좋은 기록을 위한 순리, 즉 지구의 자전방향을 따라 트랙을 도는 것으로 정해졌으리라 추측한다. 만약 고대문명의 시작과 부흥이 북반구보다 남반구가 그 중심이 되고 그리하여 수학과 올림픽이 그곳에서 시작되고 부흥되었다면, 남반구에 살고 있는 사람들에게는 순리이지만 북반구에 살고 있는 우리들에게는 역리가 되어 인류의 역사도 아마 크게 달라지지 않았을까? 하고 추론해 본다.

자연현상에도 이러한 원리가 숨겨져 있다. 프랑스 Jan de Bont 감독에 의하여 1996년에 제작된 영화 「트위스트」에 여러 번 등장하는 토네이도의 회전방향을 자세히 관찰해 보면, 모든 토네이도가 일정하게 반시계방향으로 돌고 있음을 발견할 것이다. 왜냐하면, 이 영화가 제작된 곳 역시 북반구이기 때문이다. 북반구에서는 지구의 자전에 의하여 토네이도가 항상 반시계방향으로 회전하지만, 남반구에서 발생하는 회오리바람은 시계방향으로 소용돌이친다. 보다 쉽게 지구 자전의 원리를 살펴볼 수 있는 현상은 고층 아파트의 긴 배관을 따라 흘러내려오는 물의 소용돌이를 관찰해 보는 것이다.

지구자전에 따른 이론을 처음 과학적으로 연구한 사람은 프랑스 공학자 G. G. Coriolis (1792-1843)이다. 그는 탄도학을 연구하면서 '일정하게 회전하고 있는 회전좌표계에서는 회전중인 물체에 원심력이 생기지만, 만약 물체가 운동하고 있으면 원심력뿐만 아니라, 운동의 방향에 수직한 속도에 비례하여 생겨나는 전향력'(이를 Coriolis 힘이라 함)을 발견하였다. 특히, 이러한 이론을 근거로 그는 1835년 당구에 관한 수학적 원리를 최초로 밝혔다고 전해온다. 그렇다면 북반구에서 당구의 감각과 기본원리를 잘 익힌 당구선수가 남반구에 가서 경기를 하면 어떻게 될까?

제 8 장

이중적분

▶▷▶ 중적분은 일변수함수에 대한 정적분을 다변수함수에 대해 일반화한 개념이다. 이 장에서는 이변수함수에 대한 이중적분의 개념과 성질 및 이중적분의 계산법에 대해서 알아본다. 또한, 입체의 부피와 곡면의 넓이를 구하는 이중적분의 응용에 관해서도 살펴본다.

8.1 이중적분의 정의

평면에서 하나 또는 둘 이상의 곡선으로 둘러싸인 유계인 닫힌 영역 D상에 정의된 함수 $f(x, y)$를 생각해보자.

영역 D를 그림 8.1에서와 같이, n개의 소영역 $\Delta A_1, \Delta A_2, \ldots, \Delta A_n$으로 세분하고 각 ΔA_k에 속하는 임의의 점을 $(x_k{}^*, y_k{}^*)$, ΔA_k $(k=1, 2, \ldots, n)$의 넓이는 그대로 ΔA_k로 나타내어, 다음 합(이를 Riemann합이라 함)

$$\sum_{k=1}^{n} f(x_k^*, y_k^*)\,\Delta A_k$$

에 대해, $\max\Delta A_k \to 0$일 때의 극한을

$$\iint_D f(x, y)\,dA = \lim_{\max \Delta A_k \to 0} \sum_{k=1}^{n} f(x_k{}^*, y_k{}^*)\,\Delta A_k$$

로 나타내고, 이를 D상에서의 $f(x, y)$의 이중적분(double integral)이라 정의한다.

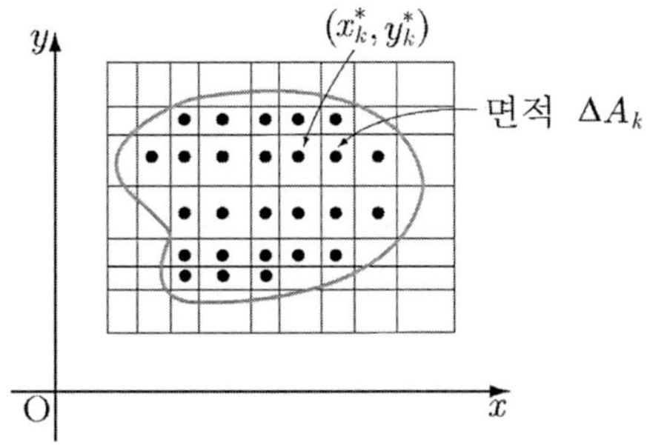

[그림 8.1]

가령 $f(x,y)>0$이면, 이중적분은 평면 $z=f(x,y)$에 의해 위로 유계이고, 영역 D에 의해 아래로 유계인 입체 S의 부피를 나타낸다(그림 8.2 참조). 특히, $f(x, y)=1$이면, $\iint_D dA$는 영역 D의 넓이이다. 함수 $f(x, y)$가 유계인 닫힌 영역 D상에서 연속이면, 이중적분은 항상 존재한다.

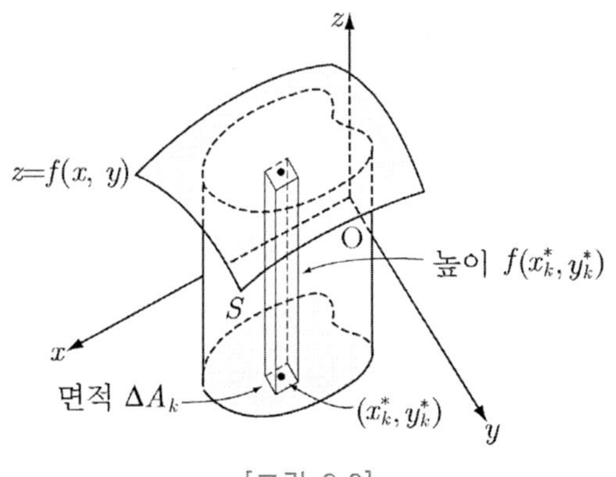

[그림 8.2]

다음의 정리는 이중적분의 성질을 나열한 것이다. 이들에 대한 증명은 생략한다.

정리 8.1.1 (이중적분의 성질)

(1) $\iint_D kf(x, y)dA = k\iint_D f(x,y)\,dA$ (k는 상수)

(2) $\iint_D \{f(x,y) \pm g(x,y)\}\,dA = \iint_D f(x,y)dA \pm \iint_D g(x,y)dA$

(3) 두 닫힌 영역 D_1, D_2에 대해, $D = D_1 \cup D_2$이고 $D_1 \cap D_2$가 경계만을 가질 때

$$\iint_D f(x,y)dA = \iint_{D_1} f(x,y)dA + \iint_{D_2} f(x,y)dA$$

(4) $f(x,y) \le g(x,y)$이면, $\iint_D f(x,y)\,dA \le \iint_D g(x,y)\,dA$이다.

(5) $\left|\iint_D f(x,y)\,dA\right| \le \iint_D |f(x,y)|\,dA$

(6) (이중적분에서의 평균값의 정리)

$$\iint_D f(x,y)\,dA = f(x_0,\, y_0) \times (D\text{의 넓이})$$

를 만족하는 D의 점 $(x_0,\, y_0)$가 존재한다.

예제 8.1.1

(1) $\int_0^1 x\,y^2\,dx = y^2 \int_0^1 x\,dx = \left[\frac{y^2 x^2}{2}\right]_{x=0}^1 = \frac{y^2}{2}$

(2) $\int_0^1 x\,y^2\,dy = x \int_0^1 y^2\,dy = \left[\frac{x\,y^3}{3}\right]_{y=0}^1 = \frac{x}{3}$

예제 8.1.1에서와 같이, $\int_a^b f(x,y)\,dx$는 y만의 함수이고, $\int_a^b f(x,y)dy$는 x만의 함수가 됨을 알 수 있다. 따라서

$$\int_c^d \left\{ \int_a^b f(x,y)\,dx \right\} dy$$

는 y의 함수 $\int_a^b f(x,y)\,dx$를 구간 $[c,\, d]$상에서 y에 관해서 다시 적분한 것이고

$$\int_a^b \left\{ \int_c^d f(x, y)\, dy \right\} dx$$

는 x의 함수 $\int_c^d f(x, y)\, dy$를 구간 $[a, b]$상에서 x에 관해서 다시 적분한 것이다. 이러한 표현을 반복적분(iterated integral)이라 하고, 다음과 같이 나타낸다.

$$\int_c^d \int_a^b f(x, y) dx dy, \quad \int_a^b \int_c^d f(x, y) dy dx$$

예로

$$\begin{aligned} \int_1^2 \int_0^3 (x - 2xy) dy dx &= \int_1^2 \left\{ \int_0^3 (x - 2xy) dy \right\} dx \\ &= \int_1^2 \left[xy - xy^2 \right]_{y=0}^3 dx = \int_1^2 (-6x)\, dx \\ &= \left[-3x^2 \right]_1^2 = -9 \end{aligned}$$

이고, 같은 방법으로 다음이 성립함도 알 수 있다.

$$\int_0^3 \int_1^2 (x - 2xy)\, dx dy = -9$$

다음 정리는 사각영역상의 이중적분은 반복적분에 의해서 구할 수 있으며, 또한 반복적분의 순서를 바꾸어도 그 값이 같음을 보여준다. 여기서, 논리적 증명은 생략하고 영역 D에서 $f(x, y) > 0$일 경우에 기하학적 측면에서 증명을 제시한다.

정리 8.1.2 (사각영역에서의 이중적분)

함수 $f(x, y)$가 사각영역 $D = \{(x, y) \mid a \le x \le b,\ c \le y \le d\}$상에 정의된 연속함수이면, 다음이 성립한다.

$$\iint_D f(x, y)\, dA = \int_c^d \int_a^b f(x, y)\, dx\, dy = \int_a^b \int_c^d f(x, y)\, dy\, dx$$

증명 사각영역 D상에서 $f(x, y) > 0$인 경우, 이중적분

$$\iint_D f(x,\, y)\, dA$$

는 곡면 $z = f(x, y)$에 의해 위로 유계이고, 영역 D에 의해 아래로 유계인 입체 S의 부피를 나타낸다. 그런데 y점에서 y축에 수직이고 x축에 평행인 평면과 주어진 입체와의 교면의 넓이를 $A(y)$라 할 때, 입체 S의 부피 $\mathrm{Vol}(S)$는 다음과 같이 주어진다.

$$\mathrm{Vol}(S) = \int_c^d A(y)\, dy$$

한편, 구간 $c \le y \le d$에 속하는 점 y를 고정시키면 $f(x, y)$는 x만의 함수이고, $A(y)$는 이를 구간 $a \le x \le b$상에서 정적분한 값이다(그림 8.3 참조). 즉

$$A(y) = \int_a^b f(x,\, y)\, dx$$

이므로, S의 부피는

$$\mathrm{Vol}(S) = \int_c^d \left\{ \int_a^b f(x,\, y)\, dx \right\} dy = \int_c^d \int_a^b f(x,\, y)\, dx\, dy$$

이다. 같은 관점에서 다음의 식도 보일 수 있다(그림 8.4 참조).

$$\mathrm{Vol}(S) = \int_a^b \left\{ \int_c^d f(x,\, y)\, dy \right\} dx = \int_a^b \int_c^d f(x,\, y)\, dy\, dx$$

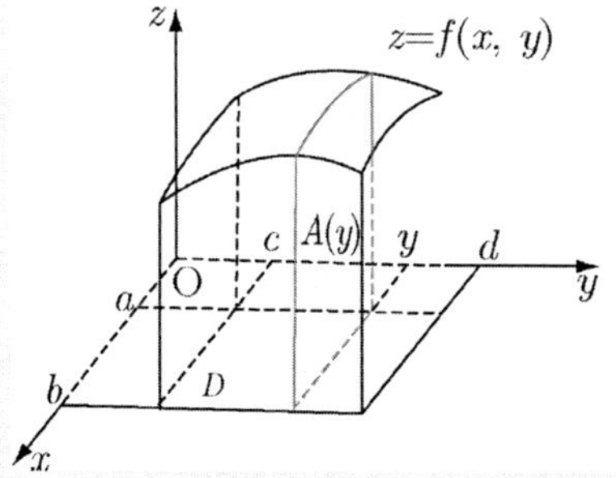

[그림 8.3]

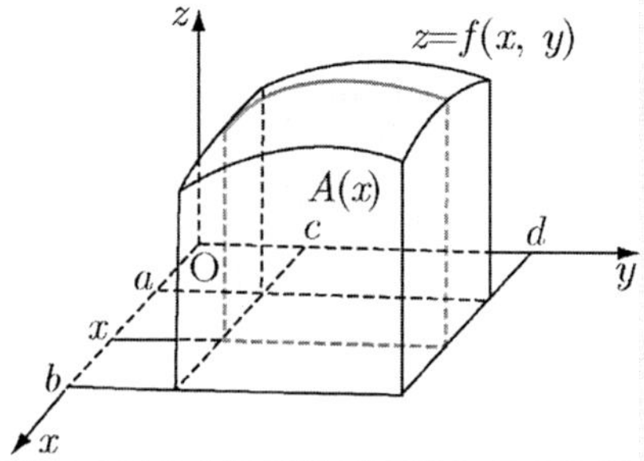

[그림 8.4]

예제 8.1.2

평면 $z = 4 - x - y$에 의해 위로 유계이고 사각영역

$$D = \{(x, y) \mid 0 \le x \le 1,\ 0 \le y \le 2\}$$

에 의해 아래로 유계인 입체의 부피를 구하여라.

풀이

$$V = \iint_D (4 - x - y)\,dA = \int_0^2 \int_0^1 (4 - x - y)\,dx\,dy$$

$$= \int_0^2 \left[4x - \frac{x^2}{2} - xy\right]_{x=0}^{1} dy$$

$$= \int_0^2 \left(\frac{7}{2} - y\right) dy$$

$$= \left[\frac{7}{2}y - \frac{y^2}{2}\right]_0^2 = 5$$

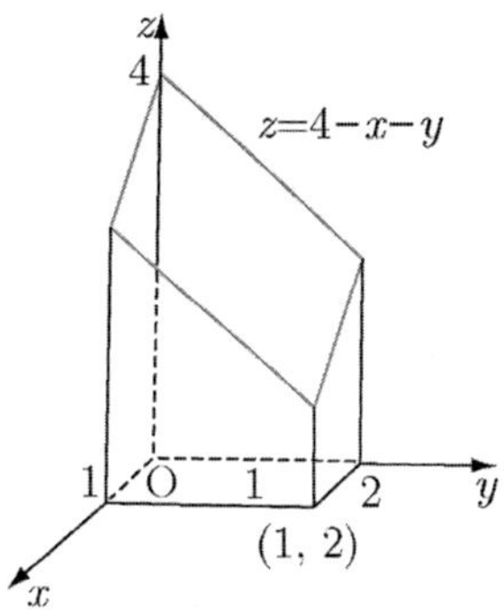

[그림 8.5]

8.1 연습문제

1. 다음 반복적분을 구하여라.

(1) $\displaystyle\int_0^1 \int_0^2 (x+3)\,dy\,dx$　　(2) $\displaystyle\int_0^{\ln 3} \int_0^{\ln 2} e^{x+y}\,dy\,dx$

(3) $\displaystyle\int_{-1}^0 \int_2^5 dx\,dy$　　(4) $\displaystyle\int_0^2 \int_0^1 y\sin\pi x\,dx\,dy$

2. 주어진 영역 D에서, 다음 이중적분을 구하여라.

(1) $\displaystyle\iint_D x\sqrt{1-x^2}\,dA;\ D = \{(x, y) \mid 0 \le x \le 1,\ 2 \le y \le 3\}$

(2) $\iint_D \cos(x+y)\, dA$; $D=\left\{(x,\ y) \mid -\frac{\pi}{4} \le x \le \frac{\pi}{4},\ 0 \le y \le \frac{\pi}{4}\right\}$

3. $f(x,\ y) = g(x)h(y)$; $D=\{(x,\ y) \mid a \le x \le b,\ c \le y \le b\}$일 때, 다음을 보여라.

$$\iint_D f(x, y)\, dA = \left\{\int_a^b g(x)dx\right\}\left\{\int_c^d h(y)dy\right\}$$

4. 영역 $D=\{(x,\ y) \mid 0 \le x \le 1,\ 0 \le y \le 1\}$의 위쪽과 곡면 $z=4-x^2-y^2$의 아래쪽에 있는 부분으로 된 입체의 부피를 구하여라.

5. 포물선 $z=4-x^2-y^2$와 xy-평면에 의해 둘러싸인 입체의 부피를 구하여라.

8.2 비사각영역에서의 이중적분

이 절에서는 사각영역이 아닌 영역에서의 이중적분에 대해서 알아보자.

다음 정리는 비사각영역에서 이중적분을 구하는 방법을 설명한다. 상세한 증명은 생략하지만, 사각영역에서와 같이 기하학적 측면에서 유사하게 증명할 수 있다.

정리 8.2.1 (비사각영역에서의 이중적분)

영역 D가 그림 8.6(a)와 같이 주어지고 그 상에서 $f(x,y)$가 연속이면, D상에서 $f(x,y)$의 이중적분은

$$\iint_D f(x,\, y)\, dA = \int_a^b \int_{g_1(x)}^{g_2(x)} f(x,\, y)\, dy\, dx$$

로 주어지고, 영역 D가 그림 8.6(b)와 같이 주어지고 그 상에서 $f(x,y)$가 연속이면, D상에서 $f(x,y)$의 이중적분은 다음과 같다.

$$\iint_D f(x,\, y)\, dA = \int_c^d \int_{h_1(y)}^{h_2(y)} f(x\,,\, y)\, dx\, dy$$

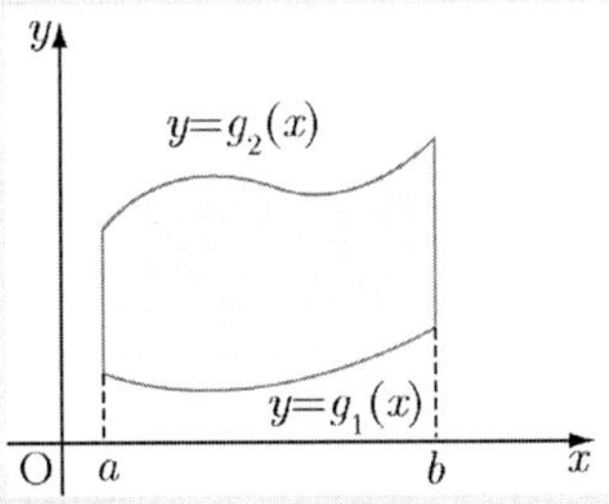

(a)

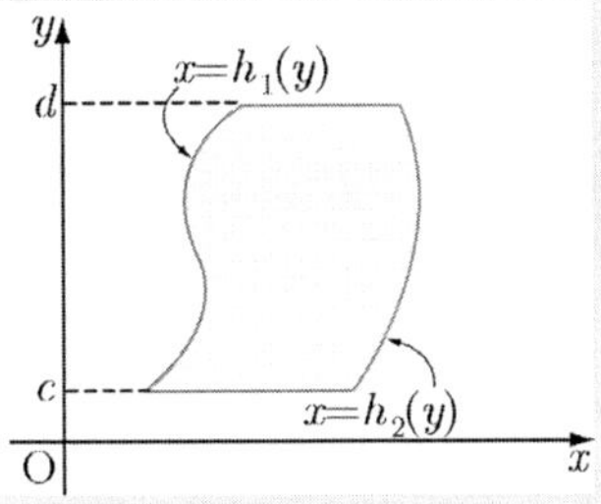

(b)

[그림 8.6]

예제 8.2.1

영역 $D=\left\{(x,y)\mid 2\le x\le 4,\ \frac{1}{2}x\le y\le \sqrt{x}\right\}$상에서 $f(x,y)=xy$의 이중적분을 구하여라.

풀이 주어진 영역은 그림 8.7과 같이 나타나므로, 구하려는 이중적분은

$$\iint_D xy\,dA = \int_2^4\int_{\frac{x}{2}}^{\sqrt{x}} xy\,dy\,dx = \int_2^4\left[\frac{xy^2}{2}\right]_{y=\frac{x}{2}}^{\sqrt{x}}dx$$

$$= \int_2^4\left(\frac{x^2}{2}-\frac{x^3}{8}\right)dx = \left[\frac{x^3}{6}-\frac{x^4}{32}\right]_2^4$$

$$= \left(\frac{64}{6}-\frac{256}{32}\right)-\left(\frac{8}{6}-\frac{16}{32}\right)=\frac{11}{6}$$

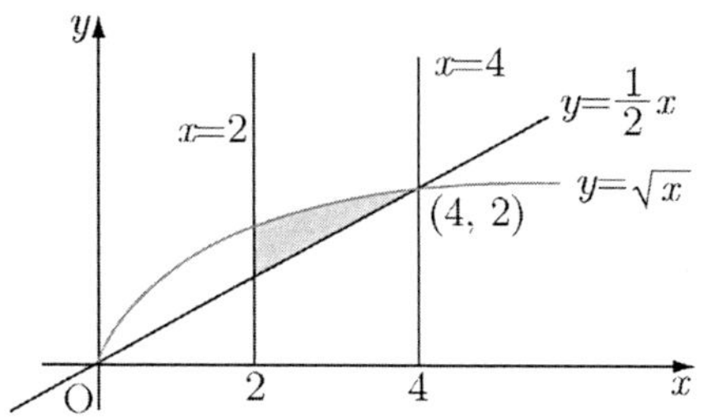

[그림 8.7]

예제 8.2.2

세 직선 $y=-x+1$, $y=x+1$, $y=3$으로 둘러싸인 영역 D상에서 이변수함수 $f(x,y)=2x-y^2$의 이중적분을 구하여라.

풀이 주어진 영역은 $D=\{(x,\ y)\mid 1-y\le x\le y-1,\ 1\le y\le 3\}$(그림 8.8 참조)이므로, 구하려는 이중적분은

$$\begin{aligned}\iint_D (2x-y^2)\,dA &= \int_1^3 \int_{1-y}^{y-1} (2x-y^2)\,dx\,dy \\ &= \int_1^3 \left[x^2 - y^2 x\right]_{x=1-y}^{y-1} dy \\ &= \int_1^3 \{(1-2y+2y^2-y^3)-(1-2y+y^3)\}\,dy \\ &= \left[\frac{2y^3}{3} - \frac{y^4}{2}\right]_1^3 = -\frac{68}{3}\end{aligned}$$

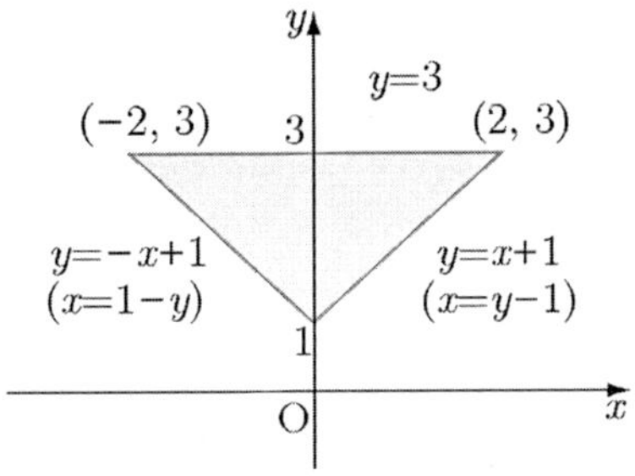

[그림 8.8]

다음으로, 유계인 닫힌 영역 D상에서 연속인 음이 아닌 함수 $z=f(x,\ y)$ 를 생각해 보자. 이때, 곡면 $z=f(x,\ y)$와 D를 밑면으로 하는 주면으로 둘러싸인 입체의 부피 V는

$$V = \iint_D f(x,\ y)\,dx\,dy$$

로 주어진다. 또한, 단면이 D이고 높이가 1인 입체의 부피는

$$V = (D\text{의 넓이}) \times 1$$

이므로, 영역 D상에서 함수 $f(x,\ y)=1$ 의 이중적분은 D의 넓이임을 알 수 있다.

정리 8.2.2 (영역의 넓이)

곡선 $y=\phi_1(x)$, $y=\phi_2(x)$와 직선 $x=a$, $x=b$로 둘러싸인 영역의 넓이 A는

$$A=\int_a^b\int_{\phi_1(x)}^{\phi_2(x)} dy\,dx \quad (\phi_1(x)<\phi_2(x),\ a<b)$$

정리 8.2.3 (영역의 부피)

(1) D는 곡선 $y=\phi_1(x)$, $y=\phi_2(x)$와 직선 $x=a$, $x=b$ $(\phi_1(x)<\phi_2(x),\ a<b)$로 둘러싸인 유계인 닫힌 영역이고, S는 $z=f(x, y)$로 D상에 정의된 곡면으로 $f(x, y)$가 연속함수일 때, D와 S를 각각 밑면과 윗면으로 하는 주면의 부피 V는

$$V=\int_a^b\int_{\phi_1(x)}^{\phi_2(x)} f(x, y)\,dy\,dx$$

(2) D는 곡선 $x=\psi_1(y)$, $x=\psi_2(y)$와 직선 $y=c$, $y=d$ $(\psi_1(y)<\psi_2(y),\ c<d)$로 둘러싸인 유계인 닫힌 영역이고, S는 $z=f(x, y)$로 D상에 정의된 곡면으로 $f(x, y)$가 연속함수일 때, D와 S를 각각 밑면과 윗면으로 하는 주면의 부피 V는

$$V=\int_c^d\int_{\psi_1(y)}^{\psi_2(y)} f(x, y)\,dx\,dy$$

예제 8.2.3

xy-평면의 위쪽과 평면 $z=2x$의 아래쪽에 있는 원주면 $x^2+y^2=1$의 부피를 구하여라.

풀이 구하려는 부피 V는 영역 $D=\{(x, y)\mid x^2+y^2\le 1,\ x\ge 0,\ y\ge 0\}$상에서 함수 $z=2x$의 이중적분을 2배하여 구할 수 있으므로(그림 8.9 참조)

$$V = 2\int_0^1 \int_0^{\sqrt{1-x^2}} 2x\, dy\, dx$$

$$= 4\int_0^1 x\,[y]_0^{\sqrt{1-x^2}}\, dx \quad = 4\int_0^1 x\sqrt{1-x^2}\, dx$$

$$= 2\left[-\frac{2}{3}(1-x^2)^{\frac{3}{2}}\right]_0^1 \quad = \frac{4}{3}$$

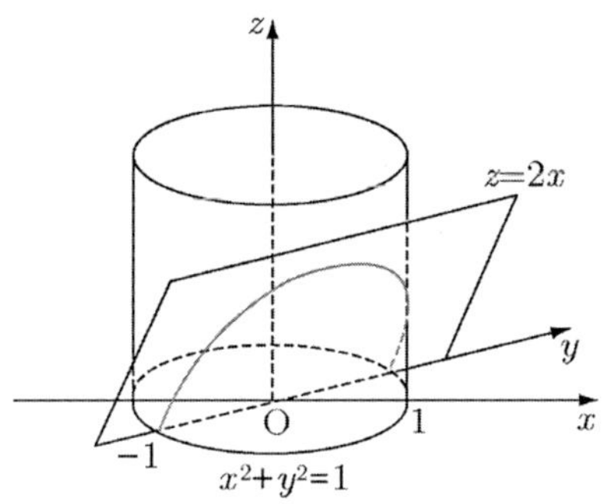

[그림 8.9]

예제 8.2.4

원주면 $x^2+y^2=4$와 평면 $y+z=4$, $z=0$에 의해서 둘러싸인 입체의 부피를 구하여라.

풀이 그림 8.10에서와 같이, 주어진 입체는 평면 $z=4-y$에 의해 위로 유계이고, 원 $x^2+y^2=4$에 의해 아래로 유계이므로, 구하려는 부피는

$$V = \int_{-2}^{2}\int_{-\sqrt{4-x^2}}^{\sqrt{4-x^2}} (4-y)\, dy\, dx$$

$$= \int_{-2}^{2}\left[4y - \frac{1}{2}y^2\right]_{y=-\sqrt{4-x^2}}^{\sqrt{4-x^2}} dx$$

$$= \int_{-2}^{2} 8\sqrt{4-x^2}\, dx = 16\pi$$

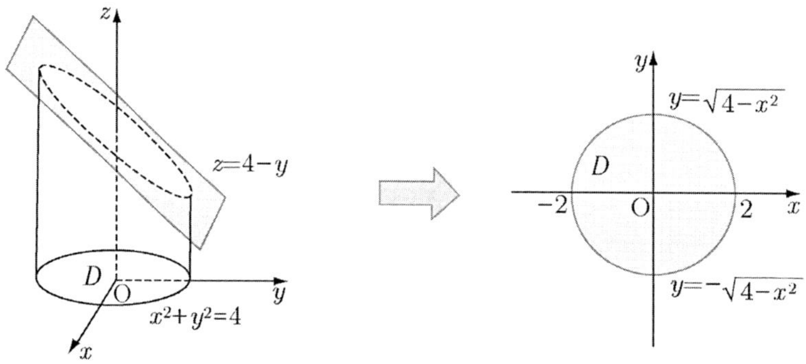

[그림 8.10]

정리 8.2.4 (회전체의 부피)

두 함수 $\phi_1(x)$, $\phi_2(x)$가 구간 $[a, b]$에서 연속이고 $0 \le \phi_1(x) \le \phi_2(x)$일 때, 영역 $D = \{(x, y) \mid a \le x \le b,\ \phi_1(x) \le y \le \phi_2(x)\}$를 x축 둘레로 회전하여 생기는 회전체의 부피 V는

$$V = \pi \int_a^b \left(\phi_2(x)^2 - \phi_1(x)^2\right) dx$$

$$= 2\pi \int_a^b \int_{\phi_1(x)}^{\phi_2(x)} y\, dy\, dx = 2\pi \iint y\, dx\, dy$$

예제 8.2.5

곡선 $y = x^3$, $y = \sqrt{x}$ 로 둘러싸인 영역 D를 x축 둘레로 회전하여 생기는 입체의 부피를 구하여라.

풀이 구하려는 부피 V는

$$V = 2\pi \iint_D y\, dx\, dy = 2\pi \int_0^1 \int_{x^3}^{\sqrt{x}} y\, dy\, dx$$

$$= \pi \int_0^1 (x - x^6)\, dx = \frac{5}{14}\pi$$

8.2 연습문제

1. 다음 반복적분을 구하여라.

(1) $\int_0^1 \int_{x^2}^{x} xy^2\, dy\, dx$

(2) $\int_{\sqrt{\pi}}^{\sqrt{2\pi}} \int_0^{x^3} \sin\frac{y}{x}\, dy\, dx$

(3) $\int_0^a \int_0^{\sqrt{a^2-x^2}} (x+y)\, dy\, dx$

(4) $\int_0^1 \int_{x^2}^{x} \sqrt{\frac{x}{y}}\, dy\, dx$

2. 다음에 주어진 영역 D에서 다음 이중적분을 구하여라.

(1) $\iint_D (1-x-y)dA$; $D=\{(x,y)\,|\,x\ge 0,\ y\ge 0,\ x+y\le 1\}$

(2) $\iint_D (x^2+y^2)dA$; $D=\{(x,y)\,|\,x\ge 0,\ y\ge 0,\ x+y\le 1\}$

(3) $\iint_D x^2y\,dA$; $D=\{(x,y)\,|\,0\le y\le 1,\ 2y^2\le x\le 2y\}$

(4) $\iint_D xy\,dA$; D는 포물선 $y=x^2-x$와 직선 $y=x$로 둘러싸인 영역

3. $y=\frac{1}{2}x^2$과 직선 $y=2x$로 둘러싸인 영역의 넓이를 구하여라.

4. 직선 $x=y+2$와 포물선 $x=y^2$에 의해 둘러싸인 영역의 넓이를 구하여라.

5. 평면 $z=4-4x-2y$와 좌표평면들에 의해 둘러싸인 사면체의 부피를 구하여라.

8.3 극좌표에서의 이중적분

그림 8.11에서와 같이, 극좌표 (r, θ)에 대해서 곡면을 함수 $z=f(r, \theta)$로 나타낼 수 있다. 만약 $z=f(r, \theta)$가 영역 D상에서 정의되었을 때, D상에서 $f(r, \theta)$의 이중적분을 정의해보자.

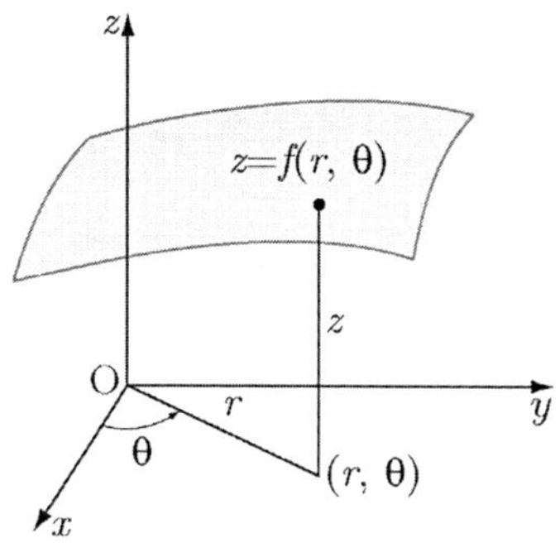

[그림 8.11]

그림 8.12와 같이, 주어진 영역 D를 동심원과 동경에 의해 n개의 소영역으로 세분하고(그림 8.13 참조), 각 소영역의 넓이를

$$\Delta A_1, \Delta A_2, \ldots, \Delta A_n$$

으로 나타내자. 그리고 각 ΔA_k에 속하는 임의의 점 $(r_k{}^*, \theta_k{}^*)$ $(k=1, 2, \ldots, n)$를 택하자.

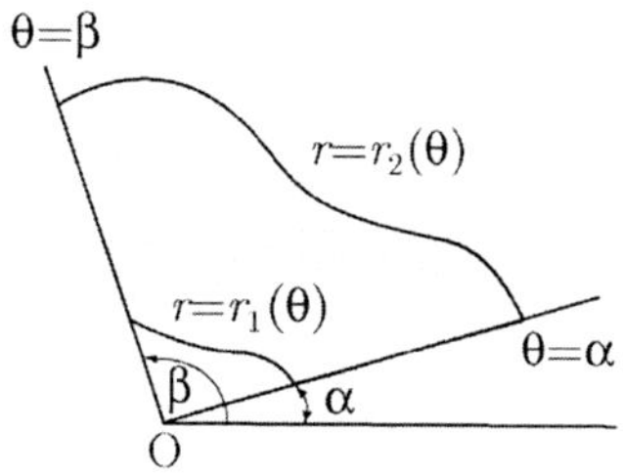

[그림 8.12]

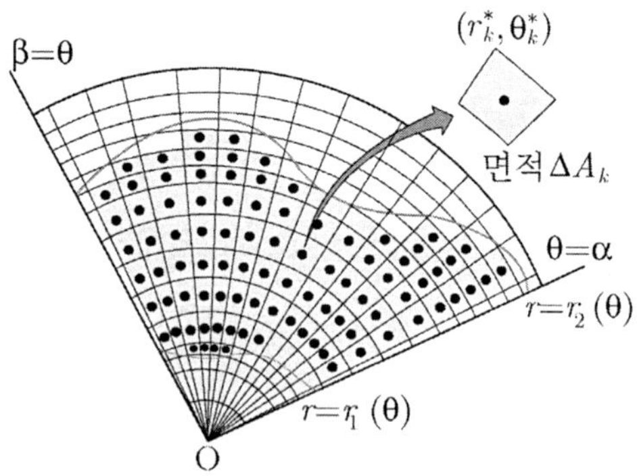

[그림 8.13]

이때, Riemann합 $\sum_{k=1}^{n} f(r_k^*, \theta_k^*)\Delta A_k$에서, $\max\Delta A_k \to 0$일 때의 극한

$$\iint_D f(r,\theta)\,dA = \lim_{\max\Delta A_k \to 0} \sum_{k=1}^{n} f(r_k^*, \theta_k^*)\Delta A_k$$

로 표시하고, 이를 D상의 $f(r,\theta)$의 극이중적분(polar double integral)이라 한다. 특히, D상에서 $f(r,\theta) > 0$이면, 극이중적분은 곡면 $z = f(r,\theta)$에 의해 위로 유계이고 영역 D에 의해 아래로 유계인 입체 S의 부피를 나타낸다(그림 8.14 참조).

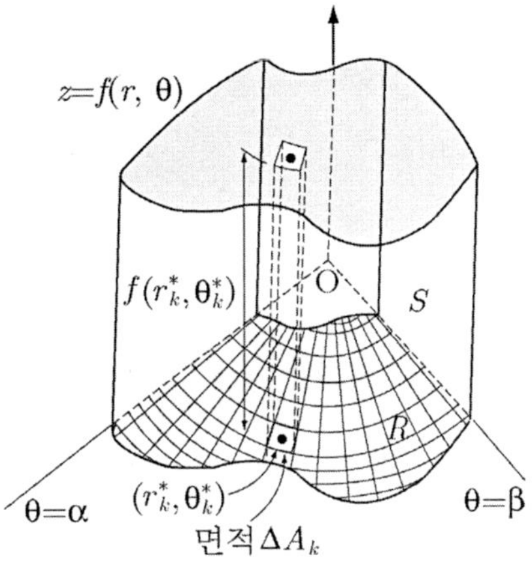

[그림 8.14]

정리 8.3.1 (극이중적분의 계산)

만약 D가 그림 8.12와 같은 형태의 영역이고, 함수 $f(r,\theta)$가 연속이면

$$\iint_D f(r,\theta)\,dA = \int_{\alpha}^{\beta}\int_{r_1(\theta)}^{r_2(\theta)} f(r,\theta)\,r\,dr\,d\theta$$

참고

극이중적분에서는 dA가 반복적분에서 $r\,dr\,d\theta$로 주어짐에 유의하자. 여기서 자세한 증명은 생략하지만, 반복적분으로 표시될 때, r이 나타나는 이유를 간단히 알아보자.

Riemann합 $\sum_{k=1}^{n} f(r_k^*, \theta_k^*)\Delta A_k$ 에서, 점 (r_k^*, θ_k^*), $\Delta\theta_k$와 Δr_k를 그림 8.15와 같이 택하면

$$\Delta A_k = \frac{1}{2}\left(r_k^* + \frac{1}{2}\Delta r_k\right)^2 \Delta\theta_k - \frac{1}{2}\left(r_k^* - \frac{1}{2}\Delta r_k\right)^2 \Delta\theta_k$$
$$= r_k^* \Delta r_k \Delta\theta_k$$

이므로

$$\iint_D f(r, \theta) dA = \lim_{\max \Delta A_k \to 0} \sum_{k=1}^{n} f(r_k^*, \theta_k^*)\Delta A_k$$
$$= \lim_{\max \Delta A_k \to 0} \sum_{k=1}^{n} f(r_k^*, \theta_k^*) r_k^* \Delta r_k \Delta\theta_k$$

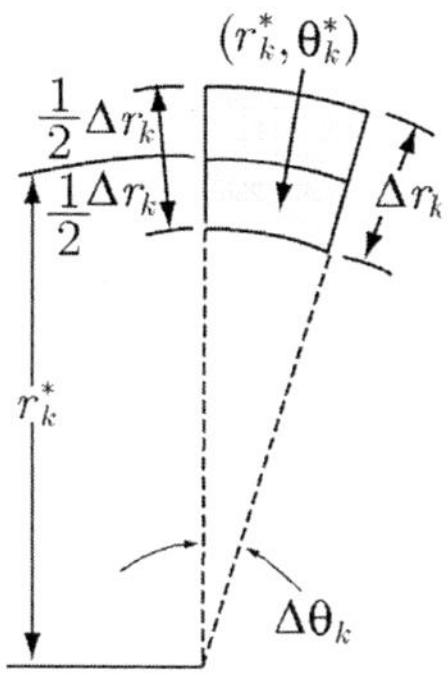

[그림 8.15]

예제 8.3.1

다음 이중적분을 구하여라.

$$\int_{-1}^{1}\int_{0}^{\sqrt{1-x^2}} (x^2+y^2)^{\frac{3}{2}}\, dy\, dx$$

풀이 구하려는 이중적분을 극좌표로 바꾸어 구하면

$$\int_{-1}^{1}\int_{0}^{\sqrt{1-x^2}} (x^2+y^2)^{\frac{3}{2}}\, dy\, dx = \int_{0}^{\pi}\int_{0}^{1} (r^3) r\, dr\, d\theta = \int_{0}^{\pi} \frac{1}{5}\, d\theta = \frac{\pi}{5}$$

예제 8.3.2

D가 $r=2$인 원의 외부와 심장형 $r=2(1+\cos\theta)$의 내부에 있는 제1사분면의 영역일 때, $\iint_D \sin\theta\, dA$를 구하여라.

풀이 영역 D가 다음의 그림 8.16과 같으므로

$$\begin{aligned}\iint_D \sin\theta\, dA &= \int_0^{\frac{\pi}{2}}\int_2^{2(1+\cos\theta)} (\sin\theta)\, r\, dr\, d\theta \\ &= \int_0^{\frac{\pi}{2}} \left[\frac{1}{2}r^2\sin\theta\right]_{r=2}^{2(1+\cos\theta)} d\theta \\ &= 2\int_0^{\frac{\pi}{2}} \{(1+\cos\theta)^2\sin\theta - \sin\theta\}\, d\theta \\ &= 2\left[-\frac{1}{3}(1+\cos\theta)^3+\cos\theta\right]_0^{\frac{\pi}{2}} \\ &= 2\left\{-\frac{1}{3}-\left(-\frac{5}{3}\right)\right\} = \frac{8}{3}\end{aligned}$$

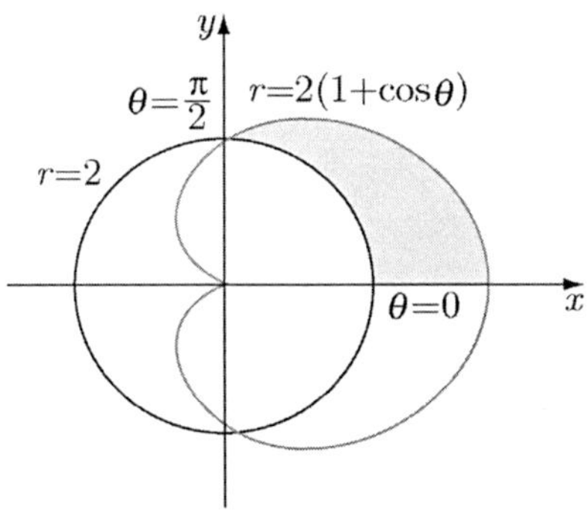

[그림 8.16]

예제 8.3.3

3엽장미선 $r=\sin 3\theta$에 의해 둘러싸인 영역의 넓이를 구하여라.

풀이 그림 8.17의 3엽장미선 $r=\sin 3\theta$에서 제1사분면의 1엽을 영역 D로 취하면, 구하려는 영역의 넓이 A는

$$A = 3\iint_D dA = 3\int_0^{\frac{\pi}{3}}\int_0^{\sin 3\theta} r\,dr d\theta$$
$$= \frac{3}{2}\int_0^{\frac{\pi}{3}} \sin^2 3\theta\, d\theta = \frac{3}{4}\int_0^{\frac{\pi}{3}} (1-\cos 6\theta)\, d\theta$$
$$= \frac{3}{4}\left[\theta - \frac{1}{6}\sin 6\theta\right]_0^{\frac{\pi}{3}} = \frac{1}{4}\pi$$

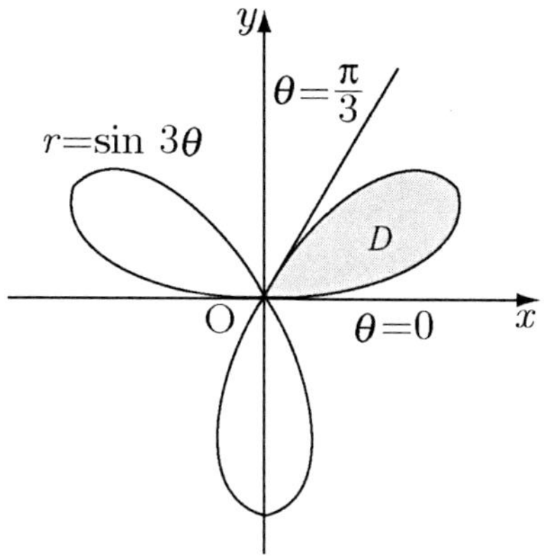

[그림 8.17]

예제 8.3.4

심장형 $r = a(1+\cos\theta)$ $(a>0)$에 의해 둘러싸인 영역을 x축 둘레로 회전하여 생기는 입체의 부피를 구하여라.

풀이 x축과 심장형 곡선의 위 부분으로 둘러싸인 영역을 D라고 하면, 구하려는 입체의 부피 V는

$$V = 2\pi\iint_D y\,dx\,dy = 2\pi\iint_{D_{r,\theta}} r\sin\theta \cdot r\,dr\,d\theta$$
$$= 2\pi\int_0^{\pi}\int_0^{a(1+\cos\theta)} r^2\sin\theta\, dr\, d\theta$$
$$= \frac{2}{3}\pi a^3\int_0^{\pi} (1+\cos\theta)^3 \sin\theta\, d\theta$$
$$= \frac{\pi}{6}a^3\left[-(1+\cos\theta)^4\right]_0^{\pi} = \frac{8}{3}\pi a^3$$

8.3 연습문제

1. 다음 반복적분을 구하여라.

(1) $\int_0^{\frac{\pi}{2}}\int_0^{\sin\theta} r\cos\theta\, dr d\theta$ (2) $\int_0^{\pi}\int_0^{1-\sin\theta} r^2\cos\theta\, dr d\theta$

(3) $\int_0^1\int_0^{\sqrt{1-x^2}} (x^2+y^2)\, dy dx$ (4) $\int_0^a\int_0^{\sqrt{a^2-x^2}} (1+x^2+y^2)^{-\frac{3}{2}}\, dy dx$

2. 극좌표를 사용하여, 주어진 영역 D에서 다음의 이중적분을 구하여라.

(1) $\iint_D e^{-(x^2+y^2)} dA$; $D=\{(x, y) \mid x^2+y^2 \le 1\}$

(2) $\iint_D e^{x^2+y^2} dA$; $D=\{(x, y) \mid a^2 \le x^2+y^2 \le b^2\}$

(3) $\iint_D \ln(x^2+y^2)\, dA$; $D=\{(x, y) \mid 1 \le x^2+y^2 \le 4\}$

(4) $\iint_D \sqrt{a^2-x^2-y^2}\, dA$ $(a>0)$; $D=\{(x, y) \mid x^2+y^2 \le a^2\}$

3. 극이중적분을 사용하여, 다음 영역들의 넓이를 구하여라.

(1) 심장형 $r=a(1+\cos\theta)$로 둘러싸인 영역

(2) 원 $r=4\sin\theta$의 내부와 원 $r=2$의 외부로 이루어진 영역

(3) 장미형 $r=\cos 3\theta$에 의해 둘러싸인 영역

4. 극이중적분을 이용하여, 다음 입체의 부피를 구하여라.

(1) 포물선 $z=4-x^2-y^2$과 xy-평면으로 둘러싸인 입체

(2) 구면 $x^2+y^2+z^2=a^2$과 주면 $x^2+y^2=ay$로 둘러싸인 입체

(3) 주면 $x^2+y^2=4$와 평면 $z+y=2$, $z=0$로 둘러싸인 입체

8장 종합문제

1. 주어진 영역 D에서, 다음 이중적분을 구하여라.

(1) $\displaystyle\iint_D \log\frac{x}{y^2}\,dx\,dy\,;\ D=\{(x,\,y)\,|\,1\le y\le x\le 2\}$

(2) $\displaystyle\iint_D \sqrt{x}\,dx\,dy\,;\ D=\{(x,\,y)\,|\,x^2+y^2\le 2x\}$

2. 이중적분의 순서를 바꾸어, 다음 이중적분을 구하여라.

(1) $\displaystyle\int_0^2\int_{\frac{y}{2}}^1 e^{x^2}dx\,dy$

(2) $\displaystyle\int_0^1\int_y^1 \frac{\sin x}{x}dx\,dy$

3. $f(x,y)=x\cos 2y$ 일 때, 다음을 구하여라.

$$I=\int_0^1\int_{\frac{y}{4}}^{\sqrt{y}} f(x,y)\,dx\,dy+\int_1^4\int_{\frac{y}{4}}^1 f(x,y)\,dx\,dy$$

4. 평면 $x=0,\ y=0,\ z=0,\ 2x+y+z=4$ 로 둘러싸인 사면체의 부피를 구하여라.

5. 영역 $D=\{(x,y)|1\le x^2+y^2\le 2x\}$ 에서 $\displaystyle\iint_D \sqrt{x^2+y^2}\,dx\,dy$ 의 값을 구하여라.

■ 숫자 탄생의 역사

6,000여년 전, 지금의 이라크의 티그리스 강과 유프라테스 강 사이에 위치한 메소포타미아에 살고 있던 수메르 인들은 신전을 만들고 신에게 소를 제물로 바쳤다고 한다. 그들은 소에 V표를 하나씩 하면서 소의 수를 세었는데, 옆으로 누운 모양인 〈은 10을 나타내었다. 이 모양이 쐐기와 같다고 하여 쐐기문자라고 한다. 이집트인들은 막대기 모양인 I을 1이라 하고 막대기를 하나씩 늘려가며 9까지 나타내었으며, 10은 손잡이 모양인 ∩으로 나타내었다. 그리고 다음과 같이 100은 야자나무의 잎, 1,000은 연꽃을 본떠서 만들었다고 한다.

100(백)	1,000(천)
	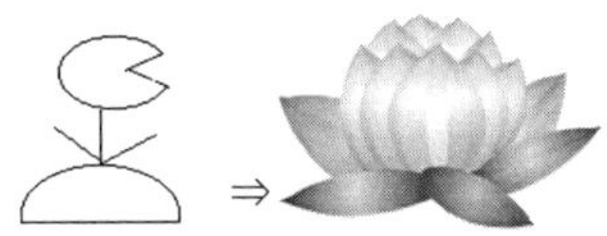
야자나무 잎	연꽃

그밖에도 이집트인들은 다음 그림과 같이 주변에서 흔히 볼 수 있는 사물의 모습이나 형태에서 숫자를 만들어 사용하였다.

10,000(만)	100,000(십만)	1,000,000(백만)	10,000,000(천만)
			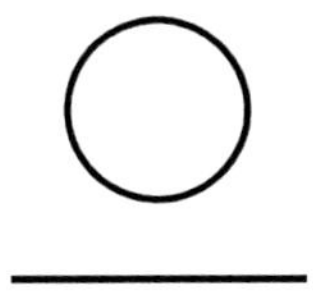
손가락을 구부려 별을 가리키는 모양	올챙이	놀라는 모습	태양신

우리가 현재 사용하고 있는 아라비아 숫자는 인도에서 처음 만들었으나, 아라비아 상인들에 의해 유럽으로 전해져 전 세계에서 사용하게 되었다. 아라비아 숫자는 다음과 같이 막대기의 개수에 따라

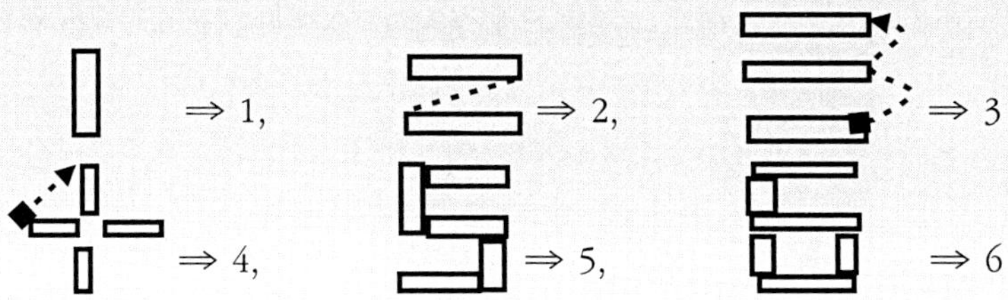

등의 방법으로 만들어졌다고 한다. 아라비아 숫자의 가장 큰 발견은 0이라 할 수 있다. 왜냐하면, 0이 있음으로 해서 10과 1을 쉽게 구별할 수 있게 되었기 때문이다.

우리나라 수학은 언제 어떻게 시작되고 발전되었을까? 중국에서는 약 2,000여년 전, 한나라 시대에 이미 〈구장산술〉이라는 수학 책이 있었는데, 이 책에는 넓이 계산, 나눗셈, 비례식, 제곱근, 연립방정식, 방정식, 직각삼각형 문제 등이 해답과 함께 기술되어 있었다고 한다. 그 후, 당나라 때에는 원주율의 값을 3.1415927로 사용하였다고 전한다. 우리나라에서는 중국의 발달된 수학이 신라에 전해져 신라시대부터 정식으로 수학교육을 실시하게 되었는데, 다음 표에서 보는 바와 같이 일, 이, 삼, … 등과 같이 숫자를 읽는 방법과 숫자를 표시하는 방법도 중국의 영향을 많이 받았다.

	一	二	三	四	五	六	七	八	九
중국	이	알	산	스	우	류	치	바	츄
한국	일	이	삼	사	오	육	칠	팔	구

부록

[그리스 문자]

A	α	Alpha	P	ρ	Rho
B	β	Beta	Σ	σ	Sigma
Γ	γ	Gamma	T	τ	Tau
Δ	δ	Delta	Y	υ	Upsilon
N	ν	Nu	I	ι	Iota
Ξ	ξ	Xi	K	κ	Kappa
O	o	Omicron	Λ	λ	Lambda
Π	π	Pi	M	μ	Mu
E	ϵ	Epsilon	Φ	ϕ	Phi
Z	ζ	Zeta	X	χ	Chi
H	η	Eta	Ψ	ψ	Psi
Θ	θ	Theta	Ω	ω	Omega

A. 수표

A.1 상용로그표

N	0	1	2	3	4	5	6	7	8	9
1.0	0.0000	0.0043	0.0086	0.0128	0.0170	0.0212	0.0253	0.0294	0.0334	0.0374
1.1	0.0414	0.0453	0.0492	0.0531	0.0569	0.0607	0.0645	0.0682	0.0719	0.0755
1.2	0.0792	0.0828	0.0864	0.0899	0.0934	0.0969	0.1004	0.1038	0.1072	0.1106
1.3	0.1139	0.1173	0.1206	0.1239	0.1271	0.1303	0.1335	0.1367	0.1399	0.1430
1.4	0.1461	0.1492	0.1523	0.1553	0.1584	0.1614	0.1644	0.1673	0.1703	0.1732
1.5	0.1761	0.1790	0.1818	0.1847	0.1875	0.1903	0.1931	0.1959	0.1987	0.2014
1.6	0.2041	0.2068	0.2095	0.2122	0.2148	0.2175	0.2201	0.2227	0.2253	0.2279
1.7	0.2304	0.2330	0.2355	0.2380	0.2405	0.2430	0.2455	0.2480	0.2504	0.2529
1.8	0.2553	0.2577	0.2601	0.2625	0.2648	0.2672	0.2695	0.2718	0.2742	0.2765
1.9	0.2788	0.2810	0.2833	0.2856	0.2878	0.2900	0.2923	0.2945	0.2967	0.2989
2.0	0.3010	0.3032	0.3054	0.3075	0.3096	0.3118	0.3139	0.3160	0.3181	0.3201
2.1	0.3222	0.3243	0.3263	0.3284	0.3304	0.3324	0.3345	0.3365	0.3385	0.3404
2.2	0.3424	0.3444	0.3464	0.3483	0.3502	0.3522	0.3541	0.3560	0.3579	0.3598
2.3	0.3617	0.3636	0.3655	0.3674	0.3692	0.3711	0.3729	0.3747	0.3766	0.3784
2.4	0.3802	0.3820	0.3838	0.3856	0.3874	0.3892	0.3909	0.3927	0.3945	0.3962
2.5	0.3979	0.3997	0.4014	0.4031	0.4048	0.4065	0.4082	0.4099	0.4116	0.4133
2.6	0.4150	0.4166	0.4183	0.4200	0.4216	0.4232	0.4249	0.4265	0.4281	0.4298
2.7	0.4314	0.4330	0.4346	0.4362	0.4378	0.4393	0.4409	0.4425	0.4440	0.4456
2.8	0.4472	0.4487	0.4502	0.4518	0.4533	0.4548	0.4564	0.4579	0.4594	0.4609
2.9	0.4624	0.4639	0.4654	0.4669	0.4683	0.4698	0.4713	0.4728	0.4742	0.4757
3.0	0.4771	0.4786	0.4800	0.4814	0.4829	0.4843	0.4857	0.4871	0.4886	0.4900
3.1	0.4914	0.4928	0.4942	0.4955	0.4969	0.4983	0.4997	0.5011	0.5024	0.5038
3.2	0.5051	0.5065	0.5079	0.5092	0.5105	0.5119	0.5132	0.5145	0.5159	0.5172
3.3	0.5185	0.5198	0.5211	0.5224	0.5237	0.5250	0.5263	0.5276	0.5289	0.5302
3.4	0.5315	0.5328	0.5340	0.5353	0.5366	0.5378	0.5391	0.5403	0.5416	0.5428
3.5	0.5441	0.5453	0.5465	0.5478	0.5490	0.5502	0.5514	0.5527	0.5539	0.5551
3.6	0.5563	0.5575	0.5587	0.5599	0.5611	0.5623	0.5635	0.5647	0.5658	0.5670
3.7	0.5682	0.5694	0.5705	0.5717	0.5729	0.5740	0.5752	0.5763	0.5775	0.5786
3.8	0.5798	0.5809	0.5821	0.5832	0.5843	0.5855	0.5866	0.5877	0.5888	0.5899
3.9	0.5911	0.5922	0.5933	0.5944	0.5955	0.5966	0.5977	0.5988	0.5999	0.6010
4.0	0.6021	0.6031	0.6042	0.6053	0.6064	0.6075	0.6085	0.6096	0.6107	0.6117
4.1	0.6128	0.6138	0.6149	0.6160	0.6170	0.6180	0.6191	0.6201	0.6212	0.6222
4.2	0.6232	0.6243	0.6253	0.6263	0.6274	0.6284	0.6294	0.6304	0.6314	0.6325
4.3	0.6335	0.6345	0.6355	0.6365	0.6375	0.6385	0.6395	0.6405	0.6415	0.6425
4.4	0.6435	0.6444	0.6454	0.6464	0.6474	0.6484	0.6493	0.6503	0.6513	0.6522
4.5	0.6532	0.6542	0.6551	0.6561	0.6571	0.6580	0.6590	0.6599	0.6609	0.6618
4.6	0.6628	0.6637	0.6646	0.6656	0.6665	0.6675	0.6684	0.6693	0.6702	0.6712
4.7	0.6721	0.6730	0.6739	0.6749	0.6758	0.6767	0.6776	0.6785	0.6794	0.6803
4.8	0.6812	0.6821	0.6830	0.6839	0.6848	0.6857	0.6866	0.6875	0.6884	0.6893
4.9	0.6902	0.6911	0.6920	0.6928	0.6937	0.6946	0.6955	0.6964	0.6972	0.6981
5.0	0.6990	0.6998	0.7007	0.7016	0.7024	0.7033	0.7042	0.7050	0.7059	0.7067
5.1	0.7076	0.7084	0.7093	0.7101	0.7110	0.7118	0.7126	0.7135	0.7143	0.7152
5.2	0.7160	0.7168	0.7177	0.7185	0.7193	0.7202	0.7210	0.7218	0.7226	0.7235

상용로그표(계속)

N	0	1	2	3	4	5	6	7	8	9
5.3	0.7243	0.7251	0.7259	0.7267	0.7275	0.7284	0.7292	0.7300	0.7308	0.7316
5.4	0.7324	0.7332	0.7340	0.7348	0.7356	0.7364	0.7372	0.7380	0.7388	0.7396
5.5	0.7404	0.7412	0.7419	0.7427	0.7435	0.7443	0.7451	0.7459	0.7466	0.7474
5.6	0.7482	0.7490	0.7497	0.7505	0.7513	0.7520	0.7528	0.7536	0.7543	0.7551
5.7	0.7559	0.7566	0.7574	0.7582	0.7589	0.7597	0.7604	0.7612	0.7619	0.7627
5.8	0.7634	0.7642	0.7649	0.7657	0.7664	0.7672	0.7679	0.7686	0.7694	0.7701
5.9	0.7709	0.7716	0.7723	0.7731	0.7738	0.7745	0.7752	0.7760	0.7767	0.7774
6.0	0.7782	0.7789	0.7796	0.7803	0.7810	0.7818	0.7825	0.7832	0.7839	0.7846
6.1	0.7853	0.7860	0.7868	0.7875	0.7882	0.7889	0.7896	0.7903	0.7910	0.7917
6.2	0.7924	0.7931	0.7938	0.7945	0.7952	0.7959	0.7966	0.7973	0.7980	0.7987
6.3	0.7993	0.8000	0.8007	0.8014	0.8021	0.8028	0.8035	0.8041	0.8048	0.8055
6.4	0.8062	0.8069	0.8075	0.8082	0.8089	0.8096	0.8102	0.8109	0.8116	0.8122
6.5	0.8129	0.8136	0.8142	0.8149	0.8156	0.8162	0.8169	0.8176	0.8182	0.8189
6.6	0.8195	0.8202	0.8209	0.8215	0.8222	0.8228	0.8235	0.8241	0.8248	0.8254
6.7	0.8261	0.8267	0.8274	0.8280	0.8287	0.8203	0.8299	0.8306	0.8312	0.8319
6.8	0.8325	0.8331	0.8338	0.8344	0.8351	0.8357	0.8363	0.8370	0.8376	0.8382
6.9	0.8388	0.8395	0.8401	0.8407	0.8414	0.8420	0.8426	0.8432	0.8439	0.8445
7.0	0.8451	0.8457	0.8463	0.8470	0.8476	0.8482	0.8488	0.8494	0.8500	0.8506
7.1	0.8513	0.8519	0.8525	0.8531	0.8537	0.8543	0.8549	0.8555	0.8561	0.8567
7.2	0.8573	0.8579	0.8585	0.8591	0.8597	0.8603	0.8609	0.8615	0.8621	0.8627
7.3	0.8633	0.8639	0.8645	0.8651	0.8675	0.8663	0.8669	0.8675	0.8681	0.8686
7.4	0.8692	0.8698	0.8704	0.8710	0.8716	0.8772	0.8727	0.8733	0.8739	0.8745
7.5	0.8751	0.8756	0.8762	0.8768	0.8774	0.8779	0.8785	0.8791	0.8797	0.8802
7.6	0.8808	0.8814	0.8820	0.8825	0.8831	0.8837	0.8842	0.8848	0.8854	0.8859
7.7	0.8865	0.8871	0.8876	0.8882	0.8887	0.8893	0.8899	0.8904	0.8910	0.8915
7.8	0.8921	0.8927	0.8932	0.8938	0.8943	0.8949	0.8954	0.8960	0.8965	0.8971
7.9	0.8976	0.8982	0.8987	0.8993	0.8998	0.9004	0.9009	0.9015	0.9020	0.9025
8.0	0.9031	0.9036	0.9042	0.9047	0.9053	0.9058	0.9063	0.9069	0.9074	0.9079
8.1	0.9085	0.9090	0.9096	0.9101	0.9106	0.9112	0.9117	0.9122	0.9128	0.9133
8.2	0.9138	0.9143	0.9149	0.9154	0.9159	0.9165	0.9170	0.9175	0.9180	0.9186
8.3	0.9191	0.9196	0.9201	0.9206	0.9212	0.9217	0.9222	0.9227	0.9232	0.9238
8.4	0.9243	0.9248	0.9253	0.9258	0.9263	0.9269	0.9274	0.9279	0.9284	0.9289
8.5	0.9294	0.9299	0.9304	0.9309	0.9315	0.9320	0.9325	0.9330	0.9335	0.9340
8.6	0.9345	0.9350	0.9355	0.9360	0.9365	0.9370	0.9375	0.9380	0.9385	0.9390
8.7	0.9395	0.9400	0.9405	0.9410	0.9415	0.9420	0.9425	0.9430	0.9435	0.9440
8.8	0.9445	0.9450	0.9455	0.9460	0.9465	0.9469	0.9474	0.9479	0.9484	0.9489
8.9	0.9494	0.9499	0.9504	0.9509	0.9513	0.9518	0.9523	0.9528	0.9533	0.9538
9.0	0.9542	0.9547	0.9552	0.9557	0.9562	0.9566	0.9571	0.9576	0.9581	0.9586
9.1	0.9590	0.9595	0.9600	0.9605	0.9609	0.9614	0.9619	0.9624	0.9628	0.9633
9.2	0.9638	0.9643	0.9647	0.9652	0.9657	0.9661	0.9666	0.9671	0.9675	0.9680
9.3	0.9685	0.9689	0.9694	0.9699	0.9703	0.9708	0.9713	0.9717	0.9722	0.9727
9.4	0.9731	0.9736	0.9741	0.9745	0.9750	0.9754	0.9759	0.9763	0.9768	0.9773
9.5	0.9777	0.9782	0.9786	0.9791	0.9795	0.9800	0.9805	0.9809	0.9814	0.9818
9.6	0.9823	0.9827	0.9832	0.9836	0.9841	0.9845	0.9850	0.9854	0.9859	0.9863
9.7	0.9868	0.9872	0.9877	0.9881	0.9886	0.9890	0.9894	0.9899	0.9903	0.9908
9.8	0.9912	0.9917	0.9921	0.9926	0.9930	0.9934	0.9939	0.9943	0.9948	0.9952
9.9	0.9956	0.9961	0.9965	0.9969	0.9974	0.9978	0.9983	0.9987	0.9991	0.9996

A.2 자연로그표

N	0	1	2	3	4	5	6	7	8	9
1.0	0.0000	0.0100	0.0193	0.0296	0.0392	0.0488	0.0583	0.0677	0.0770	0.0862
1.1	0.0953	0.1044	0.1133	0.1222	0.1310	0.1398	0.1484	0.1570	0.1655	0.1740
1.2	0.1823	0.1906	0.1989	0.2070	0.2151	0.2231	0.2311	0.2390	0.2469	0.2546
1.3	0.2624	0.2700	0.2776	0.2852	0.2927	0.3001	0.3075	0.3148	0.3221	0.3293
1.4	0.3365	0.3436	0.3507	0.3577	0.3646	0.3716	0.3784	0.3853	0.3920	0.3988
1.5	0.4055	0.4121	0.4187	0.4253	0.4318	0.4383	0.4447	0.4511	0.4574	0.4637
1.6	0.4700	0.4762	0.4824	0.4886	0.4947	0.5008	0.5008	0.5128	0.5188	0.5247
1.7	0.5306	0.5365	0.5423	0.5481	0.5539	0.5596	0.5653	0.5710	0.5766	0.5822
1.8	0.5878	0.5933	0.5988	0.6043	0.6098	0.6152	0.6206	0.6259	0.6313	0.6366
1.9	0.6419	0.6471	0.6523	0.6575	0.6627	0.6678	0.6729	0.6780	0.6831	0.6881
2.0	0.6931	0.6981	0.7031	0.7080	0.7129	0.7178	0.7227	0.7275	0.7324	0.7372
2.1	0.7419	0.7467	0.7514	0.7561	0.7608	0.7655	0.7701	0.7747	0.7793	0.7839
2.2	0.7885	0.7930	0.7975	0.8020	0.8065	0.8109	0.8154	0.8189	0.8242	0.8286
2.3	0.8329	0.8372	0.8416	0.8459	0.8502	0.8544	0.8587	0.8629	0.8671	0.8713
2.4	0.8755	0.8796	0.8838	0.8879	0.8920	0.8961	0.9002	0.9042	0.9083	0.9120
2.5	0.9163	0.9203	0.9243	0.9282	0.9322	0.9361	0.9400	0.9439	0.9478	0.9517
2.6	0.9555	0.9594	0.9632	0.9670	0.9708	0.9746	0.9783	0.9821	0.9858	0.9895
2.7	0.9933	0.9969	1.0006	1.0043	1.0080	1.0116	1.0152	1.0188	1.0225	1.0260
2.8	1.0296	1.0332	1.0367	1.0403	1.0438	1.0473	1.0508	1.0543	1.0578	1.0613
2.9	1.0647	1.0682	1.0716	1.0750	1.0784	1.0818	1.0852	1.0886	1.0919	1.0953
3.0	1.0986	1.1019	1.1053	1.1086	1.1119	1.1151	1.1184	1.1217	1.1249	1.1282
3.1	1.1314	1.1346	1.1378	1.1410	1.1442	1.1474	1.1506	1.1537	1.1569	1.1600
3.2	1.1632	1.1663	1.1694	1.1725	1.1756	1.1787	1.1817	1.1848	1.1878	1.1909
3.3	1.1939	1.1969	1.2000	1.2030	1.2060	1.2090	1.2119	1.2149	1.2179	1.2208
3.4	1.2238	1.2267	1.2296	1.2326	1.2355	1.2384	1.2413	1.2442	1.2470	1.2499
3.5	1.2528	1.2556	1.2585	1.2613	1.2641	1.2669	1.2698	1.2726	1.2754	1.2782
3.6	1.2806	1.2837	1.2865	1.2892	1.2920	1.2947	1.2975	1.3002	1.3029	1.3056
3.7	1.3083	1.3110	1.3137	1.3164	1.3191	1.3218	1.3244	1.3271	1.3297	1.3324
3.8	1.3350	1.3376	1.3403	1.3429	1.3455	1.3481	1.3507	1.3533	1.3558	1.3584
3.9	1.3610	1.3635	1.3661	1.3686	1.3712	1.3737	1.3762	1.3788	1.3813	1.3838
4.0	1.3863	1.3888	1.3913	1.3938	1.3962	1.3987	1.4012	1.4036	1.4061	1.4085
4.1	1.4110	1.4134	1.4159	1.4183	1.4207	1.4231	1.4255	1.4279	1.4303	1.4327
4.2	1.4351	1.4375	1.4398	1.4422	1.4446	1.4469	1.4493	1.4516	1.4540	1.4563
4.3	1.4586	1.4609	1.4633	1.4656	1.4679	1.4702	1.4725	1.4748	1.4770	1.4793
4.4	1.4816	1.4839	1.4861	1.4884	1.4907	1.4929	1.4951	1.4974	1.4996	1.5019
4.5	1.5041	1.5063	1.5085	1.5107	1.5129	1.5151	1.5173	1.5195	1.5217	1.5239
4.6	1.5261	1.5282	1.5304	1.5326	1.5347	1.5369	1.5390	1.5412	1.5433	1.5454
4.7	1.5476	1.5497	1.5518	1.5539	1.5560	1.5581	1.5602	1.5623	1.5644	1.5665
4.8	1.5686	1.5707	1.5728	1.5748	1.5769	1.5790	1.5810	1.5831	1.5851	1.5.872
4.9	1.5892	1.5913	1.5933	1.5953	1.5974	1.5994	1.6014	1.6034	1.6054	1.6.074
5.0	1.6094	1.6114	1.6134	1.6154	1.6147	1.6194	1.6214	1.6233	1.6253	1.6273
5.1	1.6292	1.6312	1.6332	1.6351	1.6371	1.6390	1.6409	1.6429	1.6448	1.6467
5.2	1.6487	1.6506	1.6525	1.6544	1.6563	1.6582	1.6601	1.6620	1.6639	1.6658
5.3	1.6677	1.6696	1.6715	1.6734	1.6752	1.6771	1.6790	1.6808	1.6827	1.6845
5.4	1.6864	1.6882	1.6901	1.6919	1.6938	1.6956	1.6974	1.6993	1.7011	1.7029
5.5	1.7047	1.7066	1.7084	1.7102	1.7120	1.7138	1.7156	1.7174	1.7192	1.7210
5.6	1.7228	1.7246	1.7263	1.7281	1.7299	1.7317	1.7334	1.7352	1.7370	1.7387

자연로그표(계속)

N	0	1	2	3	4	5	6	7	8	9
5.7	1.7405	1.7422	1.7440	1.7457	1.7457	1.7492	1.7509	1.7527	1.7544	1.7561
5.8	1.7579	1.7596	1.7613	1.7630	1.7647	1.7664	1.7681	1.7699	1.7771	1.7733
5.9	1.7750	1.7766	1.7783	1.7800	1.7817	1.7834	1.7851	1.7867	1.7884	1.7901
6.0	1.7918	1.7934	1.7951	1.7967	1.7984	1.8001	1.8017	1.8034	1.8050	1.8066
6.1	1.8083	1.8099	1.8116	1.8132	1.8148	1.8165	1.8181	1.8197	1.8213	1.8229
6.2	1.8245	1.8262	1.8278	1.8294	1.8310	1.8326	1.8342	1.8358	1.8374	1.8390
6.3	1.8405	1.8421	1.8437	1.8453	1.8469	1.8485	1.8500	1.8516	1.8532	1.8547
6.4	1.8563	1.8579	1.8594	1.8610	1.8625	1.8641	1.8656	1.8672	1.8687	1.8703
6.5	1.8718	1.8733	1.8749	1.8764	1.8779	1.8795	1.8810	1.8825	1.8840	1.8856
6.6	1.8871	1.8886	1.8901	1.8916	1.8931	1.8946	1.8961	1.8976	1.8991	1.9006
6.7	1.9021	1.9036	1.9051	1.9066	1.9081	1.9095	1.9110	1.9125	1.9140	1.9155
6.8	1.9169	1.9184	1.9199	1.9213	1.9228	1.9242	1.9257	1.9272	1.9286	1.9301
6.9	1.9315	1.9330	1.9344	1.9359	1.9373	1.9387	1.9402	1.9416	1.9430	1.9445
7.0	1.9459	1.9473	1.9488	1.9502	1.9516	1.9530	1.9544	1.9559	1.9573	1.9587
7.1	1.9601	1.9615	1.9629	1.9643	1.9657	1.9671	1.9685	1.9699	1.9713	1.9727
7.2	1.9741	1.9755	1.9769	1.9782	1.9796	1.9810	1.9824	1.9838	1.9851	1.9865
7.3	1.9879	1.9892	1.9906	1.9920	1.9933	1.9947	1.9961	1.9974	1.9988	2.0001
7.4	2.0015	2.0028	2.0042	2.0055	2.0069	2.0082	2.0096	2.0109	2.0122	2.0136
7.5	2.0149	2.0162	2.0176	2.0189	2.0202	2.0215	2.0229	2.0242	2.0255	2.0268
7.6	2.0281	2.0295	2.0308	2.0321	2.0334	2.0347	2.0360	2.0373	2.0386	2.0399
7.7	2.0412	2.0425	2.0438	2.0451	2.0464	2.0477	2.0490	2.0503	2.0516	2.0528
7.8	2.0541	2.0554	2.0567	2.0580	2.0592	2.0605	2.0618	2.0631	2.0643	2.0656
7.9	2.0669	2.0681	2.0694	2.0707	2.0719	2.0732	2.0744	2.0757	2.0769	2.0782
8.0	2.0794	2.0807	2.0819	2.0832	2.0844	2.0857	2.0869	2.0882	2.0894	2.0909
8.1	2.0919	2.0931	2.0943	2.0956	2.0968	2.0980	2.0992	2.1005	2.1017	2.1026
8.2	2.1041	2.1054	2.1066	2.1078	2.1090	2.1102	2.1114	2.1126	2.1138	2.1150
8.3	2.1163	2.1175	2.1187	2.1199	2.1211	2.1223	2.1235	2.1247	2.1258	2.1270
8.4	2.1282	2.1294	2.1306	2.1318	2.1330	2.1342	2.1353	2.1365	2.1377	2.1389
8.5	2.1401	2.1412	2.1424	2.1436	2.1448	2.1495	2.1471	2.1483	2.1494	2.1506
8.6	2.1518	2.1529	2.1541	2.1552	2.1564	2.1576	2.1587	2.1599	2.1610	2.1622
8.7	2.1633	2.1645	2.1656	2.1668	2.1679	2.1691	2.1702	2.1713	2.1725	2.1736
8.8	2.1748	2.1759	2.1770	2.1782	2.1796	2.1804	2.1815	2.1827	2.1838	2.1849
8.9	2.1861	2.1872	2.1883	2.1894	2.1905	2.1917	2.1928	2.1939	2.1950	2.1961
9.0	2.1972	2.1983	2.1994	2.2006	2.2017	2.2028	2.2039	2.2050	2.2061	2.2072
9.1	2.2083	2.2094	2.2105	2.2116	2.2127	2.2138	2.2148	2.2159	2.2170	2.2181
9.2	2.2192	2.2203	2.2214	2.2225	2.2235	2.2246	2.2257	2.2268	2.2279	2.2289
9.3	2.2300	2.2311	2.2322	2.2332	2.2343	2.2354	2.2364	2.2375	2.2386	2.2396
9.4	2.2407	2.2418	2.2428	2.2439	2.2450	2.2460	2.2471	2.2481	2.2492	2.2502
9.5	2.2513	2.2523	2.2534	2.2544	2.2555	2.2565	2.2576	2.2586	2.2597	2.2607
9.6	2.2618	2.2628	2.2638	2.2649	2.2659	2.2670	2.2680	2.2690	2.2701	2.2711
9.7	2.2721	2.2732	2.2742	2.2752	2.2762	2.2773	2.2783	2.2793	2.2803	2.2814
9.8	2.2824	2.2834	2.2844	2.2854	2.2865	2.2875	2.2885	2.2895	2.2905	2.2915
9.9	2.2925	2.2935	2.2946	2.2956	2.2966	2.2976	2.2986	2.2996	2.3006	2.3016

A.3 삼각함수표.

Deg.	Rad.	Sin	Cos	Tan	Cot		
0	0.0000	0.0000	1.0000	0.0000		1.5708	90
1	0.0175	0.0175	0.9998	0.0175	57.290	1.5503	89
2	0.0349	0.0349	0.9994	0.0349	28.636	1.5359	88
3	0.0524	0.0523	0.9986	0.0524	19.081	1.5184	87
4	0.0698	0.0698	0.9976	0.0699	14.301	1.5010	86
5	0.0873	0.0872	0.9962	0.0875	11.430	1.4935	85
6	0.1047	0.1045	0.9945	0.1051	9.5144	1.4661	84
7	0.1222	0.1219	0.9925	0.1228	8.1443	1.4486	83
8	0.1396	0.1392	0.9903	0.1405	7.1154	1.4312	82
9	0.1571	0.1564	0.9877	0.1584	6.3138	1.4137	81
10	0.1745	0.1736	0.9848	0.1763	5.6713	1.3663	80
11	0.1920	0.1908	0.9816	0.1944	5.1446	1.3788	79
12	0.2094	0.2079	0.9781	0.2126	4.7046	1.3614	78
13	0.2269	0.2250	0.9744	0.2309	4.3315	1.3439	77
14	0.2443	0.2419	0.9703	0.2493	4.0108	1.3265	76
15	0.2618	0.2588	0.9659	0.2679	3.7321	1.3090	75
16	0.2793	0.2756	0.9613	0.2867	3.4874	1.2915	74
17	0.2967	0.2924	0.9563	0.3057	3.2709	1.2741	73
18	0.3142	0.3090	0.9511	0.3249	3.0777	1.2566	72
19	0.3316	0.3256	0.9455	0.3443	2.9042	1.2392	71
20	0.3491	0.3420	0.9397	0.3640	2.7475	1.2217	70
21	0.3665	0.3584	0.9336	0.3839	2.6051	1.2043	69
22	0.3840	0.3746	0.9272	0.4040	2.4751	1.1868	68
23	0.4014	0.3907	0.9205	0.4245	2.3559	1.1694	67
24	0.4189	0.4067	0.9135	0.4452	2.2460	1.1519	66
25	0.4363	0.4226	0.9063	0.4663	2.1445	1.1345	65
26	0.4538	0.4384	0.8988	0.4877	2.0503	1.1170	64
27	0.4712	0.4540	0.8910	0.5095	1.9626	1.0996	63
28	0.4887	0.4695	0.8829	0.5317	1.8807	1.0821	62
29	0.5061	0.4848	0.8746	0.5543	1.8040	0.0547	61
30	0.5236	0.5000	0.8660	0.5774	1.7321	1.0472	60
31	0.5411	0.5150	0.8572	0.6009	1.6643	1.0297	59
32	0.5585	0.5299	0.8480	0.6249	1.6003	1.0123	58
33	0.5760	0.5446	0.8387	0.6494	1.5399	0.9948	57
34	0.5934	0.5592	0.8290	0.6745	1.4826	0.9774	56
35	0.6109	0.5736	0.8192	0.7002	1.4281	0.9599	55
36	0.6283	0.5878	0.8090	0.7265	1.3764	0.9425	54
37	0.6458	0.6018	0.7986	0.7536	1.3270	0.9250	53
38	0.6632	0.6157	0.7880	0.7813	1.2799	0.9706	52
39	0.6807	0.6293	0.7771	0.8098	1.2349	0.8901	51
40	0.6981	0.6428	0.7660	0.8391	1.1918	0.8727	50
41	0.7156	0.6561	0.7547	0.8693	1.1504	0.8552	49
42	0.7330	0.6691	0.7431	0.9004	1.1105	0.8378	48
43	0.7505	0.6820	0.7314	0.9325	1.0724	0.8203	47
44	0.7679	0.6947	0.7193	0.9657	1.0355	0.8029	46
45	0.7854	0.7071	0.7071	1.0000	1.0000	0.7854	45
		Cos	Sin	Cot	Tan	Rad.	Deg.

B. 정리 및 공식

B.1 지수와 로그

$a>0$, $b>0$이고 m, n, p가 양의 정수일 때, 다음이 성립한다.

(1) $\sqrt[n]{a}\ \sqrt[n]{b} = \sqrt[n]{ab}$

(2) $\dfrac{\sqrt[n]{a}}{\sqrt[n]{b}} = \sqrt[n]{\dfrac{a}{b}}$

(3) $(\sqrt[n]{a})^m = \sqrt[n]{a^m}$

(4) $\sqrt[np]{a^{mp}} = \sqrt[n]{a^m}$

$a>0$, $a\neq 1$, $x>0$, $y>0$이고 n이 실수일 때, 다음이 성립한다.

(5) $\log_a 1 = 0$, $\log_a a = 1$

(6) $\log_a xy = \log_a x + \log_a y$

(7) $\log_a \dfrac{x}{y} = \log_a x - \log_a y$

(8) $\log_a x^n = n\log_a x$

더욱이 b, c는 1이 아닌 양수, m은 실수이고 $n\neq 0$이면, 다음을 만족한다.

(9) $\log_a b = \dfrac{\log_c b}{\log_c a}$

(10) $\log_a b = \dfrac{1}{\log_b a}$

(11) $a^{\log_a x} = x$, $a^{\log_b x} = x^{\log_b a}$

(12) $\log_{a^n} b^m = \dfrac{m}{n}\log_a b$

B.2 삼각함수

[특수각의 삼각비]

라디안(각도)	$0(0°)$	$\pi/6(30°)$	$\pi/4(45°)$	$\pi/3(60°)$	$\pi/2(90°)$	$\pi(180°)$	$3\pi/2(270°)$
sin	0	1/2	$1/\sqrt{2}$	$\sqrt{3}/2$	1	0	-1
cos	1	$\sqrt{3}/2$	$1/\sqrt{2}$	1/2	0	-1	0
tan	0	$1/\sqrt{3}$	1	$\sqrt{3}$	∞	0	$-\infty$

[기본공식]

(1) $\sin^2\theta + \cos^2\theta = 1$ $1+\tan^2\theta = \sec^2\theta$ $1+\cot^2\theta = \csc^2\theta$

(2) $\sin(2n\pi+\theta) = \sin\theta$ $\cos(2n\pi+\theta) = \cos\theta$ $\tan(n\pi+\theta) = \tan\theta$

(3) $\sin(-\theta) = -\sin\theta$ $\cos(-\theta) = \cos\theta$ $\tan(-\theta) = -\tan\theta$

(4) $\sin(\pi\pm\theta) = \mp\sin\theta$ $\cos(\pi\pm\theta) = -\cos\theta$ $\tan(\pi\pm\theta) = \pm\tan\theta$

(5) $\sin\left(\dfrac{\pi}{2}\pm\theta\right) = \cos\theta$ $\cos\left(\dfrac{\pi}{2}\pm\theta\right) = \mp\sin\theta$ $\tan\left(\dfrac{\pi}{2}\pm\theta\right) = \mp\cot\theta$

[덧셈정리]

(6) $\sin(\alpha \pm \beta) = \sin\alpha \cos\beta \pm \cos\alpha \sin\beta$

(7) $\cos(\alpha \pm \beta) = \cos\alpha \cos\beta \mp \sin\alpha \sin\beta$

(8) $\tan(\alpha \pm \beta) = \dfrac{\tan\alpha \pm \tan\beta}{1 \mp \tan\alpha \cdot \tan\beta}$

[배각공식]

(9) $\sin 2\alpha = 2\sin\alpha \cos\alpha$

(10) $\cos 2\alpha = \cos^2\alpha - \sin^2\alpha = 1 - 2\sin^2\alpha = 2\cos^2\alpha - 1$

(11) $\tan 2\alpha = \dfrac{2\tan\alpha}{1 - \tan^2\alpha}$

[반각공식]

(12) $\sin^2\dfrac{\alpha}{2} = \dfrac{1-\cos\alpha}{2}$ (13) $\cos^2\dfrac{\alpha}{2} = \dfrac{1+\cos\alpha}{2}$ (14) $\tan^2\dfrac{\alpha}{2} = \dfrac{1-\cos\alpha}{1+\cos\alpha}$

[곱을 합 또는 차로 고치는 공식]

(15) $\sin\alpha \cos\beta = \dfrac{1}{2}\{\sin(\alpha+\beta) + \sin(\alpha-\beta)\}$

(16) $\cos\alpha \sin\beta = \dfrac{1}{2}\{\sin(\alpha+\beta) - \sin(\alpha-\beta)\}$

(17) $\cos\alpha \cos\beta = \dfrac{1}{2}\{\cos(\alpha+\beta) + \cos(\alpha-\beta)\}$

(18) $\sin\alpha \sin\beta = -\dfrac{1}{2}\{\cos(\alpha+\beta) - \cos(\alpha-\beta)\}$

[합 또는 차를 곱으로 고치는 공식]

(19) $\sin\alpha + \sin\beta = 2\sin\dfrac{\alpha+\beta}{2}\cos\dfrac{\alpha-\beta}{2}$

(20) $\sin\alpha - \sin\beta = 2\cos\dfrac{\alpha+\beta}{2}\sin\dfrac{\alpha-\beta}{2}$

(21) $\cos\alpha + \cos\beta = 2\cos\dfrac{\alpha+\beta}{2}\cos\dfrac{\alpha-\beta}{2}$

(22) $\cos\alpha - \cos\beta = -2\sin\dfrac{\alpha+\beta}{2}\sin\dfrac{\alpha-\beta}{2}$

B.3 쌍곡선함수

[쌍곡선함수 정의]

(1) $\sinh x = \dfrac{e^x - e^{-x}}{2}$ $\qquad \cosh x = \dfrac{e^x + e^{-x}}{2}$ $\qquad \tanh x = \dfrac{\sinh x}{\cosh x}$

(2) $\operatorname{csch} x = \dfrac{1}{\sinh x}$ $\qquad \operatorname{sech} x = \dfrac{1}{\cosh x}$ $\qquad \coth x = \dfrac{1}{\tanh x}$

[쌍곡선함수 성질]

(3) $\cosh^2 x - \sinh^2 x = 1$ $\qquad 1 - \tanh^2 x = \operatorname{sech}^2 x$ $\qquad \coth^2 x - 1 = \operatorname{csch}^2 x$

(4) $\sinh(x \pm y) = \sinh x \cosh y \pm \cosh x \sinh y$

(5) $\cosh(x \pm y) = \cosh x \cosh y \pm \sinh x \sinh y$

(6) $\tanh(x \pm y) = \dfrac{\tanh x \pm \tanh y}{1 \pm \tanh x \tanh y}$

[역쌍곡선함수]

(7) $\sinh^{-1} x = \ln(x + \sqrt{x^2+1})$ $\quad (-\infty < x < \infty)$

(8) $\cosh^{-1} x = \ln(x + \sqrt{x^2-1})$ $\quad (x \ge 1)$

(9) $\tanh^{-1} x = \dfrac{1}{2}\ln\left(\dfrac{1+x}{1-x}\right)$ $\quad (|x| < 1)$

(10) $\operatorname{csch}^{-1} x = \ln\left(\dfrac{1}{x} + \dfrac{\sqrt{1+x^2}}{|x|}\right)$ $\quad (x \ne 0)$

(11) $\operatorname{sech}^{-1} x = \ln\left(\dfrac{1+\sqrt{1-x^2}}{x}\right)$ $\quad (0 < x \le 1)$

(12) $\coth^{-1} x = \dfrac{1}{2}\ln\left(\dfrac{x+1}{x-1}\right)$ $\quad (|x| > 1)$

B.4 극한과 연속

(1) (단조수열의 수렴) 위로(또는 아래로) 유계인 단조증가(또는 감소)수열은 상한(또는 하한)에 수렴한다.

(2) (함수의 극한정리) $\lim_{x\to a} f(x) = L$ 이고 $\lim_{x\to a} g(x) = M$ 이면

① $\lim_{x\to a}\{f(x)+g(x)\} = L+M$ $\qquad$ ② $\lim_{x\to a}\{f(x)g(x)\} = LM$

③ $\lim_{x\to a} kf(x) = kL$ (k는 상수) $\qquad$ ④ $\lim_{x\to a}\dfrac{f(x)}{g(x)} = \dfrac{L}{M}$ $\quad (M \ne 0)$

(3) $\lim_{x\to\pm\infty}\left(1+\dfrac{1}{x}\right)^x = e$, $\quad \lim_{x\to 0}(1+x)^{\frac{1}{x}} = e$ $\quad$ (참고: $\lim_{n\to\infty}\left(1+\dfrac{1}{n}\right)^n = e$)

(4) $\lim_{x \to 0} \frac{\sin x}{x} = 1$ (x의 단위는 라디안)

(5) (사이값 정리) 함수 $f(x)$가 구간 $[a, b]$에서 연속이고 $f(a) \neq f(b)$이면 $f(a)$와 $f(b)$ 사이의 임의의 값 k에 대해, $f(c) = k$를 만족하는 c $(a \leq c \leq b)$가 적어도 하나 존재한다.

(6) (최대 · 최솟값의 정리) 함수 $f(x)$가 구간 $[a, b]$에서 연속이면, $f(x)$는 $[a, b]$에서 항상 최댓값과 최솟값을 갖는다.

B.5 미분법과 응용

(1) $c' = 0$ (c는 상수)

(2) $\{kf(x)\}' = kf'(x)$ (k는 상수)

(3) $\{f(x) \pm g(x)\}' = f'(x) \pm g'(x)$

(4) $\{f(x)\, g(x)\}' = f'(x)g(x) + f(x)g'(x)$

(5) $\left\{\frac{f(x)}{g(x)}\right\}' = \frac{f'(x)g(x) - f(x)g'(x)}{\{g(x)\}^2}$

(6) $(x^{\alpha})' = \alpha x^{\alpha-1}$ (α는 실수)

(7) (합성함수의 미분법) $y = g(u)$ 와 $u = f(x)$가 미분가능이면, $\frac{dy}{dx} = \frac{dy}{du}\frac{du}{dx}$

(8) (역함수의 미분법) $\frac{dx}{dy} = \frac{1}{dy/dx}$ $\left(\frac{dy}{dx} \neq 0\right)$

(9) (매개변수로 나타낸 함수의 미분법) $x = f(t)$ 와 $y = g(t)$가 t에 관해 미분가능이면

$$\frac{dy}{dx} = \frac{dg}{dt}\bigg/\frac{df}{dt} = \frac{g'(t)}{f'(t)} \quad (f'(t) \neq 0)$$

(10) $(\sin x)' = \cos x$ $\quad (\cos x)' = -\sin x$ $\quad (\tan x)' = \sec^2 x$

(11) $(\csc x)' = -\csc x \cot x$ $\quad (\sec x)' = \sec x \tan x$ $\quad (\cot x)' = -\csc^2 x$

(12) $(\sin^{-1} x)' = \frac{1}{\sqrt{1-x^2}}$ $(|x| < 1)$ $\quad (\cos^{-1} x)' = -\frac{1}{\sqrt{1-x^2}}$ $(|x| < 1)$

(13) $(\tan^{-1} x)' = \frac{1}{1+x^2}$ $(-\infty < x < \infty)$ $\quad (\cot^{-1} x)' = -\frac{1}{1+x^2}$ $(-\infty < x < \infty)$

(14) $(\sec^{-1} x)' = \frac{1}{x\sqrt{x^2-1}}$ $(|x| > 1)$ $\quad (\csc^{-1} x)' = -\frac{1}{x\sqrt{x^2-1}}$ $(|x| > 1)$

(15) $(\log_a x)' = \frac{1}{x}\log_a e$ $\quad (\ln x)' = \frac{1}{x}$

(16) $(e^x)' = e^x$ $\quad (a^x)' = a^x \ln a$

(17) $(\sinh x)' = \cosh x$ $\quad (\cosh x)' = \sinh x$ $\quad (\tanh x)' = \text{sech}^2 x$

(18) $(\text{csch}\, x)'x = -\text{csch}\, x \coth x$ $\quad (\text{sech}\, x)' = -\text{sech}\, x \tanh x$ $\quad (\coth x)' = -\text{csch}^2 x$

(19) $(\sinh^{-1}x)' = \dfrac{1}{\sqrt{x^2+1}}$ $(-\infty < x < \infty)$

(20) $(\cosh^{-1}x)' = \dfrac{1}{\sqrt{x^2-1}}$ $(x > 1)$

(21) $(\tanh^{-1}x)' = \dfrac{1}{1-x^2}$ $(|x|<1)$

(22) $(\operatorname{csch} x)' = -\dfrac{1}{|x|\sqrt{x^2+1}}$ $(x \neq 0)$

(23) $(\operatorname{sech} x)' = -\dfrac{1}{x\sqrt{1-x^2}}$ $(0<x<1)$

(24) $(\coth^{-1}x)' = \dfrac{1}{1-x^2}$ $(|x|>1)$

(25) (Leibniz의 정리) $f(x)$와 $g(x)$가 n번 계속 미분가능일 때, 다음의 식이 성립한다.

$$(f(x)\,g(x))^{(n)} = f^{(n)}(x)\,g(x) + {}_nC_1 f^{(n-1)}(x)\,g'(x) + {}_nC_2 f^{(n-2)}(x)\,g''(x) + \cdots + {}_nC_r f^{(n-r)}(x)\,g^{(r)}(x) + \cdots + f(x)\,g^{(n)}(x)$$

(26) (평균값의 정리) 함수 $f(x)$가 구간 $[a, b]$에서 연속이고 구간 (a, b)에서 미분가능이면, 다음을 만족하는 c가 구간 (a, b)에 존재한다.

$$f'(c) = \frac{f(b)-f(a)}{b-a}$$

(27) (Taylor의 정리) $x=a$를 포함하는 구간에서 함수 $f(x)$가 n번 계속 미분가능이면, 이 구간의 임의의 점 x에 대하여 다음의 관계가 성립한다.

$$f(x) = f(a) + \frac{f'(a)}{1!}(x-a) + \frac{f''(a)}{2!}(x-a)^2 + \cdots + \frac{f^{(n-1)}(a)}{(n-1)!}(x-a)^{n-1} + R_n$$

$$\text{단, } R_n = \frac{f^{(n)}(a+\theta(x-a))}{n!}(x-a)^n \quad (0<\theta<1)$$

(28) (함수의 극값 판정법) 함수 $f(x)$가 점 $x=a$의 근방에서 연속인 제$2n$계도함수를 가지고

① $f'(a) = \cdots = f^{(2n-1)}(a) = 0$, $f^{(2n)}(a) > 0$이면 $f(x)$는 $x=a$에서 극소이다.

② $f'(a) = \cdots = f^{(2n-1)}(a) = 0$, $f^{(2n)}(a) < 0$이면 $f(x)$는 $x=a$에서 극대이다.

또한, $f(x)$가 점 $x=a$의 근방에서 연속인 제$(2n+1)$계도함수를 가질 때,

$f'(a) = \cdots = f^{(2n)}(a) = 0$이고 $f^{(2n+1)}(a) \neq 0$이면, $x=a$에서 극값을 갖지 않는다.

B.6 적분법과 응용

(1) $\int x^{\alpha}dx = \frac{x^{\alpha+1}}{\alpha+1}+C \quad (\alpha \neq -1$인 실수$)$

(2) $\int \frac{1}{x}dx = \ln|x|+C$

(3) $\int (ax+b)^{\alpha}dx = \frac{(ax+b)^{\alpha+1}}{a(\alpha+1)}+C \quad (\alpha \neq -1$인 실수$)$

(4) $\int \frac{1}{ax+b}dx = \frac{1}{a}\ln|ax+b|+C$

(5) $\int \frac{f'(x)}{f(x)}dx = \ln|f(x)|+C$

(6) $\int \frac{x}{ax+b}dx = \frac{1}{a^2}\{(ax+b)-b\ln|ax+b|\}+C$

(7) $\int \frac{1}{x(ax+b)}dx = -\frac{1}{b}\ln\left|\frac{ax+b}{x}\right|+C$

(8) $\int \sin x\, dx = -\cos x + C$

(9) $\int \sin^2 x\, dx = \frac{1}{2}x - \frac{1}{4}\sin 2x + C$

(10) $\int \sin^3 x\, dx = -\cos x + \frac{1}{3}\cos^3 x + C$

(11) $\int \cos x\, dx = \sin x + C$

(12) $\int \cos^2 x\, dx = \frac{1}{2}x + \frac{1}{4}\sin 2x + C$

(13) $\int \cos^3 x\, dx = \sin x - \frac{1}{3}\sin^3 x + C$

(14) $\int \tan x\, dx = -\ln|\cos x| + C$

(15) $\int \cot x\, dx = \ln|\sin x| + C$

(16) $\int \sec x\, dx = \ln|\sec x + \tan x| + C$

(17) $\int \sec^2 x\, dx = \tan x + C$

(18) $\int \csc x\, dx = \ln|\csc x - \cot x| + C$

(19) $\int \csc^2 x\, dx = -\cot x + C$

(20) $\int \sec x \tan x\, dx = \sec x + C$

(21) $\int \csc x \cot x\, dx = -\csc x + C$

(22) $\int e^x dx = e^x + C$

(23) $\int a^x dx = \frac{a^x}{\ln a} + C$

(24) $\int x e^x dx = x e^x - e^x + C$

(25) $\int x^n \ln x\, dx = \left\{\frac{\ln x}{x+1} - \frac{1}{(n+1)^2}\right\}x^{n+1} + C$

(26) $\int x \sin x\, dx = \sin x - x\cos x + C$

(27) $\int x \cos x\, dx = \cos x + x \sin x + C$

(28) $\int x^2 \sin x\, dx = 2x \sin x - (x^2-2)\cos x + C$

(29) $\int x^2 \cos x\, dx = (x^2-2)\sin x + 2x\cos x + C$

(30) (치환적분법) 함수 $f(x)$가 연속이고, $x=\phi(t)$가 t에 관해 미분가능인 함수이면

$$\int f(\phi(t))\phi'(t)\,dt = \int f(x)\,dx$$

(31) (부분적분법) 두 함수 $f(x)$, $g(x)$가 미분가능일 때

$$\int f(x)g'(x)\,dx = f(x)g(x) - \int f'(x)g(x)\,dx$$

(32) (미적분의 기본정리) a, b 포함하는 구간에서 연속인 함수 $f(x)$의 한 부정적분을 $G(x)$라 하면

$$\int_a^b f(x)\,dx = G(b) - G(a)$$

(33) 함수 $f(x)$가 구간 $[a, b]$에서 연속일 때, 곡선 $y=f(x)$, 직선 $x=a$, $x=b$와 x축으로 둘러싸인 영역의 넓이는 S는 $S=\int_a^b |f(x)|dx$ 이다. 그리고 $f(x)$와 $g(x)$가 구간 $[a, b]$에서 연속이면, 곡선 $y=f(x)$와 $y=g(x)$, 직선 $x=a$, $x=b$로 둘러싸인 영역의 넓이 S는

$$S = \int_a^b |f(x) - g(x)|\,dx$$

(34) (입체도형의 부피) 입체를 x축에 수직인 평면으로 잘랐을 때, 단면의 넓이 $D(x)$가 구간 $[a, b]$에서 연속이면 구간 $[a, b]$ 사이에 있는 이 입체의 부피 V는

$$V = \int_a^b D(x)\,dx$$

B.7 급수의 판정법

(1) 무한등비급수 $a + ar + ar^2 + \cdots + ar^{n-1} + \cdots\ (a \neq 0)$에서 $|r|<1$이면 주어진 급수는 수렴하고, $|r| \geq 1$이면 발산한다.

(2) 급수 $\sum_{n=1}^{\infty} \frac{1}{n^p} = 1 + \frac{1}{2^p} + \cdots + \frac{1}{n^p} + \cdots$에서 $p>1$이면 수렴하고, $0<p \leq 1$이면 발산한다.

(3) (적분판정법) 함수 $f(x)$가 $1 \leq x < \infty$상에서 양의 감소함수로서 $f(n)=a_n$ $(n=1, 2, \ldots)$일 때, $\sum_{n=1}^{\infty} a_n$이 수렴할 필요충분조건은 $\int_1^{\infty} f(x)\,dx$가 수렴할 때이다.

(4) (비교판정법) 두 양항급수 $\sum_{n=1}^{\infty} a_n$과 $\sum_{n=1}^{\infty} b_n$에서 $a_n \leq kb_n$ (단, k는 상수, $n=1, 2, \ldots$)일 때, $\sum_{n=1}^{\infty} b_n$이 수렴하면 $\sum_{n=1}^{\infty} a_n$도 수렴하고, $\sum_{n=1}^{\infty} a_n$이 발산하면, $\sum_{n=1}^{\infty} b_n$도 발산한다.

(5) (비례판정법) $\sum_{n=1}^{\infty} a_n$이 양항급수일 때, $\lim_{n\to\infty} \frac{a_{n+1}}{a_n} = r$라 하자. 이때, $\sum_{n=1}^{\infty} a_n$은 $r<1$이면 수렴하고, $r>1$이면 발산한다.

(6) (Root판정법) 양항급수 $\sum_{n=1}^{\infty} a_n$ 에 대해서 $r = \lim_{n\to\infty} \sqrt[n]{a_n}$ 라고 할 때, $\sum_{n=1}^{\infty} a_n$ 은 $r<1$ 이면 수렴하고, $r>1$ 이면 발산한다.

(7) (교대급수판정법) 교대급수 $\sum_{n=1}^{\infty} (-1)^{n+1} a_n$ 에서 $a_1 \ge a_2 \ge a_3 \cdots \ge a_n \ge \cdots$ 이고 $\lim_{n\to\infty} a_n = 0$ 이면, 수렴한다.

(8) 멱급수 $\sum_{n=0}^{\infty} a_n x^n$ 에서 $\lim_{n\to\infty} \left| \frac{a_{n+1}}{a_n} \right| = r$ 이라 할 때, $\sum_{n=0}^{\infty} a_n x^n$ 은 $r|x|<1$ 인 x 에 대해서는 절대수렴하고, $r|x|>1$ 인 x 에 대해서는 발산한다.

(9) (Taylor 급수전개) 함수 $f(x)$ 가 $x=a$ 를 포함하는 구간에서 무한히 계속 미분가능이고 $\lim_{n\to\infty} R_n = 0$ 이면, 주어진 구간에 속하는 임의의 x 에 대하여

$$f(x) = f(a) + \frac{f'(a)}{1!}(x-a) + \frac{f''(a)}{2!}(x-a)^2 + \cdots + \frac{f^{(n)}(a)}{n!}(x-a)^n + \cdots$$

로 나타낼 수 있다. 이를 $x=a$ 에서 $f(x)$ 의 Taylor 급수전개라 한다. 특히, $a=0$ 에서의 Taylor 급수전개

$$f(x) = f(0) + \frac{f'(0)}{1!}x + \frac{f''(0)}{2!}x^2 + \cdots + \frac{f^{(n)}(0)}{n!}x^n + \cdots$$

을 $f(x)$ 의 Maclaurin 급수전개라 한다.

① $\frac{1}{x+1} = 1 - x + x^2 - x^3 + \cdots + (-1)^n x^n + \cdots \quad (|x|<1)$

② $e^x = 1 + \frac{x}{1!} + \frac{x^2}{2!} + \cdots + \frac{x^n}{n!} + \cdots \quad (-\infty < x < \infty)$

③ $\sin x = x - \frac{x^3}{3!} + \frac{x^5}{5!} - \frac{x^7}{7!} + \cdots + (-1)^n \frac{x^{2n+1}}{(2n+1)!} + \cdots \quad (-\infty < x < \infty)$

④ $\cos x = 1 - \frac{x^2}{2!} + \frac{x^4}{4!} - \frac{x^6}{6!} + \cdots + (-1)^n \frac{x^{2n}}{(2n)!} + \cdots \quad (-\infty < x < \infty)$

⑤ $\tan x = x + \frac{x^3}{3} + \frac{2x^5}{15} + \frac{17x^7}{315} + \cdots \quad (|x|<1)$

⑥ $\tan^{-1} x = x - \frac{x^3}{3} + \frac{x^5}{5} - \frac{x^7}{7} + \cdots + (-1)^n \frac{x^{2n+1}}{2n+1} + \cdots \quad \left(|x| < \frac{\pi}{2}\right)$

⑦ $\ln(1+x) = x - \frac{x^2}{2} + \frac{x^3}{3} - \frac{x^4}{4} + \cdots + (-1)^{n+1} \frac{x^n}{n} + \cdots \quad (-1 < x \le 1)$

⑧ $\sinh x = x + \frac{x^3}{3!} + \frac{x^5}{5!} + \frac{x^7}{7!} + \cdots + \frac{x^{2n+1}}{(2n+1)!} + \cdots \quad (-\infty < x < \infty)$

⑨ $\cosh x = 1 + \frac{x^2}{2!} + \frac{x^4}{4!} + \frac{x^6}{6!} + \cdots + \frac{x^{2n}}{(2n)!} + \cdots \quad (-\infty < x < \infty)$

연습 및 종합문제 해답

[제1장 집합과 함수]

연습문제 1.1

1. (1) $A \neq \varnothing$ 또는 $B \neq \varnothing \Rightarrow a \in A$ 또는 $b \in B$가 존재 $\Rightarrow A \cup B \neq \varnothing$

따라서 대우에 의해, $A \cup B = \varnothing \Rightarrow A = B = \varnothing$

역으로, $c \in A \cup B$가 존재 $\Rightarrow c \in A$ 또는 $c \in B \Rightarrow A \neq \varnothing$ 또는 $B \neq \varnothing$

$\therefore A = B = \varnothing \Rightarrow A \cup B = \varnothing$

2. (1) $(A \cup B) - (A \cap B) = (A \cup B) \cap (A \cap B)^c = (A \cup B) \cap (A^c \cup B^c)$

$$= (A \cap B^c) \cup (B \cap A^c) = (A - B) \cup (B - A)$$

3. (1)
$$\begin{aligned} A \triangle (B \triangle C) &= A \triangle \{(B - C) \cup (C - B)\} = A \triangle (B \cup C - B \cap C) \\ &= A \cup (B \cup C - B \cap C) - A \cap (B \cup C - B \cap C) \\ &= \{(A \cup B) - A \cap B) \cup C\} - \{(A \cup B) - (A \cap B)\} \cap C \\ &= (A \triangle B) \triangle C \end{aligned}$$

4. (1) $(x,y) \in \left(\bigcap_{i \in I} A_i\right) \times \left(\bigcap_{j \in J} B_j\right) \Leftrightarrow x \in \bigcap_{i \in I} A_i$이고 $y \in \bigcap_{j \in J} B_j$

$\Leftrightarrow$ 모든 $i \in I$와 $j \in J$에 대해 $x \in A_i$이고 $y \in B_j$

$\Leftrightarrow$ 모든 $(i, j) \in I \times J$ 에 대해 $(x, y) \in A_i \times B_j$

$\Leftrightarrow (x,y) \in \bigcap_{(i,j) \in I \times J} A_i \times B_j$

연습문제 1.2

1. (1) 전사함수 (2) 일대일대응

2. $(g \circ f)(x) = (x^2 + 1)^3$, $(f \circ g)(x) = x^6 + 1$

3. (1) $y = \sqrt[3]{x-1}$ (2) $y = \dfrac{x+7}{2}$ (3) $y = \dfrac{3x-2}{x-1}$ $(x \neq 1)$

4. 5. 생략

6. $(h \circ (g \circ f))(x) = ((h \circ g) \circ f)(x) = 5(x-1)^2$

연습문제 1.3

1. (1) 일대일함수 (2) 전사함수 (3) 일대일대응

2. $(g \circ f)(x) = x$ $(x \in \mathbb{R}^+)$, $(f \circ g)(x) = x$ $(x \in \mathbb{R})$

3. 삼각함수의 덧셈정리를 이용

4. $\cos\alpha = \cos\left(\frac{\alpha}{2}+\frac{\alpha}{2}\right) = 2\cos^2\frac{\alpha}{2} - 1 = 1 - 2\sin^2\frac{\alpha}{2}$ 를 이용

5. $y=\tanh^{-1}x$라 두면 증명

6. (1) $-\frac{\pi}{6}$ (2) $\frac{\pi}{3}$ (3) $\frac{\pi}{4}$

7. (1) π (2) $\frac{\pi}{2}$ (3) $\tan^{-1}\frac{1}{7}$

8. (1) $x=\csc^{-1}a$ 라 두고, 증명 (2) $x=\cot^{-1}a$ 라 두고, 증명

(3) $x=\tan^{-1}\frac{a}{\sqrt{1-a^2}}$ 라 두고, 증명

제1장 종합문제

1. (1) $A\cap(B-C) = A\cap(B\cap C^c) = (A\cap B)\cap C^c = (A\cap B)-C$

2. 생략

3. (1) $x\in\left(\bigcup_{i\in I}A_i\right)-\left(\bigcup_{j\in J}B_j\right) \Rightarrow x\in\left(\bigcup_{i\in I}A_i\right)$이고 $x\in\left(\bigcup_{j\in J}B_j\right)^c=\bigcap_{j\in J}B_j^{\,c}$

$\Rightarrow$ 적당한 $i\in I$에 대해 $x\in A_i$이고, 모든 $j\in J$에 대해 $x\in B_j^{\,c}$

$\Rightarrow$ 모든 $j\in J$에 대하여 $x\in A_i-B_j \Rightarrow x\in\bigcap_{j\in J}(A_i-B_j)$

$\therefore \left(\bigcup_{i\in I}A_i\right)-\left(\bigcup_{j\in J}B_j\right)\subset\bigcup_{i\in I}\left(\bigcap_{j\in J}(A_i-B_j)\right)$

포함관계의 역에 대해서도 같은 방법으로 증명

4. (1) $y=\left(\frac{x-5}{2}\right)^{\frac{1}{3}}$ (2) $y=\frac{x}{2}+2$ (3) $y=1-x^2(x\ge 0)$

5. (1) $\frac{3\pi}{4}$ (2) $\frac{\pi}{2}$ (3) 0

6. 생략

7. (1) $y=\operatorname{csch}^{-1}x$ 라 두고 e^y을 구하여 증명

8. (1) $\sin^{-1}x=a,\ \cos^{-1}x=b\ \left(-\frac{\pi}{2}\le a\le\frac{\pi}{2},\ 0\le b\le\pi\right)$라 두고 증명

[제2장 극한과 연속]

연습문제 2.1

1. (1) 상한: 2, 하한: $\frac{1}{2}$ (2) 상한: 2, 하한: 0

2. 성립하지 않는 반례를 제시

3. 생략

4. 임의의 $\epsilon > 0$에 대해, $n \ge N$이면 $|b_n - a| < \epsilon$을 만족하는 자연수 N을 구함

5. (1) 1 (2) $\frac{1}{3}$

연습문제 2.2

1. 임의의 $\epsilon > 0$에 대해, $0 < |x-a| < \delta$일 때 $|x^2 - a^2| < \epsilon$을 만족하는 δ를 구함

2. 극한이 존재하지 않음

3. 임의의 $\epsilon > 0$에 대해, $0 < |x-2| < \delta$일 때 $|f(x) - 6| < \epsilon$을 만족하는 δ를 구함

4. $x^2 \le f(x) \le x$ $(0 < x \le 1)$에서 조임정리 이용

5. $-\frac{1}{2}$

6. 좌극한과 우극한이 서로 다르므로, 극한은 존재하지 않음

7. (1) $\delta = 0.05$, (2) $\delta = \frac{1}{700}$

8. 생략

연습문제 2.3

1. (1) 없음 (2) 없음 (3) $x = \pm 4$ (4) 없음

2. $x = 0$

3. $a = 2$, $b = -2$

4. 생략

5. $f(0) = 0$이고 $\lim_{x \to 0} f(x) = 1$이므로, $x = 0$에서 불연속

6. $f(x) = x^3 - 2\cos x$라 두고, 구간 $\left[0, \frac{\pi}{2}\right]$에서 사이값 정리를 이용

제2장 종합문제

1. (1) 상한: $\frac{5}{2}$, 하한: $\frac{7}{4}$ (2) 상한: $\frac{5}{4}$, 하한: 0

2. (1) 발산 (2) 수렴; 2

3. 임의의 $\epsilon > 0$에 대해, $|x-a| < \delta$이면 $\left|\frac{1}{x} - \frac{1}{a}\right| < \epsilon$을 만족하는 δ를 구함

4. $\frac{1}{2\sqrt{x}}$

5. (1) $\delta = 0.01$ (2) $\delta = \frac{1}{8000}$

6. (1) $x = n\pi$ (n은 정수) (2) $x = n\pi$ (n은 정수) (3) 없음 (4) $x = 0, 1$

7. $f(x) = x^5 - 4x^3 - 3x + 1$이라 두고, 구간 $[2, 3]$에서 사이값 정리를 이용

8. $a_n = (-1)^n$, $b_n = (-1)^{n+1}$

9. $a_n = b_n = (-1)^n$

10. 임의의 $\epsilon > 0$에 대해, $|x-a| < \delta$이면 $|\sqrt{x} - \sqrt{a}| < \epsilon$을 만족하는 $\delta > 0$를 구함

11. (1) 불연속 (2) 연속

12. $a = 0$

[제3장 미분과 응용]

연습문제 3.1

1. 속도; 19.6 m/sec, 가속도; 9.8 m/sec^2

2. (1) $4a + b$ (2) $\frac{\sqrt{3}}{6}$ (3) $\frac{5}{4}$ (4) $-\frac{1}{a+2}$

3. $x = 0$에서 미분불가능

4. 2

5. 접선의 방정식; $y = 4x - 4$, 접선의 방정식; $y = -\frac{1}{4}x + \frac{9}{2}$

6. $y = -4x + 4$

7. (1) $y' = \frac{3}{2\sqrt{3x+1}}$ (2) $y' = 2x - 5$ (3) $y' = 3x^2 + 7$ (4) $y' = -\frac{5}{(x+4)^2}$

8. $m = 4$, $b = -4$

연습문제 3.2

1. (1) $\frac{dy}{dx} = \frac{7}{2}x^{\frac{5}{2}}$ (2) $\frac{dy}{dx} = 12x^5 + 56x^3 - 9x^2 + 2x - 21$ (3) $\frac{dy}{dx} = \frac{4x}{(1-x^2)^2}$

(4) $\frac{dy}{dx} = \frac{1}{(x + \sqrt{1+x^2})^2\sqrt{1+x^2}}$ (5) $\frac{dy}{dx} = -\frac{2(x^2-1)}{(x^2+1)^2}$

(6) $\frac{dy}{dx} = \frac{2\sqrt{y^3+y+4}}{3y^2+1}$ (7) $\frac{dy}{dx} = \frac{2(3x+1)}{\sqrt{2x+1}}$ (8) $\frac{dy}{dx} = -\frac{2x}{(1-x^2)^2}$

2. (1) $\frac{dy}{dx} = -\frac{9x}{4y}$ (2) $\frac{dy}{dx} = -\frac{y}{x}$ (3) $\frac{dy}{dx} = \frac{x-y}{x+y}$ (4) $\frac{dy}{dx} = -\sqrt{\frac{y}{x}}$

3. (1) $\frac{dy}{dx} = \frac{2\sqrt{t}(t^2-1)}{t^2}$ (2) $\frac{dy}{dx} = \frac{\cos t + \sin t}{\cos t - \sin t}$

4. $y = x - \frac{\pi}{2} + 2$

5. $f'(1) = -\frac{16}{13}$

6. $-\dfrac{450}{7}$ cm/sec

연습문제 3.3

1. (1) $y' = \cos 2x$ (2) $y' = x(\sin 2x + x)\sec^2 x$ (3) $y' = -5\cos^4 x \sin x$

(4) $y' = (1-x)\sin x + (1+x)\cos x$ (5) $y' = \dfrac{1}{\sqrt{a^2-x^2}}$ (6) $y' = \dfrac{1}{x\sqrt{x^2-1}}$

2. (1) $\dfrac{dy}{dx} = \dfrac{-1-y^2\sin(xy^2)}{2y+2xy\sin(xy^2)}$ (2) $\dfrac{dy}{dx} = -\dfrac{2\sqrt{x-y}+y}{2x-3y}$ (3) $\dfrac{dy}{dx} = \dfrac{y-\cos x}{\cos y - x}$

(4) $\dfrac{dy}{dx} = \dfrac{1}{x(\cos xy - \sin xy)} - \dfrac{y}{x}$

3. (1) $y' = \cot x$ (2) $y' = 2^{3x}\ln 8$ (3) $y' = (1-\ln x)x^{\frac{1}{x}-2}$

(4) $y' = \dfrac{3x^2+x-3}{x(x-1)(x+1)}$ (5) $y' = e^x\{\ln(\sin x) + (\cot x)\}$ (6) $\dfrac{dy}{dx} = \sec x$

4. $\dfrac{dy}{dx} = \dfrac{7x^2+5x+1}{\sqrt{2x+1}\sqrt[3]{(3x+1)^4}}$

5. (1) $\tanh x = \dfrac{\sinh x}{\cosh x}$를 이용 (2) $\operatorname{csch} x = \dfrac{1}{\sinh x}$을 이용

6. (1) $\cosh^{-1}x = \ln(x+\sqrt{x^2-1})$을 이용 (2) $\tanh^{-1}x = \dfrac{1}{2}\ln\left(\dfrac{1+x}{1-x}\right)$를 이용

7. (1) $y' = 2(3x+1)\sinh(3x^2+2x)$ (2) $y' = e^{2x}$ (3) $y' = \dfrac{3}{\sqrt{9x^2+1}}$ (4) $y' = \sec x$

연습문제 3.4

1. (1) $y'' = 20x^3 + 36x^2 + 12x$, $y''' = 12(5x^2+6x+1)$

(2) $y'' = 180(3x+5)^3$, $y''' = 1620(3x+5)^2$

(3) $y'' = -9\sin 3x$, $y''' = -27\cos 3x$

(4) $y'' = 2\cosh x^2 + 4x^2\sinh x^2$, $y''' = 2x(6\sinh x^2 + 4x^2\cosh x^2)$

2. $\dfrac{d^2y}{dx^2} = \dfrac{e^{2y}(2-xe^y)}{(1-xe^y)^3}$

3. (1) $y^{(n)} = n!$ (2) $y^{(n)} = a^n\cos\left(ax+\dfrac{n\pi}{2}\right)$ (3) $y^{(n)} = a^x(\ln a)^n$

(4) $y^{(n)} = \dfrac{1}{2a}\left\{\dfrac{n!}{(a-x)^{n+1}} + \dfrac{(-1)^n n!}{(a+x)^{n+1}}\right\}$

4. 생략

5. $a=-2$, $b=7$, $c=0$

연습문제 3.5

1. 평균값의 정리에서 $\cos c = 0$을 만족하는 $c \in (0, 2\pi)$가 존재
2. $f(0) = 0 = f(2\sqrt{3})$이므로, Roll의 정리에서 $f'(c) = 0$인 $c \in (0, 2\sqrt{3})$가 존재
3. 평균값의 정리를 이용
4. $f'(c) = 0$ 인 $c \in (-1, 1)$ 가 존재하지 않음
5. $F(x) = f(x) - g(x)$라 두고, 예제 3.5.4를 이용
6. $f(x) = \ln x$라 두고, $[x, x+1]$에서 평균값의 정리를 이용
7. $f(x) = \sqrt{x}$ 라 두고, $[x, x+2]$에서 평균값의 정리를 이용

연습문제 3.6

1. (1) 0 (2) 0 (3) $\frac{1}{6}$ (4) $\frac{1}{e}$ (5) 1 (6) e^2
2. (1) $dy = 3x^2 dx$ (2) $dy = \frac{1}{2\sqrt{x}} dx$ (3) $dy = \cos x\, dx$ (4) $dy = \frac{1}{x} dx$
3. $f(2-0.01) \approx 12.84$
4. $\cos 31° \approx \frac{180\sqrt{3} - \pi}{360}$
5. 37.2π (cm^3)

연습문제 3.7

1. (1) $x > 1$에서 증가, $x < 1$에서 감소
   (2) $x < -2$ 또는 $x > 0$에서 증가, $-2 < x < 0$에서 감소
   (3) $x < \frac{1}{4}$에서 감소, $x > \frac{1}{4}$에서 증가
   (4) $x > \frac{1}{e}$에서 증가, $0 < x < \frac{1}{e}$에서 감소
2. $f(x) = x - \sin x$ 라 두고 증명
3. $f(x) = \tan x - x - \frac{x^3}{3}$ 두고 증명
4. 8 cm
5. 가로; 1,000 m, 세로; 500 m
6. $x = 2$ 에서 극댓값 $f(2) = 13$, $x = 4$ 에서 극솟값 $f(4) = 9$
7. 최댓값; $f(3) = 7$, 최솟값; $f(2) = 2$
8. $x < 1$ 이면 위로 볼록, $x > 1$ 이면 아래로 볼록, 변곡점; $(1, -2)$
9. $(n\pi, 0)$

제3장 종합문제

1. $f(0)=f(1)+f(0)$에서 $f(1)=0$이고, $f(3+h)=f(3)+f\left(1+\frac{h}{3}\right)$와 $f'(1)=6$으로부터 $f'(3)=2$

2. 접선의 방정식; $y=9x+14$, 법선의 방정식; $y=-\frac{1}{9}(x+20)$

3. (1) $y'=15(x+1)^{14}$ (2) $y'=\frac{x+\sqrt{1+x^2}}{\sqrt{1+x^2}}$ (3) $y'=\frac{-(2x+1)}{(x^2+x+1)^2}$

(4) $y'=\frac{-a^2}{\sqrt{x^2-a^2}\,(x+\sqrt{x^2-a^2})^2}$

4. 4

5. (1) $\frac{dy}{dx}=\frac{3x^2-8xy}{4x^2-3}$ (2) $\frac{dy}{dx}=\frac{1-3(x+2y)^2}{6(x+2y)^2}$ (3) $\frac{dy}{dx}=1$ (4) $\frac{dy}{dx}=\frac{2x-3y}{3x-2y}$

6. (1) $y'=\cos x-\sin x$ (2) $y'=x(2\cos x-x\sin x)$ (3) $y'=\frac{1}{\cos x-1}$

(4) $y'=\frac{\sec x(\tan x-1)}{(1+\tan x)^2}$ (5) $y'=\frac{2}{x\sqrt{x^4-1}}$ $(|x|>1)$ (6) $y'=\frac{3(\tan^{-1}x)^2}{1+x^2}$

7. $y=-6x+3\pi$

8. (1) $y'=\cos x\, e^{\sin x}$ (2) $y'=\ln x$ (3) $y'=e^x\left(\ln x+\frac{1}{x}\right)$ (4) $\frac{dy}{dx}=e^{\tan x}\sec^2 x$

9. (1) $y''=6x+6$, $y'''=6$ (2) $y''=54(3x+5)$, $y'''=162$

(3) $y''=-49\sin(7x)$, $y'''=-343\cos(7x)$

(4) $y''=-6x\sin(x^3)-9x^4\cos(x^3)$, $y'''=(27x^6-6)\sin x^3-54x^3\cos x^3$

10. $f''(x)=6x\,g'(x^2)+4x^3g''(x^2)$

11. 평균값의 정리 이용

12. $c=\pi$

13. (1) 0 (2) 1

14. $f(3)+f'(3)(-0.002)=-132.828$

15. (1) $\sqrt{4.6}=\sqrt{4+(0.6)}\approx 2.15$ (2) $\sqrt{8.2}=\sqrt{9+(-0.8)}\approx\frac{43}{15}$

16. $f(x)=x-\ln(x^2+x)$라 두고, 증명

17. (1) 존재하지 않음 (2) $x=-1$에서 극솟값 $-\frac{1}{2}$, $x=1$에서 극댓값 $\frac{1}{2}$

18. $2n\pi<x<(2n+1)\pi$에서 아래로 볼록, $(2n-1)\pi<x<2n\pi$에서 위로 볼록이고 변곡점은 $(n\pi, n\pi)$

[제4장 부정적분]

연습문제 4.1

1. (1) $\frac{2}{5}x^{\frac{5}{2}}+C$ (2) $2\tan^{-1}x+C$ (3) $2x-5\tan^{-1}x+C$

(4) $x^3+5\cos x+2\ln|x|+C$ (5) $\frac{1}{5}e^{5x}+C$ (6) $e^x+\ln|x|+C$

(7) $\frac{5^x}{\ln|x|}-2\ln|x|+C$ (8) $\frac{1}{3}(e^{3x-2}-x^3)+C$

2. $\ln 2$

3. $f(x)=\cos x+1$

4. $f(x)=x-\tan^{-1}x+1$

연습문제 4.2

1. (1) $\frac{1}{2}e^{x^2}+C$ (2) $\frac{1}{8}(x^2+2x-3)^4+C$ (3) $-\frac{2}{3}\sqrt{(1-x)^3}+C$ (4) $-\frac{1}{5}e^{-5x}+C$

(5) $-\frac{1}{3}(1-x^2)^{\frac{3}{2}}+C$ (6) $\frac{2}{7}(x-1)^{\frac{7}{2}}+\frac{4}{5}(x-1)^{\frac{5}{2}}+\frac{2}{3}(x-1)^{\frac{3}{2}}+C$

2. $\ln(x+\sqrt{x^2+a^2})+C$

3. (1) $\frac{\sqrt{4x^2-9}}{9x}+C$ (2) $\sqrt{x^2-25}-5\sec^{-1}\frac{x}{5}+C$

4. (1) $-e^{-x}(x^2+2x+2)+C$ (2) $\frac{1}{2}\{(x^2+1)\tan^{-1}x-x\}+C$

(3) $-\frac{1}{2}x\cos 2x+\frac{1}{4}\sin 2x+C$ (4) $x^2\sin x+2x\cos x-2\sin x+C$

5. (1) $x(\ln x)^2-2x\ln x+2x+C$ (2) $\frac{1}{2}(\ln x)^2+C$ (3) $\frac{1}{9}x^3(3\ln x-1)+C$

(4) $\frac{1}{3}(\ln x)^3+C$

6. 2

연습문제 4.3

1. (1) $\frac{1}{2}\ln\left|\frac{x-4}{x+4}\right|+C$ (2) $\frac{3}{5}\ln\left|\frac{x-2}{x+3}\right|+C$ (3) $\frac{1}{2}\ln|x+1|+\frac{3}{2}\ln|x+3|+C$

(4) $5x+\ln|x|+19\ln|x-4|+C$ (5) $x^3+x+\frac{1}{3}\ln\left|\frac{x-1}{x+2}\right|+C$

(6) $2\ln\left|\frac{x-2}{x}\right|+\frac{2}{x}+C$

2. (1) $\ln\left|\frac{x+1}{x-3}\right| + \frac{4}{(x-3)(x+1)} + C$ (2) $16\ln|x-2| - 15\ln|x-1| + \frac{|24x-19|}{2(x-1)^2} + C$

(3) $\frac{3}{25}\ln\left|\frac{x+2}{x-3}\right| - \frac{3}{5(x-3)} + C$ (4) $\frac{1}{6}\ln\left|\frac{x-3}{x+3}\right| + C$

(5) $-\frac{7}{15}\ln|3x-1| + \frac{2}{5}\ln(x^2+1) + \frac{3}{5}\tan^{-1}x + C$

(6) $3\ln|x| - \ln|x-1| - \frac{5}{x-1} + C$

3. (1) $\frac{3}{2}\ln|\sqrt[3]{2x+3}-1| + C$ (2) $-4\left(\frac{1}{3}\sqrt[4]{x^3} + \frac{1}{2}\sqrt{x} + \sqrt[4]{x} + \ln|\sqrt[4]{x}-1|\right) + C$

4. $\ln(x + \sqrt{x^2+2}) + C$

5. $\frac{1}{\sqrt{2}}\ln\left|\frac{\sqrt{2}-1+\tan\frac{x}{2}}{\sqrt{2}+1-\tan\frac{x}{2}}\right| + C$

6. $F(x) = e^x - 2x + 1$

제4장 종합문제

1. (1) $x^4 + x^3 + 2x + C$ (2) $2x - 2\tan^{-1}x + C$ (3) $\frac{1}{4}x^4 - \frac{12}{5}x^2\sqrt{x} + 9x + C$

(4) $x - \frac{1}{2}\sin 2x + \sin x + C$ (5) $\frac{4^x}{\ln 4} - 2e^x + C$ (6) $e^x + \ln|x| + C$

2. (1) $-\ln|\cos x| + C$ (2) $\frac{1}{2}\tanh^{-1}(\sin 2x) + C$ (3) $-\frac{1}{3}\cos 3x + C$

(4) $\frac{2}{3}\tan^{\frac{3}{2}}x + C$

3. (1) $-\sqrt{4-x^2} + C$ (2) $9\sin^{-1}\frac{x}{3} - x\sqrt{9-x^2} + C$ (3) $\frac{1}{2}\sin^{-1}(2x) + C$

(4) $3\ln|\sqrt{4+x^2} + x| + C$ (5) $\frac{1}{2}\ln\left|\frac{2x + \sqrt{4x^2-25}}{5}\right| + C$ (6) $\frac{\sqrt{x^2-9}}{9x} + C$

4. (1) $\frac{3}{8}\tan^{-1}\frac{x}{2} + C$ (2) $2\ln|x-3| - \ln|x^2+3x+9| + C$

5. (1) $x\sin x + \cos x + C$ (2) $-\frac{1}{2}x^2\cos 2x + \frac{1}{2}x\sin 2x + \frac{1}{4}\cos 2x + C$

(3) $e^x(x^3 - 3x^2 + 6x - 6) + C$ (4) $\frac{1}{5}e^{5x}\left(x - \frac{11}{5}\right) + C$

(5) $x^4\ln x - \frac{1}{4}x^4 + C$ (6) $\frac{1}{2}x^2\left\{(\ln x)^2 - \ln x + \frac{1}{2}\right\} + C$

6. (1) $-\cot\frac{x}{2} - x + C$ (2) $-\frac{1}{5}\ln\left|\tan\frac{x}{2} - 2\right| + \frac{1}{5}\ln\left|2\tan\frac{x}{2} + 1\right| + C$

7. (1) $3\ln|e^x+1|+C$ (2) $2\ln\left|\dfrac{e^x-1}{e^x}\right|+C$

8. 6

9. $2x^3+x^2+C$

10. 2

[제5장 정적분과 응용]

연습문제 5.1

1. (1) $\displaystyle\int_0^1 \frac{3}{1+x}\,dx$ (2) $\displaystyle\int_0^1 \sqrt{1-x^2}\,dx$ (3) $\displaystyle\int_0^1 \frac{2}{1+2x}\,dx$ (4) $\displaystyle\int_0^\pi \sin x\,dx$

2. -2

3. $-\dfrac{40}{3}$

연습문제 5.2

1. (1) $\sqrt{4x^2+x^6}$ (2) $x^2\cos x$ (3) $\sqrt{1+x^2}$ (4) $2x\sqrt{1-x^4}$

2. (1) 32 (2) $-\dfrac{2}{3}$ (3) $\dfrac{1}{e^2}-\dfrac{1}{e}+2$ (4) $\dfrac{160}{3}+\ln 9$

3. (1) 0 (2) $\dfrac{\pi}{4}$ (3) 1 (4) $6\ln 3+e^2-11$

4. $\displaystyle\frac{1}{18-6}\int_6^{18} T(t)\,dt=10$ 이므로, 적분에 대한 평균값의 정리에 의해 증명

연습문제 5.3

1. (1) $\dfrac{4}{15}$ (2) 2 (3) 1 (4) 2 (5) $\dfrac{\pi}{2}$ (6) $\dfrac{1}{2}\ln\dfrac{2(e^2-1)}{e^2+1}$

2. (1) $\dfrac{\pi}{6}-\dfrac{\sqrt{3}}{8}$ (2) $-\dfrac{5}{24}$ (3) $\dfrac{1}{9}(2e^3+1)$ (4) $e^{\left(\frac{\pi}{2}+1\right)}$

3. $\displaystyle I_n=\int_{\frac{\pi}{3}}^{\frac{\pi}{2}} \csc^n\theta\,d\theta$ 라 두면, $I_3=\dfrac{1}{3}+\dfrac{1}{2}I_1$ 이고 $I_1=\dfrac{1}{2}\ln 3$ 이므로, $I_3=\dfrac{1}{3}+\dfrac{1}{4}\ln 3$

4. $a-x=t$로 치환하여 증명

5. $a=\dfrac{1}{4}$, $b=0$

연습문제 5.4

1. (1) $\frac{\pi}{2}$ (2) 1 (3) 발산 (4) ∞(발산) (5) 0 (6) $\ln\frac{5}{3}$

2. (1) -1 (2) $\frac{\pi}{2}$ (3) ∞(발산) (4) 6 (5) $3(1+2^{1/3})$ (6) 2

3. (1) $xf(x)$가 기함수임을 이용

(2) $\frac{1}{\sqrt{2\pi}}\int_{-\infty}^{\infty} e^{-x^2/2}\,dx = 1$에서 $\frac{1}{\sqrt{2\pi}}\int_{0}^{\infty} e^{-x^2/2}\,dx = \frac{1}{2}$을 이용

연습문제 5.5

1. (1) $\frac{32}{3}$ (2) $\frac{16}{3} - 2\ln 3$

2. (1) 9 (2) $\frac{8}{3}b\sqrt{ab}$ (3) $\frac{32\sqrt{2}}{15}$ (4) $\frac{1}{n+1} - \frac{1}{2n+1}$

3. (1) 단면의 넓이 $D(x) = \pi(16-8x^2)$ 에서 회전체의 부피는 $\frac{64\sqrt{2}}{3}\pi$

(2) 단면의 넓이 $D(x) = \pi(x^2+1)^2$ 에서 구하려는 부피는 $\frac{56}{15}\pi$

4. $31(\text{cm}^2)$

5. 단면의 넓이 $\frac{\sqrt{3}}{4}(1-t)^2$에서 구하려는 부피는 $\frac{\sqrt{3}}{12}$

6. $\frac{1}{\pi}$ (cm/sec)

제5장 종합문제

1. (1) $\int_0^1 x^3\,dx$ (2) $\int_0^1 \frac{2}{1+x}\,dx$ (3) $\int_0^3 x^2\,dx$ (4) $\int_0^1 \frac{1}{(1+x)(3+x)}\,dx$

2. (1) $\sqrt{4+x^6}$ (2) $\sin x$ (3) $2-\ln x$ (4) $3x^2-12x+9$

3. $\int_0^1 \sqrt{1-x^2}\,dx \Rightarrow \int_0^3 x^2\,dx$

4. $f(x) = x+2$

5. (1) $-\frac{2}{3}$ (2) $\frac{1}{e^2} - \frac{1}{e} + 5$ (3) 0 (4) $\frac{\pi}{2}$ (5) $\frac{1}{5}\ln\frac{2}{9}$ (6) $6\ln 3 + e^2 - 11$

6. (1) $\frac{13}{3}$ (2) 2 (3) $\frac{\pi}{6}$ (4) 3

7. (1) $\frac{1}{8}(\pi-2)$ (2) $I = \int_0^{\frac{\pi}{3}} \cos^3 x\,dx$ 라 두면, $I = \frac{9\sqrt{3}}{8} - 2I$ 이므로, $I = \frac{3\sqrt{3}}{8}$

(3) $e^{e+1}-e^{e}+e$ (4) $\frac{\pi}{2}-1$

8. $I_n=\frac{n-1}{n}I_{n-2}$이고, $I_1=1$, $I_0=\frac{\pi}{2}$ 이므로

$I_{2m}=\frac{2m-1}{2m}\cdot\frac{2m-3}{2m-2}\cdot\cdots\cdot\frac{3}{4}\cdot\frac{1}{2}\cdot\frac{\pi}{2}$

$I_{2m+1}=\frac{2m}{2m+1}\cdot\frac{2m-2}{2m-1}\cdot\cdots\cdot\frac{4}{5}\cdot\frac{2}{3}\cdot 1$

9. $I_{n+1}+I_{n-1}=\frac{1}{n}$

10. 1

11. ∞(발산)

12. (1) $\frac{17}{6}$ (2) 36 (3) $\frac{33}{2}$ (4) 2

13. $\frac{1}{3}$

14. 1

15. $\frac{16a^3}{3}$

16. (1) $\frac{1}{2}\pi$ (2) $\pi\int_0^1 (x-x^4)\,dx=\frac{3}{10}\pi$

17. (1) $\pi\int_0^2 y\,dy=2\pi$ (2) $\frac{\pi}{4}\int_0^1 (y-y^2)\,dy=\frac{\pi}{24}$ (3) $\pi\int_{-1}^3 (3+2y-y^2)\,dy=\frac{32}{3}\pi$

18. (1) $\frac{81}{2}\pi$ (2) $\frac{1656}{5}\pi$ (3) $\pi\int_0^9 20\sqrt{9-y}\,dy=360\pi$

[제6장 무한급수와 멱급수]

연습문제 6.1

1. (1) $-\frac{1}{3}$(수렴) (2) $\frac{4}{7}$(수렴) (3) 6(수렴) (4) $|r|=\frac{3}{2}>1$ 이므로, 발산

(5) $\frac{1}{3}$(수렴) (6) $\frac{1}{6}$(수렴)

연습문제 6.2

1. (1) $f(x)=\frac{1}{x^2+1}$은 양의 감소함수이고 $\int_1^\infty f(x)\,dx=\frac{\pi}{4}$ 이므로, 급수는 수렴

(2) $f(x)=\frac{1}{\sqrt{x+5}}$은 양의 감소함수이고 $\int_1^\infty f(x)\,dx=\infty$ 이므로, 급수는 발산

(3) $f(x)=xe^{-x}$ 은 양의 감소함수이고 $\int_1^\infty f(x)dx = \frac{2}{e}$ 이므로, 급수는 수렴

(4) $f(x)=x^2e^{-x^2}$ 은 양의 감소함수이고 $\int_1^\infty f(x)dx < \frac{1}{2e}+\frac{\sqrt{\pi}}{4}$ 이므로, 수렴

(5) $f(x)=\frac{1}{x+6}$ 은 양의 감소함수이고 $\int_1^\infty f(x)\,dx=\infty$ 이므로, 급수는 발산

(6) $f(x)=\frac{1}{1+9x^2}$ 은 양의 감소함수이고 $\int_1^\infty f(x)\,dx = \frac{\pi}{6}-\frac{1}{3}\tan^{-1}3$ 이므로, 수렴

2. (1) $\frac{1}{n2^n} \le \frac{1}{2^n}$ 이므로, 급수는 수렴 (2) $\frac{1}{(2n)^n} \le \frac{1}{2^n}$ 이므로, 급수는 수렴

(3) $\frac{1}{2n^2-n} \le \frac{1}{2n^2-2n} = \frac{1}{2}\left(\frac{1}{n-1}-\frac{1}{n}\right)$ $(n \ge 2)$ 이므로, 급수는 수렴

(4) $\frac{1}{\sqrt{2n}} \ge \frac{1}{\sqrt{2}\,n}$ 이고 $\sum_{n=1}^{\infty}\frac{1}{\sqrt{2}\,n}$ 이 발산하므로, 급수는 발산

(5) $\frac{1}{n(n+2)} < \frac{1}{n^2}$ 이므로, 급수는 수렴 (6) $\frac{1}{2^n-1} \le \frac{1}{2^{n-1}}$ 이므로, 급수는 수렴

3. (1) $r=\infty$ 이므로, 급수는 발산 (2) $r=4>1$ 이므로, 급수는 발산

(3) $r=\frac{1}{3}<1$ 이므로, 급수는 수렴

(4) $r=x>0$ 이므로, $0<x<1$ 이면 급수는 수렴하고, $x>1$ 이면 발산

(5) $r=3>1$ 이므로, 급수는 발산 (6) $r=\frac{1}{3}<1$ 이므로, 급수는 수렴

4. (1) 발산 (2) 발산 (3) 수렴 (4) 발산 (5) 수렴 (6) 수렴

연습문제 6.3

1. (1) 수렴 (2) 수렴 (3) 발산 (4) 수렴 (5) 발산 (6) 수렴

2. (1) 절대수렴 (2) 발산 (3) 절대수렴 (4) 절대수렴

3. $\sum_{n=1}^{\infty}|a_n|$ 이 수렴하면 $\lim_{n\to\infty}|a_n|=0$ 이고, 따라서 $\lim_{n\to\infty}\frac{1}{|a_n|}=\infty$ 이므로, 발산

연습문제 6.4

1. (1) 수렴반경; 1, 수렴역; $-1 \le x < 1$ (2) 수렴반경; ∞, 수렴역; 실수 전체

(3) 수렴반경; $\frac{1}{5}$, 수렴역; $-\frac{1}{5} \le x \le \frac{1}{5}$ (4) 수렴반경; 1, 수렴역; $-1 \le x \le 1$

(5) 수렴반경; ∞, 수렴역; 실수 전체 (6) 수렴반경; 1, 수렴역; $-1 \le x \le 1$

2. $\lim_{n\to\infty}\left|\frac{a_{n+1}x^{2(n+1)}}{a_nx^{2n}}\right| = \lim_{n\to\infty}\left|\frac{a_{n+1}}{a_n}\right||x|^2 = r|x|^2$ 이므로, 수렴반경은 $\sqrt{r}$

3. $\lim_{n\to\infty} \sqrt[n]{|a_n x^n|} = \lim_{n\to\infty} \sqrt[n]{|a_n|}\,|x| = L|x|$이므로, 수렴반경은 $\frac{1}{L}$

연습문제 6.5

1. (1) $f(x) = \frac{1}{1+x}$이라 두면, $f^{(n)}(x) = \frac{(-1)^n n!}{(1+x)^{n+1}}$ 이고 $|x|<1$ 이면 $\lim_{n\to\infty} R_n = 0$ 이므로, Maclaurin 급수전개 가능

(2) $\tan x = \frac{\sin x}{\cos x}$에서 $\sin x$와 $\frac{1}{\cos x}$의 Maclaurin 급수전개 이용

(3) $f(x) = \ln(1+x)$라 두면, $f^{(n)}(x) = (-1)^{n-1}\frac{(n-1)!}{(1+x)^n}$ $(n \ge 1)$이고 $-1 < x \le 1$일 때, $\lim_{n\to\infty} R_n = 0$ 이므로, Maclaurin 급수전개 가능

(4) $\cos x = 1 - \frac{x^2}{2!} + \frac{x^4}{4!} - \frac{x^6}{6!} + \cdots + (-1)^n \frac{x^{2n}}{(2n)!} + \cdots$ $(-\infty < x < \infty)$임을 이용

(5) $e^x = 1 + \frac{x}{1!} + \frac{x^2}{2!} + \frac{x^3}{3!} + \cdots + \frac{x^n}{n!} + \cdots$ $(-\infty < x < \infty)$임을 이용

2. $\frac{1}{1-x} = 1 + x + x^2 + \cdots + x^n + \cdots$ $(|x| < 1)$임을 이용

3. $x\sin x = x^2 - \frac{x^4}{3!} + \frac{x^6}{5!} - \cdots = \sum_{n=0}^{\infty} (-1)^n \frac{x^{2n+2}}{(2n+1)!}$ $(-\infty < x < \infty)$임을 이용

4. $\tan x = x + \frac{1}{3}x^3 + \frac{2}{15}x^5 + \frac{17}{315}x^7 + \cdots$ $\left(|x| < \frac{\pi}{2}\right)$를 0에서 x까지 적분

5. $\int_0^{\frac{1}{2}} \frac{1}{1+x^3}dx \approx \int_0^{\frac{1}{2}} (1 - x^3 + x^6)dx \approx 0.4854$

제6장 종합문제

1. $\frac{\ln n}{2n^3 - 1} \le \frac{n}{n^3} = \frac{1}{n^2}$이고 $\sum_{n=1}^{\infty} \frac{1}{n^2}$이 수렴하므로, 급수는 수렴

2. (1) 수렴 (2) 수렴 (3) 발산 (4) 수렴

3. 주어진 급수에서 각 항의 절댓값의 합이 $\frac{1}{1^{3/2}} + \frac{1}{2^{3/2}} + \frac{1}{3^{3/2}} + \cdots$ 보다 작거나 같으므로, 비교판정법에 의해 절대수렴

4. $\lim_{x\to 1} \tan^{-1}x = \lim_{x\to 1}\left(x - \frac{x^3}{3} + \frac{x^5}{5} - \frac{x^7}{7} + \cdots\right)$임을 이용

5. (1) $x \le -\frac{1}{2}$ (2) 0과 음의 정수를 제외한 모든 실수

6. $\frac{1}{2} \le \sqrt[n]{a_n} \le \frac{\sqrt[n]{n}}{2}$으로부터 $r = \lim_{n\to\infty} \sqrt[n]{a_n} = \frac{1}{2}$이므로, 급수는 수렴

7. $c_n = 1 + \frac{1}{2} + \cdots + \frac{1}{n} - \ln n$일 때, $\{c_n\}$은 유계인 단조감소수열이므로, 수렴

8. $\sqrt{(1+x^4)} = 1 + \frac{1}{2}x^4 - \frac{1}{8}x^8 + \cdots \ (|x| < 1)$임을 이용하여

$$\int_0^{1/2} \sqrt{1+x^4}\,dx = \left[x + \frac{1}{10}x^5 - \frac{1}{72}x^9 + \cdots\right]_0^{1/2} \approx 0.5031$$

9. $|r| < 1$이면 급수는 수렴하고, $|r| > 1$이면 발산

10. (1) 발산 (2) 수렴 (3) 발산 (4) 수렴

11. (1) 수렴 (2) 발산 (3) 수렴 (4) 수렴

12. (1) $|a_n| = n^{-\frac{3}{2}}$ 에서 $\sum_{n=1}^{\infty} |a_n|$이 수렴하므로, 절대수렴

(2) $|a_n| = \frac{1}{n(n+1)} < \frac{1}{n^2}$ 이므로, 절대수렴

13. (1) $1 + 2x + 3x^2 + \cdots = \frac{1}{(1-x)^2}$ 임을 이용

(2) $\frac{1}{(1-x)(1-2x)} = (1 + x + x^2 + \cdots)(1 + 2x + 2^2x^2 + \cdots)$ 임을 이용

14. (1) 수렴반경; 1, 수렴역; $-1 < x < 1$ (2) 수렴반경; 1, 수렴역; $-1 < x < 1$

[제7장 편미분법]

연습문제 7.2

1. $\frac{1+\sqrt{2}}{2}$

2. (1) $x = r\cos\theta,\ y = r\sin\theta$라 두고, 구하면 0 (2) 존재하지 않음

(3) 존재하지 않음 (4) $x = r\cos\theta,\ y = r\sin\theta$라 두고, 구하면 0

(5) $x = r\cos\theta,\ y = r\sin\theta$라 두고, 구하면 1 (6) 0

3. (1) $\lim_{(x,y)\to(0,0)} f(x,y)$가 존재하지 않으므로, $(0,0)$에서 불연속

(2) 불연속 (3) 연속 (4) 불연속

4. 포물선 $y = \pm x^2$을 따라 $(x, y) \to (0, 0)$이면, $\lim_{(x,y)\to(0,0)} f(x, y) = \pm\frac{1}{2}$이므로, 극한이 존재하지 않음

연습문제 7.3

1. (1) $f_x = 6x^2y^2 + 4,\ f_y = 4x^3y + 2$ (2) $f_x = \frac{-2y}{(x-y)^2},\ f_y = \frac{2x}{(x-y)^2}$

(3) $f_x = -2xy\sin(x^2+y^2),\ f_y = -2y^2\sin(x^2+y^2) + \cos(x^2+y^2)$

(4) $\dfrac{\partial z}{\partial x} = ye^{xy}\sin 4y^2,\ \dfrac{\partial z}{\partial y} = xe^{xy}\sin 4y^2 + 8ye^{xy}\cos 4y^2$

(5) $z_x = 8xy^3 e^{x^2y^3},\ z_y = 12x^2y^2e^{x^2y^3}$

(6) $\dfrac{\partial z}{\partial x} = x^4y^3\cos(xy^3) + 4x^3\sin(xy^3),\ \dfrac{\partial z}{\partial y} = 3x^5y^2\cos(xy^3)$

(7) $\dfrac{\partial z}{\partial x} = -\dfrac{y}{x^2+y^2},\ \dfrac{\partial z}{\partial y} = \dfrac{x}{x^2+y^2}$

(8) $\dfrac{\partial u}{\partial x} = \dfrac{x}{x^2+y^2+z^2},\ \dfrac{\partial u}{\partial y} = \dfrac{y}{x^2+y^2+z^2},\ \dfrac{\partial u}{\partial z} = \dfrac{z}{x^2+y^2+z^2}$

2. $f_x(0, y) = -y$, $f_y(x, 0) = x$

3. $f_x(3,2) = \dfrac{4}{3},\ f_y(3,2) = -\dfrac{1}{2}$

4. (1) $z_x = 2xy^{-1} + x^{-2}y^2,\ z_y = -x^2y^{-2} - 2x^{-1}y$임을 이용

(2) $\dfrac{\partial u}{\partial x} = \dfrac{e^{x+y}e^y}{(e^x+e^y)^2}$, $\dfrac{\partial u}{\partial y} = \dfrac{e^{x+y}e^x}{(e^x+e^y)^2}$ 임을 이용

5. (1) $f_{xy} = f_{yx} = 12xy^2 - 15x^2y^4$ (2) $f_{xy} = f_{yx} = -6e^{2x}\sin y$

6. 6

연습문제 7.4

1. (1) $f_{xx} = \dfrac{y^2}{(x^2+y^2)\sqrt{x^2+y^2}}$, $f_{xy} = f_{yx} = -\dfrac{xy}{(x^2+y^2)\sqrt{x^2+y^2}}$,

$f_{yy} = \dfrac{x^2}{(x^2+y^2)\sqrt{x^2+y^2}}$

(2) $f_{xx} = \dfrac{4y^4 - 12x^2y^2}{(x^2+y^2)^3}$, $f_{xy} = f_{yx} = \dfrac{8xy(x^2-y^2)}{(x^2+y^2)^3}$, $f_{yy} = \dfrac{-4x^4+12x^2y^2}{(x^2+y^2)^3}$

(3) $f_{xx} = -\dfrac{x}{(x^2+y^2)\sqrt{x^2+y^2}}$, $f_{xy} = f_{yx} = -\dfrac{y}{(x^2+y^2)\sqrt{x^2+y^2}}$,

$f_{yy} = \dfrac{x^3 + (x^2-y^2)\sqrt{x^2+y^2}}{\sqrt{(x^2+y^2)^3}\,(x+\sqrt{x^2+y^2})^2}$

(4) $f_{xx} = e^x\cos y$, $f_{yy} = -e^x\cos y$, $f_{xy} = f_{yx} = -e^x\sin y$

2. $u_{xx} = \dfrac{2x^2-y^2-z^2}{(x^2+y^2+z^2)^{\frac{5}{2}}},\ u_{yy} = \dfrac{2y^2-x^2-z^2}{(x^2+y^2+z^2)^{\frac{5}{2}}},\ u_{zz} = \dfrac{2z^2-x^2-y^2}{(x^2+y^2+z^2)^{\frac{5}{2}}}$ 임을 이용

3. (1) $\dfrac{\partial^2 f}{\partial x^2} = e^x\sin y - e^y\sin x$, $\dfrac{\partial^2 f}{\partial y^2} = -e^x\sin y + e^y\sin x$ 임을 이용

(2) $\dfrac{\partial^2 f}{\partial x^2} = \dfrac{4xy}{(x^2+y^2)^2}$, $\dfrac{\partial^2 f}{\partial x^2} = -\dfrac{4xy}{(x^2+y^2)^2}$ 임을 이용

4. (1) 존재하지 않음 (2) 0

연습문제 7.5

1. (1) $\dfrac{dz}{dt}=32t$ (2) $\dfrac{dz}{dt}=\dfrac{3}{t^2}\sin\dfrac{1}{t}$

2. (1) $\dfrac{\partial z}{\partial u}=-\dfrac{2\sin u}{y}$, $\dfrac{\partial z}{\partial v}=-\dfrac{2\cos u\cos v}{3\sin^2 v}$ (2) $\dfrac{\partial z}{\partial u}=\dfrac{2e^{2u}}{1+e^{4u}}$, $\dfrac{\partial z}{\partial v}=0$

3. (1) $\dfrac{\partial z}{\partial r}=\dfrac{\partial z}{\partial x}\cos\theta+\dfrac{\partial z}{\partial y}\sin\theta$, $\dfrac{\partial z}{\partial \theta}=\dfrac{\partial z}{\partial x}(-r\sin\theta)+\dfrac{\partial z}{\partial y}(r\cos\theta)$ 임을 이용

4. $\dfrac{d^n z}{dt^n}=\left(h\dfrac{\partial}{\partial x}+k\dfrac{\partial}{\partial y}\right)^n z$

5. $\dfrac{\partial z}{\partial u}=\dfrac{e^{xy}(yu-xv)}{u^2+v^2}$, $\dfrac{\partial z}{\partial v}=\dfrac{e^{xy}(yv+xu)}{u^2+v^2}$

6. $u_r=u_x\cos\theta+u_y\sin\theta$, $u_\theta=u_x(-r\sin\theta)+u_y(r\cos\theta)$, $v_r=v_x\cos\theta+v_y\sin\theta$, $v_\theta=v_x(-r\sin\theta)+v_y(r\cos\theta)$ 임을 이용

7. $u=x+2y$라 두고, 합성함수편미분법을 이용

8. $u=xy$라 두고, 합성함수편미분법을 이용

9. $f_{xx}=-6z$, $f_{yy}=-6z$, $f_{zz}=12z$ 임을 이용

제7장 종합문제

1. $f_x(x_0, y_0)=4x_0-y_0$, $f_y(x_0, y_0)=-x_0+2y_0$

2. $f_{xy}(0, 0)=-1$, $f_{yx}(0, 0)=1$

$(x, y)\neq(0, 0)$일 때, $f_{xx}(x, y)=-\dfrac{4xy^3(x^2-3y^2)}{(x^2+y^2)^3}$,

$f_{xy}(x, y)=f_{yx}(x, y)=\dfrac{x^6+9x^4y^2-9x^2y^4-y^6}{(x^2+y^2)^3}$, $f_{yy}(x, y)=-\dfrac{4x^3y(3x^2-y^2)}{(x^2+y^2)^3}$

3. (1) $z_{xx}=\dfrac{2(y+z)}{(x+y)^2}$, $z_{xy}=z_{yx}=\dfrac{2z}{(x+y)^2}$, $z_{yy}=\dfrac{2(x+z)}{(x+y)^2}$

(2) $z_{xx}=\dfrac{2z^3(x^3+y^3+z^3-3xyz)}{y(xy-z^2)^3}$, $z_{xy}=z_{yx}=-\dfrac{2xz^3(x^3+y^3+z^3-3xyz)}{y^2(xy-z^2)^3}$,

$z_{yy}=\dfrac{2x^2z^3(x^3+y^3+z^3-3xyz)}{y^3(xy-z^2)^3}$

4. (1) $\dfrac{du}{dt}=\dfrac{-10}{(2e^t-e^{-t})^2}$ (2) $\dfrac{du}{dt}=2e^t\sin t$

5. (1) $\dfrac{\partial z}{\partial x}=\dfrac{1}{x\ln y}$, $\dfrac{\partial z}{\partial y}=-\dfrac{\ln x}{y(\ln y)^2}$ 임을 이용

(2) $\ln u=y\ln x+x\ln y$ 의 양변을 x와 y로 편미분하여 증명

6. $\frac{\partial z}{\partial x} = 2(3x+5y-4)$, $\frac{\partial z}{\partial y} = 2(5x-8y+5)$, $\frac{\partial^2 z}{\partial x^2} = 6$, $\frac{\partial^2 z}{\partial x \partial y} = 10$, $\frac{\partial^2 z}{\partial y^2} = -16$

7. (1) $\frac{du}{dt} = \frac{e^t}{t}\left(1-\frac{1}{t}\right) - \frac{e^{-t}}{t}\left(1+\frac{1}{t}\right)$ (2) $\frac{du}{dt} = \frac{e^{at}(at+1)(a^2t^2+1)}{t^2e^{2at}+(at+1)^4}$

8. $\frac{dz}{dt} = \frac{\partial z}{\partial x}\frac{dx}{dt} + \frac{\partial z}{\partial y}\frac{dy}{dt}$ 이므로, $\frac{d^2z}{dt^2} = \frac{d}{dt}\left(\frac{dz}{dt}\right)$를 구함

9. (1) $z_{xy} = z_{yx} = \frac{y^2-x^2}{(x^2+y^2)^2}$ (2) $z_{xy} = z_{yx} = -\sin(x+y)$

(3) $z_{xy} = z_{yx} = 3x^2 - 12xy$ (4) $z_{xy} = z_{yx} = -\frac{xy}{\sqrt{(a^2-x^2-y^2)^3}}$

[제8장 이중적분]

연습문제 8.1

1. (1) 7 (2) 2 (3) 3 (4) $\frac{4}{\pi}$

2. (1) $\frac{1}{3}$ (2) 1

3. $\iint_D f(x,y)\,dA = \int_c^d \int_a^b \{g(x)h(y)\}dx\,dy = \left\{\int_a^b g(x)\,dx\right\}\left\{\int_c^d h(y)\,dy\right\}$

4. $\int_0^1 \int_0^1 (4-x^2-y^2)\,dx\,dy = \frac{10}{3} = \int_0^1 \left(\frac{11}{3}-x^2\right)dx = \frac{10}{3}$

5. $4\int_0^2 \int_0^{\sqrt{4-x^2}} (4-x^2-y^2)\,dy\,dx = 8\pi$

연습문제 8.2

1. (1) $\frac{1}{40}$ (2) $\frac{\pi}{2}$ (3) $\frac{2}{3}a^3$ (4) $\frac{1}{5}$

2. (1) $\frac{1}{6}$ (2) $\frac{1}{6}$ (3) $\frac{1}{5}$ (4) $\frac{16}{15}$

3. $\frac{16}{3}$

4. $\frac{9}{2}$

5. $\frac{4}{3}$

연습문제 8.3

1. (1) $\frac{1}{6}$ (2) 0 (3) $\frac{\pi}{8}$ (4) $\frac{\pi}{2}\left(1-\frac{1}{\sqrt{1+a^2}}\right)$

2. (1) $\pi(1-e^{-1})$ (2) $\pi\left(e^{b^2}-e^{a^2}\right)$ (3) $(8\ln 2-3)\pi$ (4) $\frac{2}{3}\pi a^3$

3. (1) $\frac{3}{2}\pi a^2$ (2) $\frac{4}{3}\pi+2\sqrt{3}$ (3) $\frac{\pi}{4}$

4. (1) 8π (2) $\frac{2}{9}(3\pi-4)a^3$ (3) 8π

제8장 종합문제

1. (1) $-4\log 2+\frac{11}{4}$

2. (1) $e-1$

3. $\frac{1}{128}(-8\cos(8)+\sin(8)+16\cos(2)-16)$

4. $\frac{16}{3}$

5. D를 극좌표로 나타내면, $D=\left\{(r,\theta)\mid 1\le r\le 2\cos\theta,\ -\frac{\pi}{3}\le\theta\le\frac{\pi}{3}\right\}$이므로

$$\int_{-\frac{\pi}{3}}^{\frac{\pi}{3}}\int_{1}^{2\cos\theta} r^2\,dr\,d\theta=2\sqrt{3}-\frac{2}{9}\pi$$

참고문헌

[1] 구기식 · 이영환 · 전태일 · 최병문, 미분적분학, 교우사, 2010.

[2] 김익성 · 배재국 · 홍정희, 미분적분학, 경문사, 2009.

[3] 김태화, 수학논리, 그 무한한 힘, 경문사, 2007.

[4] 부경대학교 수학교재편찬회, 신편 미분적분학, 보성각, 2002.

[5] 부경대학교 수학교재편찬회, 미분적분학, 교우사, 2004.

[6] 부경대학교 수학교재편찬위원회, 이공계열 학생을 위한 미분적분학, 교우사, 2010.

[7] 부경대학교 수학교재편찬위원회, 이공계를 위한 미분적분학, 제3판, 경문사, 2016.

[8] 부경대학교 수학교재편찬위원회, 기초수학의 이해, 제3판, 경문사, 2017.

[9] 표용수 · 조용선, 수학독립선언, 개정판, 경문사, 2014.

[10] R. Larson, R. P. Hostetler and B. H. Edwards, *Calculus I & II(8th ed.)*, Houghton Mifflin Co., 2006.

[11] E. Kreyszig, *Advanced Engineering Mathematics*(9th ed.), Wiley Inter- national Edition, 2006.

[12] J. Stewart, *Calculus: Concepts & Contexts*(3rd ed.), Thomson Brooks/ Cole, 2006.

[13] G. B. Thomas, Jr, *Calculus, early transcendentals*, Addison Wesley, 2006.

[14] D. Varberg, E. J.Purcell and S. E. Rigdon, *Calculus*(9th ed.), Prentice Hall, Inc., 2007.

찾아보기

부경대학교 수학교재편찬위원회 (가나다순)

김태화 · 박진한 · 서종진 · 송현종
신준용 · 심효섭 · 이완석 · 정진문
조낙은 · 조성진

제2판 미적분학의 이해

2판2쇄발행 2023년 3월 10일

지은이 부경대수학교재편찬위원회 펴낸이 오판근
펴낸곳 (주) 교우
주 소 서울시 동대문구 약령시로 8 교우빌딩 2층 (주)교우
전 화 02-925-2861 / 팩 스 02-925-2860, 편집부 02-925-2825
홈페이지&북스토어 www.kyowoo.co.kr / 이메일 kyowoo@kyowoo.co.kr
등 록 1994년 3월 24일 제1994-000013호
ISBN 979-11-251-0228-1 (93410)

Published by Kyowoo Co., Ltd. Printed in Korea
Copyright© 2023 부경대수학교재편찬위원회 Kyowoo Co., Ltd.
이 책의 저작권은 부경대수학교재편찬위원회와 (주) 교우에 있습니다.

저작권법에 의해 보호를 받는 저작물이므로 무단 복제 및 전재를 금합니다.

(주) 교우는 보다 혁신적이고 참신한 도서를 다양하게 기획하고 있습니다.
책으로 펴내고자 하는 아이디어나 원고는 메일로 보내주세요.
(주) 교우는 전과정을 책임지고 최선을 다하겠습니다.

값 25,000원

교우미디어는 (주) 교우의 Imprint 사입니다.
수학정원·과학정원은 (주) 교우의 새로운 브랜드명입니다.

잘못된 책은 구입하신 서점에서 교환해 드립니다.